계산전자공학 입문

Computational Electronics

계산전자공학 입문

홍성민, **박홍현** 공저

$\frac{d^2}{dx^2}\psi(x) = -k^2\psi(x)$

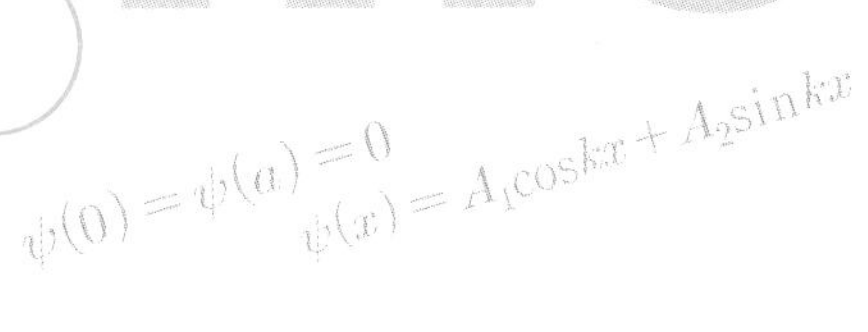

GIST PRESS
광주과학기술원

Preface
머리말

계산전자공학이란 전자공학의 한 분야로서, 전자공학에서 다루는 다양한 문제들을 컴퓨터 수치해석 기법을 통하여 해결하고자 한다. 오늘날 전자공학에서 다루는 문제들이 계속 복잡해짐에 따라, 계산전자공학 분야에서 제공하는 컴퓨터 프로그램들은 전자공학 연구 개발에 있어서 필수적인 도구가 되었다.

특별히 전자공학에서 원하는 기능을 구현하는 회로가 반도체 소자를 가지고 구성되기 때문에, 많은 경우 계산전자공학이란 반도체 소자의 여러 가지 특성—그중에서도 전기적인 특성—을 설명하고 예측하는 부분에 집중되어왔다. 그러나 반도체 소자의 물리적인 소형화가 한계에 다다르며 다양한 대안들이 모색되고 있는 요즘에 있어서는, 계산전자공학에서 다루는 문제의 범위가 더욱 넓어지고 다양해지고 있다. 또한 전자공학뿐만 아니라, 재료공학이나 기계공학적인 관점에서도 접근해야 할 필요성이 늘어나고 있다.

이렇게 계산전자공학 분야에 필요한 지식은 늘어나고 있으나, 관련 연구 도서들은 연구 수준의 학술 도서에 국한되어서 출판되고 있는 것이 현실이다. 갓 연구를 시작하는 대학원생들을 위한 입문서를 찾아보기 어려우며, 이는 국내에만 국한되는 문제는 아닐 것이다.

이 책에서는 계산전자공학 분야에서 사용되는 가장 중요한 원리들을 소개하여 실제 연구에 활용할 수 있는 기본 인식틀을 형성하는 데 도움을 주고자 한다. 또한 계산전자공학 분야의 특성상 실제 수치해석 프로그램을 작성하는 것이 필수적이므로, 이에 대한 적절한 수준의 실습 예제들을 제시하여 피상적인 이해를 뛰어넘을 수 있도록 하였다. 부록에는 MATLAB으로 구현한 실습 코드들을 수록하여, 독자들이 자신의 결과를 검증할 수 있도록 하였다. 그러나 실습 코드를 참조하기 전에 독자 각자의 사고를 통해 스스로 코드를 구현해보는 것을 추천한다.

제1장에서는 계산전자공학 분야의 간단한 역사와 현재의 상태에 대해 설명한다. 수치해석

을 수행하는 데 있어서 가장 자주 사용하게 되는 두 가지 기법—고유값 문제의 해석, 비선형 방정식의 뉴턴 방식을 통한 해석—은 제2장에서 실습을 통하여 자연스럽게 학습할 수 있도록 하였다. 실제로 가장 많이 사용되는 반도체 소자인 MOSFET의 경우, 양자 속박에 의한 서브밴드 구조가 중요하기 때문에, 제3장에서 서브밴드 구조 해석으로부터 논의를 시작한다. 제4장에서는 이렇게 계산된 서브밴드 구조를 바탕으로, 반전층의 이동도를 계산하는 방법을 다룬다. 제5장에서는 준고전적 수송 이론에 대하여 다루며, Boltzmann 방정식을 푸는 방법에 대하여 다룬다. 제6장에서는 준고전적 수송 이론의 근사적인 해를 구하는 방식인 Drift-Diffusion 방식을 소개한다. 제7장에서는 양자 전송 이론에 대하여 다루고 이를 실제로 어떻게 풀게 되는지 간단한 예제와 함께 다룬다. 마지막으로 제8장은 요약과 다루지 못한 주제들을 소개한다.

독자는 계산전자공학 분야에 관심이 있는 대학원생 또는 연구자를 상정하였으며, 강의의 교재로 혹은 자습서로 이 책을 읽게 된다고 가정하였다. 전자공학과에서 배우는 회로이론, 전자회로 등의 과목은 수강하였다고 가정하였다. 그러나 양자역학, 통계역학, 고체물리와 같은 물리학 관련 과목에 대한 사전 지식이 없이도 책의 내용을 따라갈 수 있도록 서술하였다. 다만 이러한 구성으로 인해 각각의 주제에 대한 깊은 논의가 이루어지지 못한 점은 아쉽다. 좀 더 깊은 이해를 위해서는 참고 문헌 등을 참고하여 스스로 학습하려는 노력이 필요할 것이다.

이 책의 장들의 배치는 충분한 시간을 가지고 계산전자공학에 대하여 이해하고자 하는 독자를 대상으로 하였으므로, 처음부터 끝까지 순서대로 읽어가며 실습을 하는 것이 가장 이상적일 것이다. 그러나 강의의 교재로 이 책이 활용될 경우, 한 학기에 모든 내용을 다 다루기는 어려울 것이다. 통상적으로 한 절 또는 두 절 정도가 75분 수업에서 다루어지기 적합한 분량이다. 가장 전통적인 방식으로 강의한다면, 2장, 3장, 6장의 순으로 진행하게 될 것이다. 양자 전송에 주안점을 둔다면 2장, 3장을 통하여 기초적인 실습을 마친 후 바로 7장을 다루어도 될 것이다. Boltzmann 수송 방정식에 주안점을 두고 있다면, 2장, 3장, 4장, 5장의 순서로 다루기를 추천한다. 이 책에서는 실리콘 소자를 주된 실습 예제로 설정하였다. 또한 conduction band에 대한 논의를 주로 다룬다. 이것은 단지 실리콘의 conduction band가 valence band보다 상대적으로 더 쉽게 다룰 수 있기 때문이다.

한국어로 책을 쓰면서 영어로 된 전문 용어를 어디까지 한국어로 번역하여 사용해야 하는지 하는 문제는 늘 고민거리이다. 이 책에서는 평소 관련 연구자들이 자주 사용하는 영어 단어의 경우, 한국어 설명과 함께 혼용하여 사용하였다. 또한 같은 영어 단어라도 문맥에 따라서 다른 한국어 단어로 표기하였다. 독자들의 너른 이해를 바란다.

이 책은 광주과학기술원에서 매년 가을학기에 개설되고 있는 "계산전자공학" 과목의 강의 교재를 밑바탕으로 하여 작성되었다. 계산전자공학 과목의 녹화된 동영상 강의들은 https://youtube.com/SungMinHong에서 찾아볼 수 있다. 또한 "반도체 재료 및 소자"와 "전자회로"의 강의 경험도 참고하였다. 반도체 소자 시뮬레이션 연구실 대학원생들(박준성 학생, 차수형 학생, 장건태 학생, 이광운 학생, 안필헌 학생, 한승철 학생, 김인기 학생)의 도움이 컸다. 그중에서도 책에 실린 많은 그림들과 MATLAB 코드들을 작성해준 안필헌 학생에게 감사의 말을 전한다. 제7장의 경우에는 박홍현 박사의 대학 및 산업체 연구소에서의 오랜 양자 전송 시뮬레이터 개발 경험이 큰 도움이 되었다. 원고를 검토해주시고 개선을 위한 조언을 주신 신민철 교수님과 김종철 박사님께 감사드린다. 또한 이 책을 출판하는 데 많은 도움을 주시고 늦어지는 최종 원고를 기다려 주신 광주과학기술원 GIST Press 관계자 분들께도 감사드린다. 이 책은 2019년도 정부(과학기술정보통신부)의 재원으로 한국연구재단의 지원을 받아 집필되었다. (No. NRF-2019R1A2C1086656)

모쪼록 이 책이 계산전자공학이라는 매력적인 분야에 유용한 입문서로 쓰여서, 관련 분야 연구를 시작하는 연구자들에게 길잡이가 되기를 바란다.

2021년 6월

광주에서 저자들을 대표하여

홍성민 씀

감사의 글

저의 대학원 은사님들이신 민홍식 교수님과 박영준 교수님의 가르침에 깊이 감사드립니다. 저의 오랜 친구이자 존경스러운 동료인 진성훈 박사에게 감사합니다. 또한 공저자인 박홍현 박사에게 감사함과 미안함을 함께 전하고 싶습니다.

이 책은 저의 두 번째 저서입니다. 첫 번째 저서인 "Deterministic Solvers for the Boltzmann Transport Equation"이 부모님께 바치는 책이었다면, 이 두 번째 저서는 사랑하는 아내 윤영민을 위한 책입니다. 가족들의 무한한 이해와 희생 덕분에 이 책이 나올 수 있었습니다.

홍성민

홍성민 교수님의 저술에 참여하게 되어 영광입니다. 반도체 시뮬레이션 분야에 종사하는 사람이 우리나라에 수백 명 정도가 되고 점점 늘어나고 있습니다만 수치해석 기법을 잘 이해하는 사람은 많지 않은 것이 현실입니다. 부디 이 책이 반도체 소자의 수치해석을 공부하고 연구하는 분들에게 필수 입문서가 되어 실용적인 도움이 되기를 바랍니다.

박홍현

Contents

차 례

CHAPTER 03 서브밴드 구조 계산

CHAPTER 04 이동도 계산

CHAPTER 05 준고전적 수송 이론

주요 표기법

좌표계를 설정하는 법은 문헌마다 항상 다르며, 이것이 독자들에게 혼동을 불러일으키는 경우가 많기 때문에 직관적이고 일관된 좌표계를 사용하는 것이 필요하다. 이 책에서는 1차원 시스템을 다룰 때에는 x 방향이라고 지칭하였다. MOSFET과 같은 3차원 시스템의 경우에는 어떤 식으로 좌표축을 배치할지 통일된 원칙이 없기 때문에 독자들이 혼동할 여지가 많다. 이 책에서는, 3차원 시스템의 경우 전하 수송이 일어나는 채널 방향을 x 방향으로 설정하였다. 기판에 수직한 방향을 z 방향으로 놓고, 자연스럽게 y 방향은 평판형 MOSFET의 경우에는 width 방향이 될 것이다. 이러한 선택은 최근의 FinFET, nanowire, nanosheet 트랜지스터들에 대한 시뮬레이션이 1차원 수송 방정식으로 귀결되는 흐름에 맞춘 것이다.

또한 인덱스를 0부터 시작할 것인가 1부터 시작할 것인가 하는 선택의 문제가 있는데, 이 책에서는 1부터 시작한 인덱스를 도입하였다. 따라서 만약 C++와 같은 언어로 작성하는 경우에는 이 점을 염두에 두고 프로그램을 작성하길 당부한다.

마지막으로 index를 나타내는 변수로 자주 i가 사용되는데, 문맥에 따라 다양한 값들의 index에 적용된다. 또한 이 index 변수는 아래 첨자로 사용되기도 한다. 따라서 독자들의 주의를 요한다. 제7장에서는 i가 허수 단위로 쓰이므로 이 역시 유의하자. 혼동을 피하기 위해 intrinsic carrier density는 n_{int}로 표기하였다.

주요 상수들

다음의 상수들은 흔히 사용되기 때문에 정리해보았다. 본문에 나오는 실습 결과들도 이 상수들을 바탕으로 계산되었다. 그러나 이 값들은 가장 최근의 측정 결과들이나 표준과는 약간의 차이가 있을 수 있음을 미리 알려둔다. 예를 들면 reduced Planck constant인 $\hbar$의 값도 다양한 문헌이나 시뮬레이션 코드들에서 조금씩 상이한 값들이 사용되고 있다. 따라서 여기 있는 값들이 절대적으로 옳은 값이라고 여기지 말고, 결과 검증의 편리성을 위한 약속이라고 생각하면 좋을 것이다.

기호	의미	값(단위)
q(7장에서는 e)	전자의 전하량(절댓값)	1.602192×10^{-19}(C)
k_B	볼츠만 상수	1.380662×10^{-23}(J/K)
ϵ_0	진공의 유전율	$8.854187817 \times 10^{-12}$(F/m)
μ_0	진공의 투자율	$4 \times 10^{-12} \times \pi$(H/m)
h	플랑크 상수	6.62617×10^{-34}(J/s)
$\hbar$	플랑크 상수(2π로 나눈 값)	$\frac{h}{2\pi}$
m_0	전자의 정지질량	9.109534×10^{-31}(kg)

CHAPTER

1

서 론

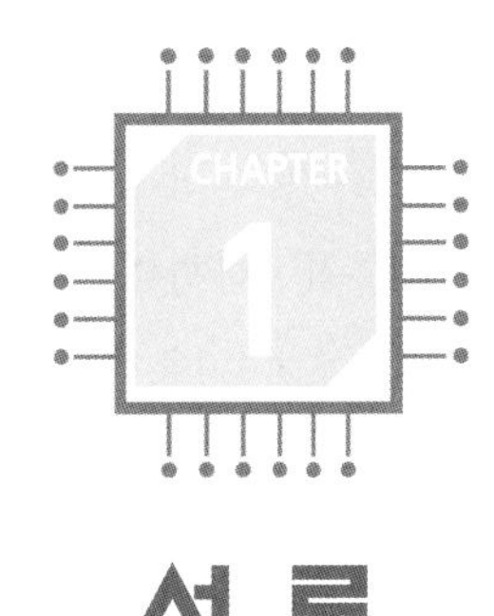

서 론

1.1 계산전자공학에 대하여

계산전자공학(computational electronics)이란 전자공학의 한 분야로서, 전자공학에서 다루는 다양한 문제들을 컴퓨터 수치해석(numerical analysis) 기법을 통하여 해결하고자 한다. 오늘날 전자공학에서 다루는 문제들이 점점 더 복잡해짐에 따라서 사람의 직관과 분석 능력 이상의 정확성이 요구되고 있다. 따라서 계산전자공학 분야에서 제공하는 컴퓨터 프로그램들은 전자공학 연구 개발에 있어서 필수적인 도구가 되었다.

먼저 계산전자공학이라는 학문명이 널리 알려져 있지 않으므로, 이 의미에 대해서 생각해보자. 전자공학은 반도체, 통신, 제어, 신호처리 등 많은 분야를 포함하고 있다. 또한 컴퓨터 계산을 활용하여 공학적인 문제를 해결하고자 하는 것은 요즘 들어 어느 한 분야만의 전유물이 아닌 매우 광범위하게 적용되는 방법론이다. 예를 들어 Computational Physics, Computational Chemistry, Computational Biology, Computational Geoscience, Computational Mechanics 등과 같은 다양한 분야들이 존재하고 있다. 이런 측면에서 계산전자공학 또는 Computational Electronics 라는 학문명은 불분명한 측면이 있다. 좀 더 구체적으로 표현하자면, 여기서 사용된 Electronics 라는 표현은 전자공학의 여러 분야들 중에서 가장 기본이 되는 반도체 소자 공학을 나타낸다. 즉, 계산전자공학은 반도체 소자 공학에서 발생하는 문제를 컴퓨터 계산을 활용하여 해결하는 것이다. 계산 반도체 소자 공학이라 부르는 것이 더 적합할 수도 있겠으나, 학계에서 널리 사용하는 용어가 계산전자공학이기 때문에 이 책에서는 계산전자공학이라는 이름을 채택하였다.

반도체 소자 공학은 반도체 소자의 성능을 높이기 위해 소자의 물질이나 구조 등을 선택하고 최적화하여 성공적인 반도체 소자 기술을 개발하는 것을 목적으로 한다. 성공적인 반도체 소자 기술을 활용하여 반도체 회로가 설계되며, 이러한 반도체 회로가 전자공학의 하드웨어 구현에 사용되기 때문에, 반도체 소자 공학은 전자공학의 가장 아래쪽 기반이 되는 분야라고 할 수 있다. 최종적으로는 반도체 소자 기술을 개발하여야 할 것이므로, 이를 위한 뛰어난 소자 제작 기술이 필요할 것이다. 그러나 수없이 많은 디자인 변수들을 조합하여 매번 더욱 상향되는 성능 목표들을 맞추는 반도체 소자 기술을 개발하는 일은, 디자인 변수와 소자 성능 사이의 관계를 명확하게 이해하지 못하고서는 이뤄낼 수 없다. 예를 들어, 현재 가지고 있는 반도체 소자보다 면적은 50 %밖에 안 되면서 동작 속도는 30 %가량 빠르며 소자당 전력 소모도 (동작 주파수가 높아짐에도 불구하고) 50 %밖에 안 되는 소자 기술을 몇 년이라는 짧은 시간 내에 개발해야 한다고 가정하자. 명확한 개발 방향성을 가지지 못한 채 열심히 만들어보는 것만으로는 목표를 이루어낼 수 없을 것이다.

다음 세대 반도체 소자 기술을 개발하는 일은 기술적으로 크게 어렵고 복잡성이 높은 일이 되어가고 있다. 오늘날 최첨단 반도체 소자를 제작할 수 있는 업체들은 전 세계적으로도 손에 꼽을 정도만 남아 있으며, 이 업체들은 성능이 개선된 다음 세대 반도체 소자 기술을 먼저 개발하고 제공하여, 시장을 주도하기 위해 매우 치열하게 경쟁하고 있다. 이러한 상황에서, 반도체 소자 기술 개발에 필요한 시간을 단축시키는 것이 중요하며, 개발 시간 단축을 위해서는 방대한 디자인 변수들의 조합들 중에서 실제로 소자 성능을 향상시킬 수 있는 가능성을 가진 후보들만을 선별해내는 것이 필수적이다. 현재 계산전자공학 분야의 성과물들인 '반도체 공정 시뮬레이터'나 '반도체 소자 시뮬레이터'와 같은 컴퓨터 프로그램들은 반도체 소자 기술을 개발하는 업체들에서 필수적으로 사용되고 있다.

이러한 컴퓨터 프로그램들을 활용한 일련의 활동들은 TCAD(Technology Computer-Aided Design)라고 불린다. 컴퓨터 지원 설계(CAD)라는 표현은 자동차, 항공기, 건설 등과 같은 분야에서 컴퓨터를 이용하여 설계를 수행하는 활동을 나타내는 말이었는데, 이와 유사하게 반도체 소자 기술 개발을 컴퓨터 프로그램의 도움을 받아 수행하는 것을 Technology라는 말을 붙여 TCAD라 부르게 되었다. Technology라는 말 역시 불분명한 말이지만, 여기서는 "반도체 소자 기술"을 지칭하기 위해 사용하였으며, TCAD라는 표현이 광범위하게 사용되는 용어이기 때문에 받아들이기로 한다. 인접한 분야에서의 유사한 명명법으로 SPICE와 같은 회로 시뮬레이터 프로그램을 사용하여 회로 설계를 진행하는 것을 ECAD(Electronic Computer-Aided Design)라고 부르는 경우를 들 수 있다. 물론 ECAD라는 용어와 더불어 EDA(Electronic Design Automation)라는 용어도 빈번히 사용된다. 간단히 말해, TCAD란 표현은 계산전자공학의 결과물을 산업적으로 응용하는 것에 중점을 둔 것이라 볼 수 있다.

TCAD에 사용되는 소프트웨어들을 통칭하여 TCAD 툴(tool)이라 부르곤 하는데, 이러한 TCAD 툴을 전문적으로 개발하여 공급하는 업체들이 존재한다. 대표적인 기업으로 Synopsys사와 Silvaco사가 있으며, 그 외에도 다양한 업체들이 존재한다.

주어진 공정 조건으로부터 최종적으로 반도체 소자의 성능을 예측하는 과업을 이루기 위해서는 1) 공정 조건으로부터 생성될 반도체 소자의 구조를 예측하는 과정과 2) 반도체 소자의 구조로부터 전기적 특성을 예측하는 과정이 필요하게 된다. 이 두 가지 과정들은 각각 '공정 시뮬레이션(process simulation)'과 '소자 시뮬레이션(device simulation)'이라고 불러왔다. 그리고 이러한 목적을 위해 만들어진 컴퓨터 프로그램들을 각각 '공정 시뮬레이터(process simulator)'와 '소자 시뮬레이터(device simulator)'라고 부른다.

그림 1.1.1은 차세대 소자 개발에 적용되는 TCAD 시뮬레이션의 흐름도이다. 공정 시뮬레이션과 소자 시뮬레이션은 순차적으로 이루어진다. 실제 차세대 소자 기술 개발에 적용될

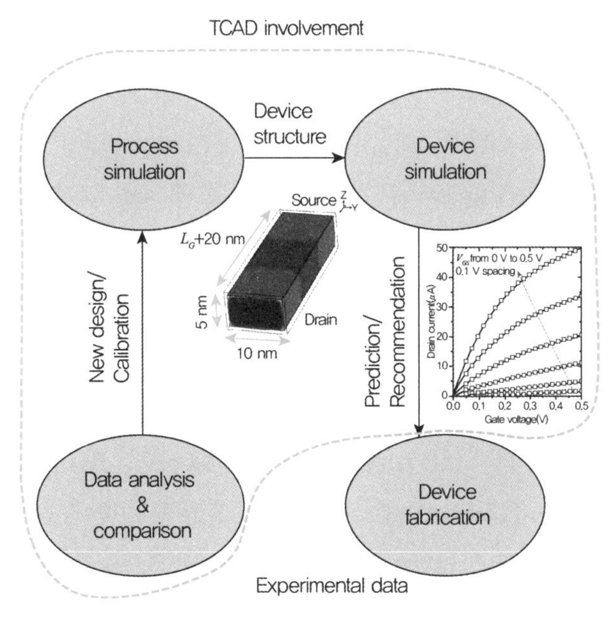

그림 1.1.1 차세대 소자 개발에 적용되는 TCAD 시뮬레이션의 흐름도. 크게 공정 시뮬레이션과 소자 시뮬레이션으로 이루어진다.

때에는, 이러한 과정을 통해 얻어진 소자의 성능을 개선할 수 있는 방향들을 도출한 뒤, 이러한 예상이 맞는지 확인하기 위해 수정된 공정 조건이나 소자 디자인을 바탕으로 다시 반복적으로 유사한 시뮬레이션을 수행할 것이다. 이러한 과정을 반복해가며 원하는 성능 목표를 맞추기 위해서 소자를 최적화해나가는 것이다. 물론 이러한 과정은 반도체 TCAD 시뮬레이션 안에서만 이루어지기보다는, 실제로 제작되고 측정된 소자 성능의 실측값과의 비교를 통해서 그 유효성이 검증되어나갈 것이다.

공정 시뮬레이션과 소자 시뮬레이션은 반도체 TCAD 시뮬레이션을 이루는 두 개의 큰 축이며, 각자 고유한 발전 과정을 거쳐왔다. 시대에 따라, 반도체 소자 공학의 가장 큰 이슈가 무엇이냐에 따라 이 둘 사이의 상대적인 중요성은 항상 바뀌어왔다. 이 책에서는 이 두 가지 축 중에서, 특히 소자 시뮬레이션에 대해서만 다루기로 한다. 이러한 주제 선정 이유는 단순히 저자들의 관심 연구 분야가 소자 시뮬레이션에 집중되어 있기 때문이다. 앞으로 공정 시뮬레이션의 전문가들에 의해 공정 시뮬레이션에 대해서도 이와 유사한 입문서가 나오기를 기대해본다.

지금까지 계산전자공학의 산업적인 측면을 부각하여보았다. 다른 한편으로는 계산전자공학은 학술적인 측면에서도 매우 흥미로운 분야이다. 반도체 소자의 전기적 특성을 예측하는 것이 소자 시뮬레이션의 궁극적인 목적이기 때문에, 전기적 특성을 일으키는 원인인 전자의 움직임에 대한 묘사가 필요하다. 이 전자의 움직임은 보통 복잡한 미분 방정식으로 주어지기 때문에, 결국 계산전자공학의 목적을 달성하기 위해서는 미분 방정식을 컴퓨터를 활용하여 수치해석적으로 풀어주어야 하는 것이다.

먼저 전자들의 움직임을 나타내는 방정식이 무엇인지에 대한 물리적인 이해가 필요할 것이다. 이에 대해서는 물리학의 수송 이론(transport theory)을 전자에 적용하게 된다. 그러나 수송 이론에 등장하는 방정식들도 다양한 근사법(approximation)이 존재하여, 근사의 정도에 따라 실제로 다루어야 하는 방정식의 복잡성도 크게 달라진다. 반도체 소자의 소형화가 진행되고 새로운 물리적인 현상들이 고려되어야 하면서 점차 근사를 덜하고 본래의 전자 수송 방정식에 가까운 식들을 풀게 되었다. 이 책을 기준으로 하면, 제7장의 양자 전송이 복잡성이 높을 것이며, 제5장의 준고전적 수송, 제6장의 준고전적 수송의 근사적인 해 순으로 그 복잡성이 낮아지면서 동시에 물리적인 엄밀함도 낮아질 것이다.

한편, 일단 물리적인 이해가 얻어지게 되면, 그 후의 컴퓨터 프로그램 작성은 수치해석과 관련이 된다. 다양한 수치해석 기법들 중에서 손에 쥐고 있는 문제에 적합한 기법을 선택한 후, 이를 실제로 적용하여 적합성 여부를 판단한다. 계산 결과의 정확성(accuracy), 계산 시간의 길고 짧음에 의한 효율성(efficiency) 그리고 여러 구조에 대해서도 실패하지 않고 항상 결과를 생성할 수 있는 강건성(robustness) 등이 개발된 컴퓨터 프로그램을 평가하는 데 중요할 것이다.

정리하면, 계산전자공학이라는 학문은 학술적인 측면에서는 매우 풍부한 연구 주제들을 제시해주면서, 동시에 산업적인 측면에서도 극히 중요한 최첨단 반도체 소자 기술을 다룬다는 중요성을 가지고 있다. 이러한 측면이 계산전자공학을 매우 매력적인 분야로 만들어준다.

1.2 계산전자공학의 간략한 역사

이러한 계산전자공학의 역사는 언제부터 시작일까? 이러한 물음에 정확하면서도 광범위하게 답하는 것은 저자들의 능력을 넘는 일이라 생각되며, 최근 20~30년 사이의 내용을 위주로 정리해보고자 한다. 특히 반도체 소자 시뮬레이션 위주로 정리되었음을 유의하자. 이를 위해서 Prof. Lundstrom의 2015년 SISPAD 논문을 주로 참고하였다.[1-1]

지금까지 반도체 소자 시뮬레이션에서 가장 널리 사용되는 수송 방정식은 Drift-Diffusion 방정식이라고 불린다. 이 내용은 이 책의 제6장에서 다루게 되는데, 이 Drift-Diffusion 방정식 자체는 이미 1950년에 잘 정리가 된 형태로 발표가 되었다고 한다. 물론 당시에는 이것을 풀 수 있을 만큼의 컴퓨터 자원이 없었다. 그러나 이후 컴퓨터의 비약적인 발전에 따라, 점차 Drift-Diffusion 방정식의 수치해석적인 해를 구할 수 있게 되었다.

Gummel의 1964년 논문을 살펴보면, 이때 이미 Drift-Diffusion 방정식을 1차원 소자에 대해서 수치해석 기법으로 풀어주는 것을 볼 수가 있다.[1-2] 대략적으로 말해, 이 책의 6.4절의 실습들이 이 당시 정도의 기술을 나타내고 있다고 볼 수 있다. 그러나 Drift-Diffusion 방정식에 등장하는 전류 밀도의 식을 수치해석적인 불안정성(instability) 없이 잘 이산화(discretization)하는 일은 어려운 일이었다.

그 후 1968년에 계산전자공학에서 매우 중요한 (아마도 가장 중요한) 논문이 Scharfetter와 Gummel에 의해 발표되는데, 이것이 계산전자공학을 지금의 모습으로 만든 초석이 되었다.[1-3] 이에 대해서는 6.5절에서 자세히 다루게 될 것이다. 이후 소자 시뮬레이션은 2차원 소자로 확장되었으며, 수치적인 효율성과 강건성이 높아졌다. 1990년대에 들어서서 반도체 소자 엔지니어들은 상용(commercial) 반도체 소자 시뮬레이터를 그들의 실제 업무에서 매일 사용하게 되었다. 이후 2000년대에 들어서서는 3차원 구조를 가진 소자의 시뮬레이션이 중요하게 되었고, 이에 발맞추어 3차원 시뮬레이션 능력이 크게 향상되었다. 또한 스트레스 엔지니어링에 의한 이동도(mobility) 향상 등을 고려하는 모델들이 도입되었다.[1-4] 점차 중요해지는 양자 속박 효과(quantum confinement effect)를 고려하기 위해서 Density-Gradient 방정식이 기존의 Drift-Diffusion 방정식에 결합되어 함께 고려되었다.[1-5] 이렇게 발전해온 Drift-Diffusion 방정식에 기반한 소자 시뮬레이션이 그동안 반도체 소자 시뮬레이션의 주류였다. Drift-Diffusion 방정식이 최신의 반도체 소자에 적용되기에는 정확성 측면에서 문제가 있음이 알려져 있지만, 그럼에도 불구하고 수치해석적인 효율성 측면에서 압도적으로 유리하기 때문에, 전자의 이동도(mobility) 등과 같은 시뮬레이션 모델들을 조절해가며 여전히 가장 많이 사용되는 것이다. 이러한 상황은 앞으로도 계속 유지가 될 것으로 예상된다.

앞서 기술한 것처럼 Drift-Diffusion 방정식이 물리적으로 볼 때 정확한 결과를 주지 못한다는 사실은 이미 오래전부터 알려져 있었다. 비록 여전히 Drift-Diffusion 방정식을 기반으로 하여 기술 개발을 진행하더라도, 소자 시뮬레이션의 정확성 향상을 위해서 더 정확한 시뮬레이션 기법에 대한 요구는 끊임없이 이어져왔다. 전자 수송을 준고전적으로 다루게 될 경우, 볼츠만(Boltzmann) 수송 방정식이 가장 정확한 지배 방정식이 될 것이다. Drift-Diffusion 방정식도 볼츠만 수송 방정식으로부터 몇 가지 가정을 통해 유도된 식이다. 이에 대한 내용은 6.2절과 6.3절을 통해 다루게 된다. 이러한 접근법에 따라 Hydrodynamic 방정식이라는 좀 더 복잡한 방정식들의 집합이 유도되었으며, 이를 위한 수치해석적인 모델의 개발이 1990년대 계산전자공학의 큰 연구주제였다.[1-6] 그러나 Hydrodynamic 방정식은 수치해석적인 강건성이 부족하고 효율성이 떨어짐에도 불구하고, Drift-Diffusion 방정식에 대비하여 정확성의 명확한 개선을 보여주지 못하였다. 그에 따라 현재는 상대적으로 그 중요성이 줄어든 상태이다.

Drift-Diffusion 방정식보다 더 정확한 결과를 얻기 위한 또 다른 접근법으로는 볼츠만 수송 방정식을 별다른 근사 없이 바로 풀어주는 것이 있다. 무작위수를 발생하여 볼츠만 수송 방정식을 풀어주는 Monte Carlo 시뮬레이션이 활발히 연구되었다.[1-7] 특히 Monte Carlo 시뮬레이션에서는 복잡한 전자 밴드 구조와 산란 기작(scattering mechanism)을 손쉽게 구현할 수 있어서, Drift-Diffusion 방정식이나 Hydrodymanic 방정식에 대한 비교 대상으로 유용하게 활용되어왔다. 최근에는 컴퓨터의 계산능력이 더욱 발전하면서, 볼츠만 수송 방정식 전체를 하나의 행렬로 표현하여 풀어주고자 하는 시도도 활발하게 이루어졌다.[1-8] 이에 대한 내용은 제

5장에서 자세히 다루도록 한다. 참고로 볼츠만 수송 방정식을 일정한 전기장이 인가된 균일한 시스템에 대해서 풀어주면 이동도에 대한 정보를 얻을 수가 있는데, 이동도가 매우 중요한 물리량이다 보니, 이동도만을 계산해주는 'Mobility calculator(이동도 계산기)'라는 프로그램들이 개발되어 사용되기도 해왔다. 이에 대한 내용은 제4장에서 다루어진다.

한편, 볼츠만 방정식이나 Drift-Diffusion과 같은 준고전적인 수송 이론 대신 양자 전송 이론에 기반하여 전자의 움직임을 기술하고자 하는 노력은 계속되어왔다. 이러한 흐름은 계산전자공학의 테두리 안에서 이루어지기보다는 응용 물리 분야에서의 학술적인 접근이 우선시되었다. 1990년대 말부터 2000년대 초반에 이르러, 드디어 본격적으로 계산전자공학 분야에서도 양자 전송을 진지하게 다루기 시작하였고, NEGF(Non-Equilibrium Green Function, 비평형 그린 함수) 방법이 표준적인 기법으로 확립되었다. NEGF 방법은 극도로 소형화된 트랜지스터의 성능 극한에 대해서 정보를 주었으며, 소스와 드레인 사이의 direct tunneling을 방지하기 위해서 필요한 최소한의 채널 길이를 파악할 수 있게 해주었다. 그리고 최근까지 이어진 실리콘이 아닌 다른 대안적인 채널 물질들(III-V 채널, 2차원 물질 등)을 채택했을 때의 장단점에 대해서 미리 파악할 수 있게 해주었다.

정리하면, 계산전자공학 중 소자 시뮬레이션 분야는 Scharfetter와 Gummel에 의해서 Drift-Diffusion 방정식을 안정적으로 풀 수 있는 방법이 개발된 이후, 3차원 소자에서 다양한 물리적 효과들을 고려할 수 있는 방향으로 발전해왔다. Drift-Diffusion 방정식이 이 과정에서 핵심적인 역할을 하였으며, 볼츠만 수송 방정식이나 NEGF 기법과 같은 좀 더 발전된 시뮬레이션 기법들도 각자 필요한 부분에서 활발하게 사용되고 있다.

1.3 계산전자공학의 향후 발전 방향 전망

계산전자공학의 향후 발전 방향을 전망하는 일은 결코 쉬운 일이 아닐 것이다. 그러나 계산전자공학이 반도체 기술의 발전을 위하여 존재하는 현실을 생각해보면, 반도체 기술의 한계를 뛰어넘기 위한 다양한 노력들을 뒷받침하는 데 적용될 것이라는 점은 의심의 여지가 없다. 이러한 점에 착안하여, 앞으로 계산전자공학을 공부하고자 하는 독자들에게 저자들이 전망하는 계산전자공학 분야의 발전 방향을 제시하고자 한다. 특히 프로그램을 개발하는 개발자 입장에서 정리하였다.

가장 먼저 Drift-Diffusion 방정식을 푸는 반도체 소자 시뮬레이터의 경우, 소자 시뮬레이션 자체로서는 많은 부분의 기능들이 완성도 높게 구현되어 있는 상황이다. 또한 Drift-Diffusion 방정식 자체의 물리적인 한계로 인하여 시뮬레이션 모델들을 조절하는 작업은 개발자의 역할이 아니게 되었다. 오히려 각 사용자들이 개발 중인 소자의 실측값에 맞추어 시뮬레이션 모델들을 세부 조절해주게 된다. 따라서 소자 시뮬레이션 자체의 정확성을 높이는 방향보다는, 주어진 시뮬레이터로부터 더 많은 가치를 만들어낼 수 있는 방안을 고민하게 된다.

이러한 측면에서 DTCO라고 불리는, Design-Technology Co-Optimization(설계-기술 동시 최적화)을 지원하는 것이 앞으로 소자 시뮬레이터가 발전해나갈 방향으로 지목되고 있다. 결국 차세대 반도체 소자 기술을 개발하는 목적이 제작되는 회로 성능을 향상시키는 것이므로, 반도체 소자를 개발함에 있어 최종 회로 성능을 극대화하는 방향성을 설정하여 달성하는 것이 DTCO의 핵심 아이디어이다. 이러한 측면에서, TCAD 툴 또한 단순히 공정 시뮬레이터와 소자 시뮬레이터를 제공하는 것에서 벗어나 목표로 삼는 회로 성능을 최대화할 수 있도록 자동적으로 반도체 소자 기술을 개발해나갈 수 있는 기능이 탑재되어 활용될 것이다. 이미 이러한 문제에 대한 TCAD 툴 개발사들이나 반도체 제작사들의 솔루션들이 발표되고 있다.

다중 코어 CPU를 활용한 병렬 컴퓨팅은 이미 TCAD 툴들에서 널리 활용되고 있으며, 그 다음 단계로 GPU를 활용한 시뮬레이션 시간 단축 또한 활발히 시도되고 있다. 시뮬레이션 시간 단축은 곧 반도체 소자 기술 개발 기간을 단축시키는 데 기여하므로, 앞으로도 꾸준한 관심을 받을 발전 방향으로 예측된다.

이상의 논의가 Drift-Diffusion 방정식에 기반한 소자 시뮬레이터에 대한 방향이었다면, 반대로 물리적인 정확성을 더욱 엄밀하게 추구하는 방향의 발전도 생각할 수 있다. 2000년대 이후 양자 전송 시뮬레이션은 비약적으로 발전해왔다. 특히 양자 전송을 고려할 때에는 어떤 종류의 Hamiltonian(해밀토니안. 시스템의 전체 에너지를 구하는 연산자)을 적용하는가가 극히 중요하게 된다. 그동안 유효 질량(effective mass), k.p, Tight-Binding 등의 Hamiltonian들이 적용되어가며 양자 전송 시뮬레이터의 물리적인 정확도가 점점 높아져왔다. 최근에는 반도체 소자를 구성하는 원자들의 배치를 입력으로 받아들여서 원자 수준의 시뮬레이션을 제1원리 Hamiltonian을 가지고 수행하는 연구들이 발표되었다. 물론 이를 위해 필요한 계산량은 매우 크겠으나, 그럼에도 앞으로도 등장하게 될 수많은 기술적인 난제들을 해결하는 데 실마리를 얻기 위하여, 이러한 원자 수준 시뮬레이션에 대한 개발 수요는 앞으로도 계속될 것으로 보인다. 이러한 추세에 따라, TCAD 툴 개발사들이 원자 수준 시뮬레이션 프로그램을 소자 시뮬레이터와 연결하여 제공하기 시작하였다.

볼츠만 수송 방정식을 푸는 경우에는 효율성에 초점을 맞춘 Drift-Diffusion 시뮬레이션과 물리적 엄밀함 측면에 강점을 가진 NEGF 시뮬레이션 사이에서, 적절한 절충점으로 가치를 가질 것이라 예상된다. Monte Carlo 방식은 오래전부터 TCAD 툴에 포함되어 있었으며, 최근 몇 년 사이에는 볼츠만 수송 방정식 전체를 이산화하여 풀어주는 소위 Deterministic Boltzmann Solver들도 TCAD 툴에 포함되기 시작했다.

마지막으로, 계산전자공학의 향후 발전 방향에 대해서 무엇보다 정확히 알 수 있는 방법은, 지금 현재 진행되고 있는 연구들을 파악해보는 것이다. 계산전자공학 관련 국제학술대회와 국제 저널을 소개하는 것으로 제1장을 마무리하고자 한다.

계산전자공학과 관련된 국제학술대회에서 가장 오랜 역사를 가지고 있는 것은 1996년부터 시작된 SISPAD(International Conference on Simulation of Semiconductor Processes and Devices)이다. 실제 이 학회는 미국, 일본, 유럽에서 각자 개최되던 NUPAD, VPAD, SISDEP이라는 세 개의 지역 학회들이 통합되어 만들어진 것이라, 그 역사는 1996년보다 더 예전으로 거슬러 올라간다. 현재도 이러한 설립 역사에 따라 일본, 미국, 유럽 순으로 개최지를 바꾸어가며 열리고 있다. 또한 반도체 소자 전반을 아우르는 가장 대표적인 학회인 IEDM(International Electron Device Meeting)의 Modeling and Simulation 분과에서도 최신의 뛰어난 연구 성과들이 발표되곤 한다. 물론 이외에도 많은 국제학술대회에서 계산전자공학 관련 연구들을 다루고 있다.

국제 저널에서는 IEEE Transactions on Electron Devices에 계산전자공학과 관련된 중요한 성과들이 주로 발표되어왔다. Journal of Computational Electronics는 계산전자공학에 특화된 국제 저널이며, 그 외에도 IEEE Journal of the Electron Devices Society, Solid-State Electronics 같은 국제 저널에서도 계산전자공학 관련한 연구 논문들이 발표되고 있다. 좀 더 응용 물리 쪽에 근접한 연구 내용들은 Physical Review B나 Journal of Applied Physics 같은 물리학 저널에서도 찾아볼 수 있다.

CHAPTER

2

수치해석 기법 연습

수치해석 기법 연습

2.1 들어가며

이번 장에서는 독자들이 계산전자공학에서 필요한 수치해석 기법들에 익숙하지 않다는 가정 아래, 이 책에 나온 내용들을 실제로 구현하기 위해 필요한 기본적인 지식들을 구체적인 예와 함께 다룬다. 이번 장의 존재가, 이 책이 다른 전문 서적들과 가장 크게 다른 부분이라고 생각한다.

실습에 사용된 예들은 앞으로의 학습에 반드시 필요한 내용들로 선정하였으나, 앞으로 배울 복잡한 내용에 대한 배경 지식이 없어도 손쉽게 구현이 가능하도록 체계적으로 배치하였다.

2.2 무한 우물 문제

본격적인 논의를 시작하기에 앞서, 실습에 대한 준비가 필요할 것이다. 가장 기본이 되면서도 중요한 무한 우물에 갇힌 전자에 대한 Schrödinger 방정식을 통하여, 필요한 물리적인 이해와 수치해석적인 경험을 동시에 얻기로 하자.

일반 물리 등의 과목을 통해, 입자가 x 방향으로의 1차원 무한 우물에 갇혀 있을 때, 다음과 같은 방정식을 통하여 파동 함수(wave function)인 $\psi(x)$을 구하게 된다는 것을 배웠다.

$$H\psi(x) = -\frac{\hbar^2}{2m}\frac{d^2}{dx^2}\psi(x) = E\psi(x) \tag{2.2.1}$$

여기서 H는 Hamiltonian 연산자이고, $\hbar$는 플랑크 상수를 2π로 나누어준 값이며, m은 전자의 질량이다. 파동 함수는 그 입자가 주어진 위치에 존재할 확률분포 함수와 연관되어 있다. 위의 식은 나중에 일반화되므로, 지금은 그냥 간단한 형태로 받아들이기로 하자.

경계 조건을 기술해주는 것이 중요하다. 무한히 높은 포텐셜 영역으로 전자가 침투할 수는 없으므로 그 영역에서 전자가 존재할 확률은 0이 되어야 한다. 따라서 우물의 크기가 a로 주어져서, x의 값이 0부터 a까지 변화한다고 할 때, 경계 조건은 다음과 같을 것이다.

$$\psi(0) = \psi(a) = 0 \tag{2.2.2}$$

해를 구하는 과정은 일반 물리 등의 교과서에 잘 나와 있으므로 간략하게 요약해보자. 위의 식 (2.2.1)은 2계 미분 연산자에 대한 고유값(eigenvalue) 문제로 변형하여 쓸 수가 있다.

$$\frac{d^2}{dx^2}\psi(x) = -\frac{2mE}{\hbar^2}\psi(x) = -k^2\psi(x) \tag{2.2.3}$$

여기서 $-k^2$이 고유값이 된다. 위의 식을 만족하는 파동 함수의 일반적인 꼴은 아래와 같이 sine 함수와 cosine 함수의 선형 결합이 될 것이다.

$$\psi(x) = A_1\cos kx + A_2\sin kx \tag{2.2.4}$$

물론 아직 두 계수 A_1과 A_2는 정해지지 않았다. 그렇지만 $x=0$에서의 경계 조건을 생각하면, 아주 쉽게 cosine 함수에 해당하는 A_1은 0이 되어야 함을 알 수 있다. 이제 $x=a$에서의 경계 조건을 생각하면 다음과 같다.

$$\psi(a) = A_2\sin ka = 0 \tag{2.2.5}$$

$A_2 = 0$인 조건은 파동 함수가 모든 점에서 0이 되게 하여 물리적으로 올바르지 못하다. 따라서 적합한 조건은 어떤 자연수 n에 대해서

$$ka = n\pi \tag{2.2.6}$$

의 관계를 만족시키는 것이다. 이로부터 k는 아무 값이나 가질 수 있는 것이 아니라 특정한 몇몇 값들을 가질 수 있다는 것을 알게 된다. 이것을 k가 양자화(quantization)되어 있다고 표현한다.

결국 주어진 양자수 n에 대하여, 고유값과 고유 함수(eigenfunction)는 다음과 같이 주어질 것이다.

$$E_n = \frac{\hbar^2}{2m}\left(\frac{n\pi}{a}\right)^2 \tag{2.2.7}$$

$$\psi_n(x) = A_2 \sin\left(\frac{n\pi}{a}x\right) \tag{2.2.8}$$

식 (2.2.8)의 계수 A_2는 파동 함수의 절댓값의 제곱을 확률 밀도 함수로 쓸 수 있도록 정해지는 상수이다.

이제 우리는 무한 우물 문제의 해석적인 해를 구하였다. 계산전자공학 과목의 목표는 수치해석이므로, 이 무한 우물 문제를 컴퓨터 프로그램을 통해 푸는 것을 시도하고자 한다. 이어지는 절들에서는 이 목적을 이루기 위한 준비 과정을 다루도록 하자.

2.3 1차원 Laplacian

거의 모든 공학 문제에서 중요하게 사용되는 Lapalcian 연산자를 소개하겠다. 3차원 공간에서 Laplacian 연산자는 3차원 데카르트 좌표계에서 다음과 같이 나타나게 된다.

$$\nabla^2 = \frac{\partial^2}{\partial x^2} + \frac{\partial^2}{\partial y^2} + \frac{\partial^2}{\partial z^2} \tag{2.3.1}$$

이 연산자는 각각의 방향으로의 2계 미분들을 구하여 더한 결과를 나타낸다.

만약 우리의 3차원 공간에서 y나 z 방향으로는 물리량들이 변화함이 없다면, 이런 특수한 경우에는 Laplacian 연산자가 x 방향으로의 단순 2계 미분으로 나타나게 될 것이다.

$$\nabla^2 = \frac{\partial^2}{\partial x^2} \tag{2.3.2}$$

이것은 마치 1차원 공간과 같을 것이다.

그럼 이런 1차원 Laplacian 연산자를 어떤 상황에서 만날 수 있을까? 바로 2.2절에서 살펴본 것과 같이, 무한 우물에 해당하는 슈뢰딩거 방정식으로부터

$$\frac{d^2}{dx^2}\psi(x) = -k^2\psi(x) \tag{2.3.3}$$

과 같은 고유값 문제를 얻어낼 수 있었다. 따라서 우리가 슈뢰딩거 방정식을 푼다는 것은, (2.3.3)의 좌변에 있는 2계 미분 연산자(다른 말로 표현하면 1차원 Laplacian 연산자)의 고유값과 고유 함수를 구하는 일에 해당한다. 물론 해석적인 해인 $\cos kx$나 $\sin kx$는 대입을 통해 바로 확인할 수 있으나, 계산전자공학 과목에서는 이 상황을 컴퓨터가 풀 수 있는 형태로 바꾸어주어야 한다. 이러한 과정을 이산화(discretization)한다고 부른다. 따라서 2.3절에서는 2계 미분 연산자를 이산화하는 과정을 구체적으로 살펴보기로 한다.

원래의 문제는 0부터 a까지의 x 축 위에 있는 무한히 많은 점들에서의 $\psi(x)$를 구하는 것이다. 그러나 유한한 메모리를 가지고 있는 컴퓨터를 가지고 이 무한히 많은 점들에서의 파동 함숫값을 하나하나 다 기억하는 것은 가능하지 않다. 따라서 이러한 문제를 회피하기 위해서, 0부터 a까지의 x 축 위의 구간을 N개의 점들로 대표한다고 생각한다. 만약 이 N의 값이 매우 크다고 한다면, 0부터 a까지의 공간을 상당히 촘촘하게 나눈 것에 해당한다. 그러면 완벽하지 않더라도 연속적인 함수를 유사하게 나타낼 수 있다고 생각한다. 물론 이렇게 연속적인 공간에 정의된 함수를 이산화된 점들에서의 함숫값으로 근사하는 것이 얼마나 합리화될 수 있는지는, 대상이 되는 함수에 따라 달라지게 된다.

한 가지 예를 들어보자. 그림 2.3.1은 간단한 sine 함수를 보이고 있다. 이산화 과정에서는 주어진 구간을 몇 개의 점으로 균일하게 나눈 후, sine 함수를 그리고 이들을 선으로 연결할

것이다. 이 함수를 몇 개의 점으로 표시하면 적절할까? 그림 2.3.1(a)의 경우는 충분하다고 생각이 들 것이며, 그림 2.3.1(b)는 좀 부족하지만 그래도 sine 함수의 개형을 따라간다는 느낌이 들 것이다. 그러나 그림 2.3.1(c)는 아무래도 sine 함수를 표시하기에는 부족할 것이다. 따라서 문제를 수치해석적으로 풀기에 앞서, 해를 잘 나타낼 수 있도록 먼저 주어진 영역을 유한한 숫자의 점들로 잘 표현해야 한다.

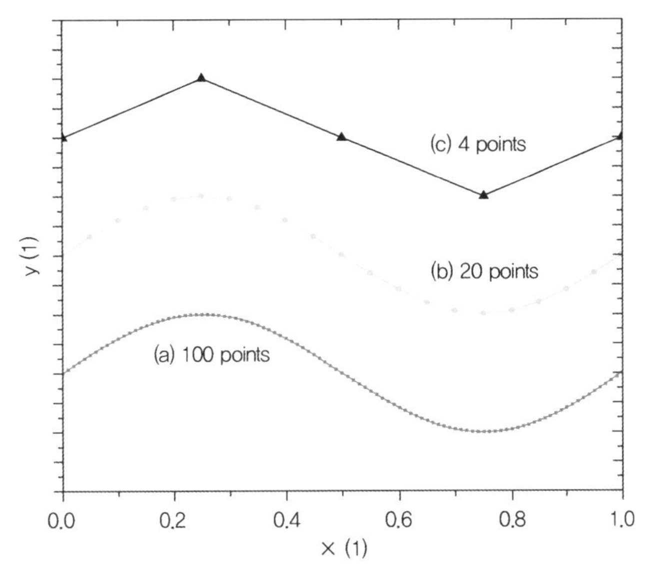

그림 2.3.1 $y(x) = \sin(2\pi x)$를 이산화하여 나타낸 예. y 축은 선들이 겹치지 않도록 인위적으로 옮겨졌다. (a) 한 주기를 100개의 점으로 표현. (b) 20개의 점으로 표현. (c) 4개의 점으로 표현

다시 무한 우물 문제로 돌아가 보자. 주어진 구간이 N개의 점으로 나누어져 있다고 하자. 간단하게 균일한 점들의 분포를 생각하면, i번째 점인 x_i는 다음과 같을 것이다.

$$x_i = \frac{i-1}{N-1} a = (i-1)\Delta x \tag{2.3.4}$$

따라서 이제 주어진 N개의 점들에서의 함숫값을 구하는 문제로 귀결되었다. 구하고자 하는 함수는 벡터 꼴로 나타낼 수 있다. 이 벡터(벡터는 볼드체로 ψ로 표기)는 다음과 같을 것이다.

$$\psi = \begin{bmatrix} \psi_1 \\ \psi_2 \\ \cdots \\ \psi_{N-1} \\ \psi_N \end{bmatrix} \tag{2.3.5}$$

여기서 ψ_i는 $\psi(x_i)$를 줄여서 쓴 것이다. 이때, 첫 번째 점과 N번째 점은 경계에 해당하기 때문에, 이 두 점에 대해서는 다음과 같은 식이 성립할 것이다.

$$\psi_1 = \psi(x_1) = 0, \ \psi_N = \psi(x_N) = 0 \tag{2.3.6}$$

구현의 편의를 위해서, 이 조건을 명시적으로 이용하면, 경곗값들을 제외한 내부 점들에서의 값들만으로 벡터를 구성할 수도 있을 것이다.

$$\psi = \begin{bmatrix} \psi_2 \\ \psi_3 \\ \cdots \\ \psi_{N-2} \\ \psi_{N-1} \end{bmatrix} \tag{2.3.7}$$

이 벡터는 $N-2$의 원소들을 포함하고 있을 것이다.

함수의 이산화된 표현을 알았으니 이제 함수 미분을 알아보자. 일단 x_i와 x_{i+1}의 중간에서 함수의 기울기 또는 미분을 구한다고 하면 이산화된 표현으로 다음과 같이 쓸 수 있다.

$$\left.\frac{d\psi}{dx}\right|_{x=x_{i+0.5}} \approx \frac{\psi(x_{i+1}) - \psi(x_i)}{x_{i+1} - x_i} \tag{2.3.8}$$

여기서 $x_{i+0.5}$는 x_i와 x_{i+1}의 중간 지점을 나타낸다. 2계 미분은 위의 1계 미분 표현을 두 번 적용하여 구할 수 있다. $x = x_i$에서의 2계 미분값은, 균일한 간격 Δx를 가지고 있는 경우에는 다음과 같이 근사할 수가 있다.

$$\left.\frac{d^2\psi}{dx^2}\right|_{x=x_i} \approx \frac{\psi(x_{i+1})-2\psi(x_i)+\psi(x_{i-1})}{(\Delta x)^2} \tag{2.3.9}$$

좀 더 일반적으로 점들 사이의 간격이 일정하지 않을 경우에 대해서는 나중에 다루기로 하자. 좌변과 우변의 차원을 비교해보면, 원래 함수의 차원을 길이의 차원으로 두 번 나누어 준 것이 되어서 동일하다는 것을 확인할 수 있다. 또 다른 간단한 확인 사항으로, 만약 모든 점에서의 함숫값이 동일하다면, 즉 상수 함수라고 한다면, 2계 미분은 당연히 0이 되어야 할 것이다. 위의 식 (2.3.9)의 우변의 분자에는 계수들이 등장하는데, 이 계수들의 합은 0이다. 따라서 2계 미분을 식 (2.3.9)를 사용하여 계산할 경우, 상수 함수는 2계 미분이 0이라는 올바른 결과를 얻게 된다.

이 식 (2.3.9)는 한 점에서의 2계 미분을 나타내는데, 여러 점들에서 2계 미분을 구하여 다시 벡터 형태로 쓸 수가 있을 것이다. 즉, 벡터인 원래 함수가 2계 미분 연산에 의해서, 같은 점들에 정의된 2계 미분된 함수로 바뀌는 것이다. 그럼, 이 연산은 $N-2$의 원소를 가진 벡터를 다시 $N-2$의 원소를 가진 벡터로 옮기는 일을 하게 되어서, 행과 열의 크기가 $N-2$인 정사각행렬로 나타내는 것이 적합할 것이다.

이해를 돕기 위해, N이 크지 않을 경우에 대해서 명시적으로 다루어보자. $N=5$인 경우를 가정한다. ψ_1부터 ψ_5까지의 다섯 개의 값을 알아야 할 것이지만, 경계 조건을 적용하여 ψ_2부터 ψ_4까지의 값만으로 충분할 것이다. 벡터에 대한 연산식으로 표현해보면, 2계 미분에 해당하는 벡터는 다음과 같이 됨을 알 수 있다.

$$\begin{bmatrix} \left.\frac{\partial^2\psi}{\partial x^2}\right|_{x=x_2} \\ \left.\frac{\partial^2\psi}{\partial x^2}\right|_{x=x_3} \\ \left.\frac{\partial^2\psi}{\partial x^2}\right|_{x=x_4} \end{bmatrix} = \frac{1}{(\Delta x)^2}\begin{bmatrix} -2 & 1 & 0 \\ 1 & -2 & 1 \\ 0 & 1 & -2 \end{bmatrix}\begin{bmatrix} \psi_2 \\ \psi_3 \\ \psi_4 \end{bmatrix} \tag{2.3.10}$$

바로 이 식에 등장하는 3×3 행렬이 2계 미분 연산자를 이산화한 꼴임을 이해할 수 있다. 각각의 행들이 식 (2.3.9)에서 나타내는 2계 미분이 됨을 각자 확인할 수 있을 것이다. N이 커질 경우에도 손쉽게 확장될 수 있다.

$$\frac{1}{(\Delta x)^2}\begin{bmatrix} -2 & 1 & 0 & \dots & 0 \\ 1 & -2 & 1 & \dots & 0 \\ 0 & 1 & -2 & \dots & 0 \\ \dots & \dots & \dots & \dots & \dots \\ 0 & 0 & 0 & 1 & -2 \end{bmatrix}\begin{bmatrix} \psi_2 \\ \psi_3 \\ \psi_4 \\ \dots \\ \psi_{N-1} \end{bmatrix} \tag{2.3.11}$$

2.4 고유값 문제

앞의 2.3절에서는 1차원 Laplacian 연산자를 나타내는 행렬에 대해서 다루었다. 이제 이러한 지식을 무한 우물 문제를 푸는 데 적용해볼 수 있다. 물론 무한 우물 문제의 해석적인 해는 알고 있으나, 수치해석적인 해를 구하는 것을 목표로 한다.

먼저 일반적인 고유값 문제를 다루어보자. 정사각행렬 A를 하나 생각해보자. 이때 고유값 λ와 이에 해당하는 고유 벡터 $\mathbf{x}$는 다음의 식을 만족한다.

$$\mathrm{A}\mathbf{x} = \lambda\mathbf{x} \tag{2.4.1}$$

예를 하나 들어보자. 아주 간단한 2×2 행렬을 하나 생각해보자.

$$\mathrm{A} = \begin{bmatrix} 2 & -1 \\ -1 & 2 \end{bmatrix} \tag{2.4.2}$$

그러면 λ가 3 또는 1이 된다는 것을 알 수 있고, 이에 해당하는 고유 벡터들은 각각 $[1 \ \ -1]^T$과 $[1 \ \ 1]^T$이다. 고유값들은 $\mathrm{A}-\lambda\mathrm{I}$의 determinant가 0이 되도록 하는 조건을 통하여 구할 수 있으며, 해의 정당성은 대입을 통해 직접 확인이 가능하다. 그러나 2×2 행렬이 아니라, 훨씬 더 큰 행렬이라면 사람이 푸는 것은 가능하지 않을 것이며 컴퓨터의 도움을 얻어야 한다.

아주 간단한 실습을 통하여 컴퓨터를 사용하여 고유값과 고유 벡터를 구하는 일을 시작해보자.

실습 2.4.1

이 실습은 계산전자공학 과목의 첫 번째 실습이다. 식 (2.4.2)에 주어진 간단한 2×2 행렬의 고유값과 고유 벡터를 구하여라. 이때, $A - \lambda I$의 determinant가 0이 되도록 하는 조건으로부터 특성방정식(characteristic equation)을 설정하는 방식은 피하고, 행렬을 입력으로 받아서 고유값과 고유 벡터를 계산해주는 함수를 호출하는 방식을 사용하자.

이제 무한 우물 문제로 돌아가 보자. 만약 $N = 5$로 전체 공간이 매우 듬성듬성하게 나누어져 있다면, 식 (2.3.3)은 식 (2.3.10)의 도움을 받아 다음과 같이 나타낼 수 있을 것이다.

$$\begin{bmatrix} -2 & 1 & 0 \\ 1 & -2 & 1 \\ 0 & 1 & -2 \end{bmatrix} \begin{bmatrix} \psi_2 \\ \psi_3 \\ \psi_4 \end{bmatrix} = -k^2 (\Delta x)^2 \begin{bmatrix} \psi_2 \\ \psi_3 \\ \psi_4 \end{bmatrix} \tag{2.4.3}$$

물론 이 식에서는 Δx는 $\frac{a}{4}$으로 주어질 것이다. 이 3×3 행렬에 대한 고유값들을 실습 2.4.1과 같은 방법으로 구해보면 (절댓값이 작은 순서대로) −0.5858, −2.0000, −3.4142가 얻어질 것이다. 즉, $k^2(\Delta x)^2$의 값이 0.5858, 2.0000, 3.4142를 가질 수 있다는 뜻이다. 물론 고유 에너지는 식 (2.2.3)에서 나온 것처럼 $E = \frac{\hbar^2}{2m} k^2$으로 주어진다.

실제로 의미 있는 값들을 가지고 이 간단한 문제에 대입해보자. 길이인 a가 5 nm이고, 유효 질량인 m이 $0.91 m_0$라고 하자. 여기서 m_0는 전자의 정지질량이다. 이 경우에 Δx는 1.25 nm가 될 것이며, 가장 낮은 $k^2(\Delta x)^2$인 0.5858에 해당하는 k^2은 대략 $3.749 \times 10^{17}\ \mathrm{m}^{-2}$이 된다. 이로부터 계산해보면, 가장 낮은 바닥(ground) 상태의 에너지가 대략 0.0157 eV가 된다는 것을 알 수 있다. 물론 이 값은 $N = 5$라는 조건으로 매우 듬성듬성하게 나누어진 경우에 얻어진 결과이므로, 정확하지 않다. 오차가 어느 정도인지는 식 (2.2.7)을 사용하여 직접 계산할 수 있다.

N을 증가시키면서 결과가 해석적인 답에 수렴해가는 것을 다음 실습을 통해 확인해 보자.

실습 2.4.2

무한 우물 문제를 풀 수 있는 간단한 프로그램을 작성해보자. 우물의 길이는 전과 같이 5 nm로 설정한다. 이 경우에는 유효 질량인 m을 $0.19m_0$로 놓자. N을 5, 50, 500과 같이 증가시켜 가면서 얻어지는 고유 에너지의 값을 비교해보자. 또한 파동 함수를 공간의 함수로 그려보고 식 (2.2.8)의 결과와 비교해보자.

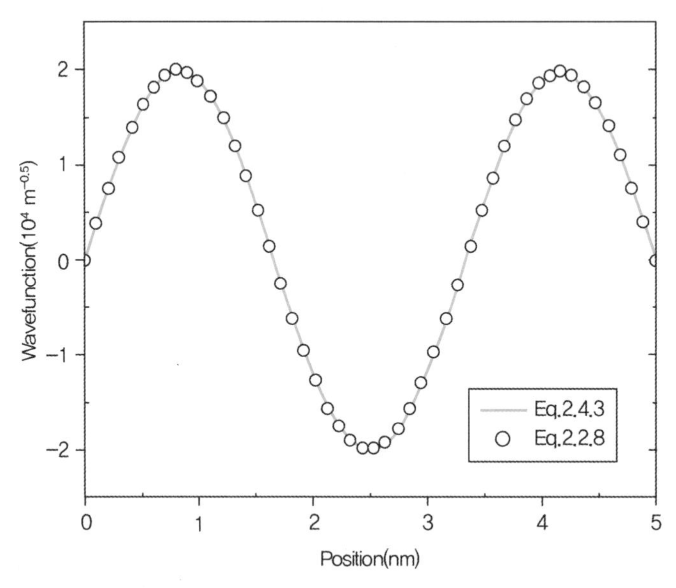

그림 2.4.1 실습 2.4.2의 파동 함수 그래프. $N=50$이고 $n=3$일 때의 결과

2.5 Laplace 방정식

지금까지 고유값 문제를 푸는 간단한 실습을 진행하였다. 이번에는 전하가 없을 경우의 Poisson 방정식 문제를 풀어보도록 하자. 계산전자공학에서 Poisson 방정식이라고 지칭할 때에는

$$\nabla \cdot (-\epsilon(\mathrm{r})\nabla\phi(\mathrm{r})) = \rho(\mathrm{r}) \tag{2.5.1}$$

와 같은 식을 나타낸다. 여기서 ϵ은 유전율이며, ρ는 한 점에서의 알짜 전하량이다. 이 식은

Maxwell 방정식 중의 하나인 쿨롱의 법칙($\nabla \cdot \mathrm{D} = \rho(\mathrm{r})$)을 유전체에 대한 고려를 하여 표현한 식이며, 또한 변위 벡터인 D를 $\mathrm{D} = \epsilon \mathrm{E} = -\epsilon \nabla \phi$와 같이 써서 얻어진 것이다. 이러한 변환 과정은 우리가 다룰 상황에서는 유효한 것들이다.

원래 수학적으로 Poisson 방정식이라고 하면 $\nabla^2 \phi = f(\mathrm{r})$과 같은 식을 나타내곤 하는데, 식 (2.5.1)이 이러한 형태를 만족하는 것은 유전율이 모든 점에서 일정할 때이다. 따라서 Poisson 방정식이라는 표현은 그다지 엄밀하지는 않은 것이다. 그렇지만 계산전자공학 분야의 문헌에서는 Poisson 방정식으로 지칭하고 있으므로, 이 책에서는 이를 따라서 Poisson 방정식이라고 부르기로 한다.

우리가 앞으로 다루게 될 상황은 물론 알짜 전하량이 0이지 않은 일반적인 경우를 다루게 될 것이다. 그러나 이러한 복잡한 경우를 다루기 위한 기본 준비로, 특별히 전하량이 0인 경우를 생각해보자. 이럴 경우에는

$$\nabla \cdot (-\epsilon(\mathrm{r}) \nabla \phi(\mathrm{r})) = 0 \qquad (2.5.2)$$

와 같이 될 것이다. 더 극단적인 경우로 유전율이 공간에 따라 변하지 않고 일정하다면, 더욱 간단한 식이 얻어질 것이다.

$$\nabla \cdot (\nabla \phi(\mathrm{r})) = \nabla^2 \phi(\mathrm{r}) = 0 \qquad (2.5.3)$$

이 식은 Laplace 방정식이다. 이번 절에서는 Laplace 방정식을 풀 수 있는 컴퓨터 프로그램을 작성해보자. 물론 경계 조건이 잘 정의가 되어야 해가 존재할 것인데, 이는 잠시 후에 다루도록 하자.

Laplace 방정식이 간단하게 보인다고 하여, 그 중요성이 간과되어서는 안 된다. 균일한 물질로 이루어진 유전체 내부의 전위 분포는 바로 Laplace 방정식의 해로 주어진다. 또한 식 (2.5.1)과 같은 일반적인 Poisson 방정식을 다루기 위한 과정으로서도 중요하다. 그 밖에도 Laplace 방정식을 만족하는 함수는 몬테카를로 시뮬레이션에서 단자 전류를 구하는 과정에서 필요하게 된다.[2.1] 또 다른 응용예로는, 복잡한 임의의 형상을 가지고 있는 반도체 소자를 각각의 단순한 조각들로 분할하는 데에도 유용하게 쓰인다.[2.2]

간단한 1차원 시스템에 대해서는 해석적인 해가 존재한다. 전과 같이 x가 0부터 a의 값을

가진다고 하자. 예를 들어, 경계 조건으로는 $x=0$에서 0, $x=a$에서 1이 함숫값으로 주어진다고 해보자. 그럼 두 번 미분한 값이 0이라는 Laplace 방정식으로부터, $\phi(x)$는 다음과 같이 선형 함수로 나타날 것이다.

$$\phi(x) = C_1 x + C_0 \tag{2.5.4}$$

양쪽 끝점에 대해 주어진 경계 조건들은 $C_0 = 0$과 $C_1 = \frac{1}{a}$으로 설정하면 만족된다. 따라서 이 문제의 해석적인 해는

$$\phi(x) = \frac{x}{a} \tag{2.5.5}$$

가 될 것이다. 물론 경계 조건으로 다른 함숫값들이 주어진다면, 이에 맞추어서 해는 달라질 것이다.

수치해석으로 이 문제를 풀기 위해서, 식 (2.3.4)와 같이 공간을 N개의 점으로 나누어보자. 그러면 식 (2.3.5)와 유사하게, 이 N개의 점에서의 $\phi(x)$의 값을 나타내는 아래의 벡터를 아는 것으로 전체 공간에 대한 해를 근사적으로 표시할 수 있게 된다.

$$\boldsymbol{\phi} = \begin{bmatrix} \phi_1 \\ \phi_2 \\ \cdots \\ \phi_{\mathrm{N}-1} \\ \phi_{\mathrm{N}} \end{bmatrix} \tag{2.5.6}$$

이제 이 N개의 점에서의 함숫값을 아는 것이 목표가 되었으므로, N개의 독립적인 방정식들이 필요하게 된다. 물론 Laplace 방정식이므로 Laplacian 연산자가 연관이 될 것이다. 우리는 이미 Laplacian 연산자의 이산화를 다루어보았다.

점들의 인덱스를 i로 표기해보자. 그럼 물론 i는 1에서부터 N까지 바뀌는 값이 될 것이다. 만약 i가 2부터 $N-1$의 값을 가지고 있는 경우라면, 식 (2.3.9)와 유사하게, 다음과 같은 Laplace 방정식을 만들어볼 수 있다.

$$\left.\frac{d^2\phi}{dx^2}\right|_{x_i} \approx \frac{\phi(x_{i+1})-2\phi(x_i)+\phi(x_{i-1})}{(\Delta x)^2}=0 \tag{2.5.7}$$

여기까지의 내용은 앞 절에서 이미 다룬 것이라 그다지 어렵지 않을 것이다. 또한 우리가 원하는 것은 미지수들을 포함하고 있는 벡터 ϕ에 대한 식이므로, 다음과 같이 쓰면 더욱 좋을 것이다.

$$[0 \dots 1 \quad -2 \quad 1 \dots 0]\begin{bmatrix}\phi_1\\ \dots\\ \phi_{i-1}\\ \phi_i\\ \phi_{i+1}\\ \dots\\ \phi_N\end{bmatrix}=[0] \tag{2.5.8}$$

이때 앞의 계수는 삭제되었으며, 이는 결과를 바꾸지 않는다. 위 식의 좌변에 나오는 행벡터는 모든 원소들이 0이며, 오직 $i-1$, i, $i+1$번째 원소들만이 1, −2, 1로 주어진다. 이러한 방식으로 다양한 i들에 대해서 Laplace 방정식을 구하여보고, 이들을 한곳에 모을 수가 있을 것이다. 그런데 이 작업은 i가 1이거나 N일 때에는 적용이 안 될 것이다. 그래서 경계 조건에 따른 특별한 처리가 필요할 것이다. 예를 들어 $i=N$인 경우에 대해서는 행렬 연산으로 쓰면 다음과 같이 될 것이다.

$$[0 \dots 0 \quad 0 \quad 0 \dots 1]\begin{bmatrix}\phi_1\\ \dots\\ \phi_{i-1}\\ \phi_i\\ \phi_{i+1}\\ \dots\\ \phi_N\end{bmatrix}=[1] \tag{2.5.9}$$

위 식의 좌변에 나오는 행벡터는 모든 원소들이 0이며, 오직 마지막 원소만이 1일 것이다. 물론 $i=1$인 경우에도 유사한 식이 성립할 것이다.

이제 식 (2.5.8)과 식 (2.5.9) 그리고 $i=1$에 해당하는 식들을 모두 모으면, N개의 미지수에 대한 N개의 방정식이 모여서, 하나의 정사각행렬을 구성할 수 있게 된다. $N=5$인 매우 작은 시스템에 대해서 명시적으로 나타내보면 다음과 같다.

$$\begin{bmatrix} 1 & 0 & 0 & 0 & 0 \\ 1 & -2 & 1 & 0 & 0 \\ 0 & 1 & -2 & 1 & 0 \\ 0 & 0 & 1 & -2 & 1 \\ 0 & 0 & 0 & 0 & 1 \end{bmatrix} \begin{bmatrix} \phi_1 \\ \phi_2 \\ \phi_3 \\ \phi_4 \\ \phi_5 \end{bmatrix} = \begin{bmatrix} 0 \\ 0 \\ 0 \\ 0 \\ 1 \end{bmatrix} \tag{2.5.10}$$

이 행렬 연산을 보고, 첫 번째 행과 마지막 행은 경계 조건이며, 그 밖의 행들은 Laplace 방정식을 나타난다는 것을 이해할 수 있도록 확인하는 시간을 갖는 것이 좋을 것이다. 비록 매우 간단한 예에 불과하지만, 생성된 행렬 연산을 보며 무슨 방정식을 이산화하고자 하였는지 상상하는 것이 계산전자공학을 배울 때 많은 도움이 될 것이다. 이 식은 정사각행렬 A 및 벡터 x와 b에 대해서 Ax= b의 형태로 쓸 수 있다. 물론 A와 b는 이미 주어져 있으며, x는 모르므로 구해야 할 것이다. 이것은 matrix solver라고 불리는 프로그램들에 의해서 손쉽게 풀릴 수 있는 유형의 문제이다. 예를 들자면, LAPACK이 matrix solver의 대표적인 라이브러리일 것이다.

앞 절에서는 고유값 문제를 푸는 법을 배웠다면, 이번 절에서는 Ax= b 형태로 주어진 연립방정식을 푸는 법을 배웠다. 이 두 가지 기법들이 계산전자공학에서 가장 중요하게 사용되는 수치해석적인 기법들이다. 다음 실습을 통해 이산화된 식이 원래의 해석적인 해를 만들어낼 수 있음을 확인해보자.

실습 2.5.1

식 (2.5.10)에 나온 문제를 수치해석 방법을 통해서 풀어보자. 이것이 해석적인 식인 식 (2.5.5)와 일치하는지 비교해보자. 또한 N을 5, 50, 500과 같이 증가시켜가면서 얻어지는 해들을 그려보자.

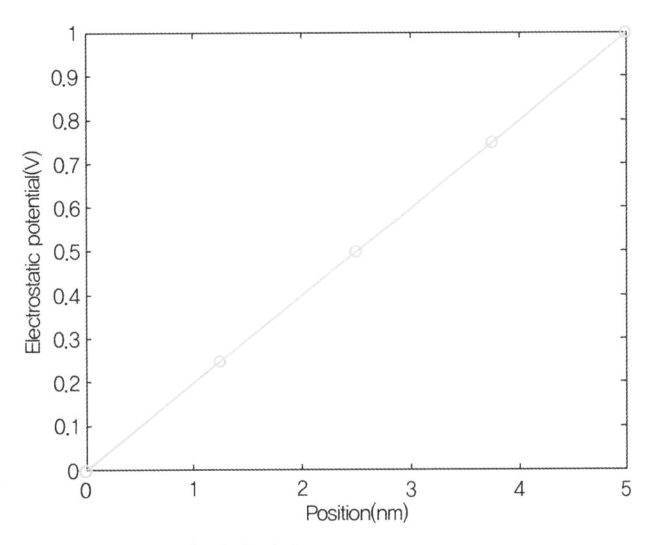

그림 2.5.1 실습 2.5.1의 해. $N = 5$일 때의 결과

2.6 전하가 없는 경우의 Poisson 방정식

이 절에서는 전하가 없는 경우의 Poisson 방정식을 다룬다. Poisson 방정식은 계산전자공학에서 매우 중요하므로 한 절만 가지고 다룰 수 없으며, 앞으로 제2장의 남은 부분들이 모두 Poisson 방정식을 위해 할애될 것이다. 앞의 2.5절에서 말한 것과 같이 Poisson 방정식이라고 하면 $\nabla^2 \phi = f(\mathrm{r})$과 같은 식을 나타내곤 하는데, 이 책에서는 $\nabla \cdot (-\epsilon(\mathrm{r}) \nabla \phi(\mathrm{r})) = \rho(\mathrm{r})$를 Poisson 방정식이라고 부르도록 한다. 즉, Laplacian 연산자가 아닌 일반화된 Laplacian 연산자가 관계되는 것이다. 이제 이 점은 충분히 강조가 되었으므로, 앞으로는 별도의 주의 없이 Poisson 방정식이라는 용어를 사용할 것이다.

모든 위치에서 알짜 전하가 없는 경우, 즉 $\rho(\mathrm{r}) = 0$인 경우에는 Poisson 방정식이 식 (2.5.2)와 같이 간략화된다.

$$\nabla \cdot (\epsilon(\mathrm{r}) \nabla \phi(\mathrm{r})) = 0 \tag{2.6.1}$$

1차원 소자 구조를 가정한다면

$$\frac{d}{dx}\left[\epsilon(x)\frac{d}{dx}\phi(x)\right]=0 \tag{2.6.2}$$

이 됨은 명확하다. 앞의 2.5절에서는 여기에 추가적으로 유전율이 공간에 따라 변하지 않고 일정하다는 가정을 도입하였으나, 이 절에서는 이 가정을 사용하지 않는다. 대신 몇 개의 영역(region)들이 존재하여서 이 영역 안에서는 일정한 유전율을 가지며, 영역이 바뀌게 되면 유전율도 바뀔 수 있다고 가정할 것이다. 바로 산화막과 반도체가 하나의 소자 안에 있을 경우가 이에 해당할 것이다.

실제로 예를 통하여, Laplace 방정식이 적용될 수 있는 경우와 그렇지 못한 경우를 살펴보자. 그림 2.6.1은 두 개의 축전기를 보이고 있다. 그림 2.6.1(a)의 경우는 두께가 5 nm이고 비유전율이 11.7인 유전체 층(dielectric layer)으로 이루어진다. 반면 그림 2.6.1(b)의 경우는 두께가 2.5 nm인 두 개의 유전체 층들이 연결되어 있다. 따라서 전체 두께는 5 nm로 그림 2.6.1(a)와 같다. 이 유전체 층들의 비유전율은 11.7과 3.9라고 하자.

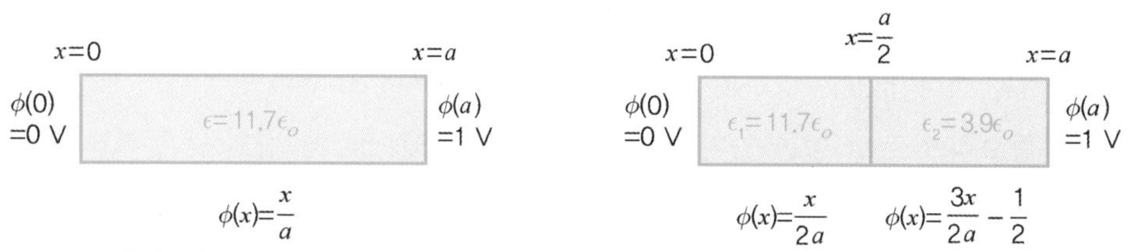

(a) 균일한 비유전율을 가진 경우 (b) 두 개의 영역의 비유전율이 서로 다른 경우

그림 2.6.1 유전율이 다른 두 개의 축전기 구조

실제로 이 사소해 보이는 차이가 결과에 주는 차이를 보기 위해서, $x=0$에는 0 V, $x=a$에는 1 V가 인가되었다는 경계 조건을 사용하여 두 경우를 다루어본다. 그림 2.6.1(a)의 경우에는 $\phi(x)$가 x에 대한 1차 함수로 나타날 것이며, 경계 조건을 활용하면 V 단위로 표시할 때

$$\phi(x)=\frac{x}{a} \tag{2.6.3}$$

임을 알 수 있다. 그러나 그림 2.6.1(b)의 경우는 다를 것이다. 바로 비유전율이 두 개의 영역에서 다르기 때문이다. $0<x<\frac{a}{2}$인 경우와 $\frac{a}{2}<x<a$인 경우를 나누어서 생각하면, 각각

의 영역에서 $\phi(x)$가 x에 대한 1차 함수로 나타날 것이지만 두 영역들이 만나는 점인 $x=\frac{a}{2}$에서는 미분가능하지 않을 것이라는 점을 이해하게 된다. 다만 $x=\frac{a}{2}$ 근방에서 계산한 $\epsilon(x)\frac{d\phi}{dx}$가 두 영역에서 계산해봐도 같은 값을 주어야 하므로, 비유전율의 비율이 $\frac{d\phi}{dx}$의 비율의 역수가 될 것이다. 이런 식으로 생각해보면, $0<x<\frac{a}{2}$일 때 V 단위로 표시한 $\phi(x)$는

$$\phi(x)=\frac{x}{2a} \tag{2.6.4}$$

이며, $\frac{a}{2}<x<a$에서는

$$\phi(x)=\frac{3x}{2a}-\frac{1}{2} \tag{2.6.5}$$

이라는 것을 알 수 있다. 따라서 동일하게 1 V의 전압차를 두 구조들에 인가하였더라도, 비유전율의 구성이 다르기 때문에 다른 크기의 D 벡터가 얻어지게 된다.

이제 이 문제의 해석적인 답은 알았으므로, 이산화를 통하여 수치해석적인 답을 구해보도록 하자. 어떻게 하면 위치에 따라서 다를 수 있는 비유전율을 고려할까? 공간이 Δx라는 간격으로 N개의 점으로 나누어질 때, $2\le i\le N-1$을 만족하는 인덱스 i에 대해서 위치 x_i를 생각해보자. 물론 앞에서 여러 번 다룬 것처럼 $x_i=(i-1)\Delta x$의 관계식을 만족한다. 정수 i에 대해서 x_i와 x_{i-1} 사이의 중간 지점을 $x_{i-0.5}$라고 하고, 같은 방법으로 x_i와 x_{i+1} 사이의 중간 지점을 $x_{i+0.5}$라고 하자. 그럼 $2\le i\le N-1$인 조건을 만족할 경우, $x_{i-0.5}$와 $x_{i+0.5}$가 어려움 없이 잘 정의될 것이다. 1차원 소자에 대한 Poisson 방정식인 식 (2.6.2)를 $x_{i-0.5}$부터 $x_{i+0.5}$까지의 구간에 대해서 적분해준다면 첫 번째 있던 $\frac{d}{dx}$가 사라지고 다음과 같은 결과를 얻게 될 것이다.

$$\epsilon(x_{i+0.5})\frac{d\phi}{dx}\bigg|_{x_{i+0.5}} - \epsilon(x_{i-0.5})\frac{d\phi}{dx}\bigg|_{x_{i-0.5}} = 0 \tag{2.6.6}$$

이렇게 되면, 이제 2계 미분은 사라지게 되고, 오직 $x_{i+0.5}$와 $x_{i-0.5}$에서 계산된 1계 미분들만이 필요하게 될 것이다. 여기서 중요한 점은, $x_{i+0.5}$와 $x_{i-0.5}$이라는 위치에서는 영역을 명확하게 결정할 수 있다는 점이다. 다시 말하여, x_i를 경계로 두 개의 서로 다른 영역이 만나고 있다고 하더라도, $x_{i+0.5}$와 $x_{i-0.5}$라는 점들은 경계에 해당하지 않아서 각각 오직 하나의 영역에만 유일하게 속하게 된다. 이 점이 중요한 이유는, 비유전율을 결정하는 데 있어서 어떠한 모호함(ambiguity)도 없게 되기 때문이다.

이제 x_i 근처에서 적분된 Poisson 방정식인 식 (2.6.6)을 $\phi_i \equiv \phi(x_i)$ 등과 같은 값들로 표현해보고자 한다. 이를 위해서는 $x_{i+0.5}$와 $x_{i-0.5}$에서 계산된 1계 미분들이 필요하다. 이 미분의 원래 의미는 다음과 같을 것이다.

$$\frac{d\phi}{dx}\bigg|_{x_{i+0.5}} = \lim_{\delta x \to 0} \frac{\phi\left(x_{i+0.5} + \frac{1}{2}\delta x\right) - \phi\left(x_{i+0.5} - \frac{1}{2}\delta x\right)}{\delta x} \tag{2.6.7}$$

위의 식은 1계 미분에 대한 정확한 식인데, 여기에는 위치의 차이에 해당하는 δx가 0으로 수렴하는 극한이 관계되어 있다. 바로 이 지점에서 근사를 도입하게 되는데, 우리가 공간을 나눈 간격인 Δx가 주어진 문제의 해인 $\phi(x)$를 나타내기에 충분히 짧다고 생각하는 것이다. 이렇게 근사하게 되면, 0으로 수렴하는 δx 대신 충분히 짧은 Δx를 사용해도 유사한 결과를 얻게 된다. 이를 가지고 다시 써보면 다음과 같은 근사적인 표현식이 얻어진다.

$$\frac{d\phi}{dx}\bigg|_{x_{i+0.5}} \approx \frac{\phi(x_{i+1}) - \phi(x_i)}{x_{i+1} - x_i} \tag{2.6.8}$$

이 표현식의 분자에 해당하는 $\phi(x_{i+1}) - \phi(x_i)$를 차분(finite difference)이라고 부른다. 따라서 우리가 한 일은 미분을 차분을 가지고 근사한 것이다. 그림 2.6.2는 식 (2.6.7)과 식 (2.6.8) 사이의 관계를 나타내고 있다.

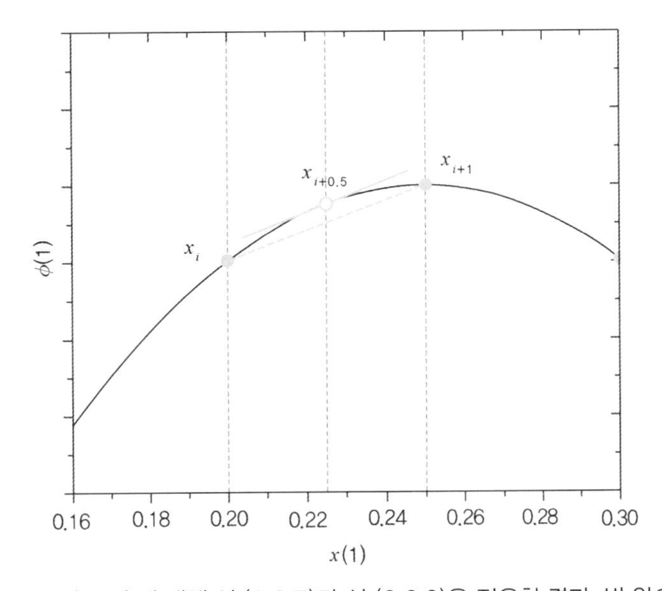

그림 2.6.2 $\phi(x) = \sin(2\pi x)$에 대해 식 (2.6.7)과 식 (2.6.8)을 적용한 결과. 빈 원으로 나타낸 $x_{i+0.5}$에서 구한 접선이 굵은 직선으로 나타나 있다. 이 접선의 기울기가 정확한 미분값이다. 점선의 기울기는 식 (2.6.8)에 해당한다.

식 (2.6.8)의 근사를 식 (2.6.6)에 도입하게 되면 Poisson 방정식은 다음과 같이 쓸 수 있다.

$$\epsilon(x_{i+0.5})\frac{\phi_{i+1}-\phi_i}{\Delta x} - \epsilon(x_{i-0.5})\frac{\phi_i - \phi_{i-1}}{\Delta x} = 0 \tag{2.6.9}$$

양변에 Δx를 곱해주고 정리하면

$$\epsilon(x_{i+0.5})\phi_{i+1} - (\epsilon(x_{i+0.5}) + \epsilon(x_{i-0.5}))\phi_i + \epsilon(x_{i-0.5})\phi_{i-1} = 0 \tag{2.6.10}$$

을 얻게 된다. 식 (2.6.9) 또는 식 (2.6.10)이 이산화된 Poisson 방정식이다. 만약 균일한 비유전율을 가지고 있다면, ϕ_{i+1}, ϕ_i, ϕ_{i-1} 사이의 계수비는 $1 : -2 : 1$이 되어 식 (2.5.7)과 같아질 것이다. 그러나 일반적으로 두 영역들의 비유전율이 다를 경우에는 이 계수비가 $1 : -2 : 1$에서 벗어날 것임을 알 수 있다.

물론 식 (2.6.9)나 식 (2.6.10)과 같은 이산화된 Poisson 방정식만으로는 해를 완전하게 구할 수는 없을 것이다. 경계 조건이 추가적으로 필요할 것이다. 문제의 조건으로부터 쉽게 다음의 식들을 찾아낼 수 있다.

$$\phi_1 = 0,\ \phi_N = 1 \qquad (2.6.11)$$

이제 이산화된 Poisson 방정식과 경계 조건들을 사용하여 직접 해를 구해보도록 하자. 일반적인 N에 대한 경우는 독자들이 직접 구해보기를 바라며, $N=5$인 매우 작은 시스템에 대해서 명시적으로 나타내보도록 하자. 다루는 문제는 그림 2.6.1(b)에 나온 2.5 nm 유전체 층 두 개로 이루어진 축전기이다. x_3인 2.5 nm를 경계로 두 층이 나누어진다. 이미 앞 절의 Laplace 방정식의 이산화에서 다룬 것과 같은 방식을 통해서 다음의 행렬방정식을 얻게 된다.

$$\mathrm{Ax} = \begin{bmatrix} 1 & 0 & 0 & 0 & 0 \\ \epsilon_1 & -2\epsilon_1 & \epsilon_1 & 0 & 0 \\ 0 & \epsilon_1 & -\epsilon_2-\epsilon_1 & \epsilon_2 & 0 \\ 0 & 0 & \epsilon_2 & -2\epsilon_2 & \epsilon_2 \\ 0 & 0 & 0 & 0 & 1 \end{bmatrix} \begin{bmatrix} \phi_1 \\ \phi_2 \\ \phi_3 \\ \phi_4 \\ \phi_5 \end{bmatrix} = \begin{bmatrix} 0 \\ 0 \\ 0 \\ 0 \\ 1 \end{bmatrix} = \mathrm{b} \qquad (2.6.12)$$

전과 같이 A는 각 항들의 계수를 모은 정사각행렬이며, x는 미지수들로 이루어진 벡터이다. 또한 b는 경계 조건을 인가해주는 데 필요하다. 세 번째 행이 바로 핵심적인 차이를 만든다.

이것을 실습을 통해 확인해보자. 간단한 예제이지만, 스케일링(scaling)을 고려하여 행렬을 구성하는 것이 권장된다.

실습 2.6.1

식 (2.6.12)의 $\mathrm{Ax}=\mathrm{b}$ 행렬방정식을 풀어서 ϕ들에 대한 해를 구해보자. 이렇게 수치해석을 통해 얻어진 결과가 식 (2.6.4)와 식 (2.6.5)로 주어진 해석적인 해와 잘 일치함을 확인해보자. 이때 유전율인 ϵ_1이나 ϵ_2를 SI 단위의 값을 그대로 쓰면 A 행렬의 성분들이 너무 작은 값을 가지게 될 것이다. 따라서 비유전율인 11.7이나 3.9를 가지고 A 행렬을 구성하는 것이 좋을 것이다. A 행렬의 각 행의 성분들이 동일한 값만큼 곱해지거나 나누어지더라도 결과는 달라지지 않음을 이용한 것이다.

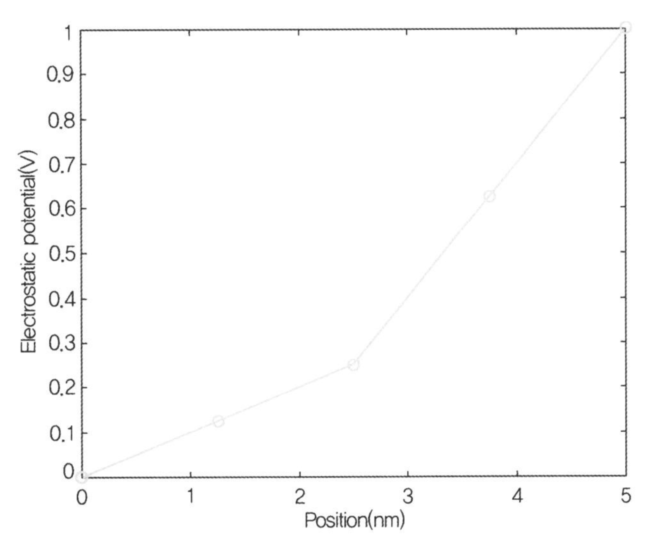

그림 2.6.3 실습 2.6.1의 해. $N=5$일 때의 결과

실습 2.6.2

이 방정식은 N이 더 커진다고 해서 결과가 더 개선되지는 않는다. 이미 $N=5$인 경우 정확한 해가 얻어지기 때문이다. 그러나 이후의 코드 개발을 위하여 더 큰 N에 대해서 적용이 가능한 형태로 코드를 작성해보자.

이번 절에서는 유전체 양단에 전위차가 주어질 때 그 전위가 위치에 따라 어떻게 변화하는지 계산하는 법을 배웠다. 알짜 전하는 없다고 생각하였다. 그러나 실제로 계산전자공학에서 다루게 되는 소자 구조에는 알짜 전하가 있다는 것을 유의하자. 다음 절에서는 이렇게 알짜 전하가 있을 경우에 어떻게 Poisson 방정식을 풀어야 하는지 다룬다.

2.7 고정 전하가 있는 경우의 Poisson 방정식

Poisson 방정식을 다시 써보자. 여기서는 알짜 전하가 0이라는 가정을 도입하지 않는다.

$$\frac{d}{dx}\left[\epsilon(x)\frac{d}{dx}\phi(x)\right]=-\rho(x) \tag{2.7.1}$$

알짜 전하는 상황에 따라 여러 가지 표현식들이 가능할 것이다. 예를 들어 우리가 반도체가 아니라 수용액을 생각한다면, 이 알짜 전하는 양이온과 음이온의 농도와 관련이 될 것이다. 그러나 반도체를 생각한다면 알짜 전하는 전자, 홀 그리고 이온화된 불순물 원자에 의해서 결정될 것이다.

$$\rho(x) = qp(x) - qn(x) + qN_{dop}^{+}(x) \tag{2.7.2}$$

여기서 q는 책의 앞부분에서 정의한 것처럼 절댓값으로 표시한 기본 전하량이며, $p(x)$는 홀 농도, $n(x)$는 전자 농도 그리고 $N_{dop}^{+}(x)$는 양으로 대전된 것을 기준으로 한 이온화된 불순물 원자 농도이다. 이들 값은 모두 '단위 부피당 수'로 나타나고, 그중에서도 cm^{-3}이 반도체 소자 엔지니어들 사이에서 가장 널리 사용되는 단위이다. 또한 $N_{dop}^{+}(x)$가 양으로 대전된 것을 기준으로 한다는 점을 유의하자. 만약 n-type 불순물이 주입이 된다면, 이 경우에는 불순물 원자의 농도가 그대로 $N_{dop}^{+}(x)$에 기여를 할 것이다. 그러나 p-type 불순물이 주입이 된다면, 음전하를 가지도록 대전되기 때문에, $N_{dop}^{+}(x)$에는 음의 값을 기여할 것이다. 간단히 말해, 불순물들이 모두 이온화된다면,

$$N_{dop}^{+}(x) = N_{donor}(x) - N_{acceptor}(x) \tag{2.7.3}$$

로 쓸 수 있다. 물론 여기서 $N_{donor}(x)$와 $N_{acceptor}(x)$는 각각 n-type과 p-type 불순물 원자의 농도를 나타낸다.

그러나 식 (2.7.2)에 등장하는 $p(x)$와 $n(x)$를 계산하는 것은 쉬운 일이 아니다. 오히려 계산전자공학에서 달성하고자 하는 궁극적인 목표가 주어진 인가 전압 조건에서 $p(x)$와 $n(x)$를 계산하는 것이라 볼 수 있다. 따라서 식 (2.7.2)를 모두 고려해주는 것은 좀 더 많은 학습이 필요하다. 이 절에서는 문제를 간단하게 만들기 위해서, 이동이 가능한 입자들, 즉 전자와 홀의 농도가 매우 작다고 생각하자. 물론 이러한 가정은 일반적으로는 성립하지 않음을 기억해두자. 앞으로 다음 절들에서 이 가정 없이 문제를 푸는 법을 배워나갈 것이다. 전자와 홀 농도가 무시할 수 있을 정도로 작다고 하면 Poisson 방정식은 다음과 같이 쓸 수 있다.

$$\frac{d}{dx}\left[\epsilon(x)\frac{d}{dx}\phi(x)\right]=-qN_{dop}^{+}(x) \tag{2.7.4}$$

식 (2.7.4)로 올바르게 묘사될 수 있는 중요한 예제를 하나 들어보자. 바로 double-gate MOSFET의 수직 구조이다. Planar MOSFET의 시대가 지나고, MOSFET이 FinFET이나 Nanosheet MOSFET과 같은 3차원 트랜지스터로 변모해가면서, 얇은 두께를 가진 실리콘으로 만들어진 MOSFET이 실제 MOSFET을 나타내게 되었다. 실리콘의 두께가 얇기 때문에, p-type 도핑에 의한 홀들은 모두 공핍(depletion)이 되며, 게이트 전압이 문턱 전압보다 낮은 경우라면 전자 농도 역시 무시할 수 있을 것이다. 즉, '완전히 공핍이 된 기판을 가진 MOSFET에 0 V에 가까운 낮은 게이트 전압을 인가한 경우'에는 식 (2.7.4)가 전위 분포 $\phi(x)$를 계산하는 데 적합한 식이다.

그림 2.7.1은 좀 더 구체적으로 예제가 되는 구조를 보이고 있다. 두께가 t_{si}인 실리콘 층이 양쪽의 두께 t_{ox}인 산화막으로 둘러싸여 있다. 실리콘과 산화막 사이의 경계면들은 $x=t_{ox}$와 $x=t_{ox}+t_{si}$에 위치한다. 유전율은 전과 같이 영역마다 다르다고 생각하는데, 가운데 실리콘의 비유전율은 11.7이라 하고, 양쪽의 산화막은 3.9라고 하자. 실리콘 층은 p-type 불순물로 균일하게 $N_{acceptor}$만큼 도핑이 되어 있다고 하자. 따라서

$$N_{dop}^{+}(x)=-N_{acceptor} \tag{2.7.5}$$

와 같은 식이 얻어질 것이다.

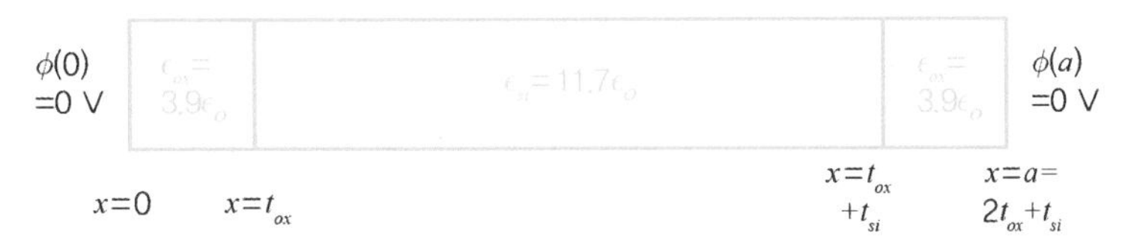

그림 2.7.1 Double-gate MOS 구조

산화막 너머 양쪽 끝에는 금속 전극이 붙어 있다고 하고, 이 금속 전극을 통해서 외부의 전압이 인가된다고 하자. 이 문제에서는 양쪽 금속 전극에 연결된 양끝점에

$$\phi(0)=\phi(a)=0 \tag{2.7.6}$$

와 같은 경계 조건이 인가되었다고 하자. 다음 절에서 $\phi(x)$의 의미에 대해서 좀 더 구체적으로 다루기로 하고, 여기서는 그저 0이라는 조건을 받아들이자.

이 문제는 해석적인 해를 얻을 수 있다. 먼저 수식 계산하기 전에 정성적인 분석을 해보자. 구조가 대칭성을 가지고 있으며 전압 조건도 왼쪽 끝과 오른쪽 끝이 동일하기 때문에, $\phi(x)$ 역시 $x=\frac{a}{2}$를 기준으로 하여 대칭성을 가지고 있을 것이다. 또한 산화막 안에서는 알짜 전하가 0이라고 생각하기 때문에, $\phi(x)$가 선형적으로 변할 것이라는 것도 쉽게 이해할 수 있다. 반면 실리콘 영역 안에서는 p-type 불순물이 있기 때문에,

$$\frac{d}{dx}\left[\frac{d}{dx}\phi(x)\right]=\frac{qN_{acceptor}}{\epsilon_{si}} \tag{2.7.7}$$

와 같은 식이 얻어진다. $\phi(x)$의 2계 미분이 양의 상수값인 $\frac{qN_{acceptor}}{\epsilon_{si}}$를 가지므로, 포물선 형태의 선이 얻어질 것임을 짐작할 수 있다. 대략적인 모양은 그림 2.7.2와 같을 것이다.

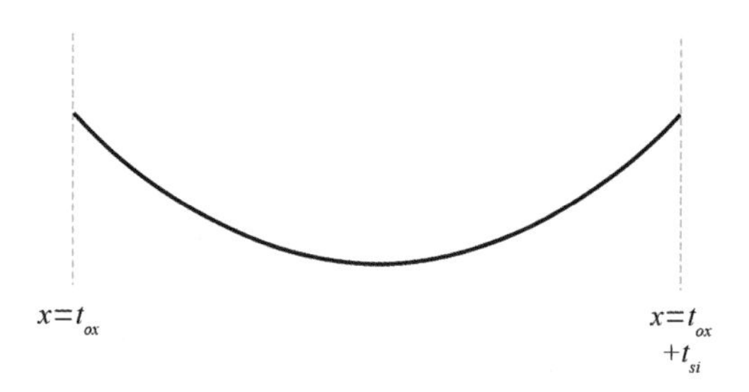

그림 2.7.2 실리콘 영역($t_{ox} \le x \le t_{ox}+t_{si}$)에서 $\phi(x)$의 개형. 가운데 점인 $x=\frac{a}{2}$를 기준으로 대칭적인 포물선이다.

이제 해석적인 해를 구해본다. 식 (2.7.7)을 전체 실리콘 영역에 대해서 모두 적분해주면,

$$\left.\frac{d\phi}{dx}\right|_{t_{ox}+t_{si}}-\left.\frac{d\phi}{dx}\right|_{t_{ox}}=\frac{qN_{acceptor}}{\epsilon_{si}}t_{si} \tag{2.7.8}$$

이 되며, 경계에서의 1계 미분들이 등장한다. 물론 이때의 1계 미분들은 경계에서 구하기는 했으나, 실리콘 영역에서의 값이다. 실리콘－산화막 경계에서의 1계 미분을 D 벡터의 연속성을 이용하여

$$\epsilon_{si}\frac{d\phi}{dx}\bigg|_{t_{ox}} = \epsilon_{ox}\frac{\phi(t_{ox})-\phi(0)}{t_{ox}} \tag{2.7.9}$$

과 같이 표현할 수 있다. 이 문제에서 사용된 비유전율과 식 (2.7.6)의 경계 조건을 사용하면,

$$\frac{d\phi}{dx}\bigg|_{t_{ox}} = \frac{\phi(t_{ox})}{3t_{ox}} \tag{2.7.10}$$

과 같이 간략하게 나타낼 수 있다. 이 식은 $x = t_{ox}$일 때의 식이며, $x = t_{ox} + t_{si}$에서의 식은 부호에 유의하면

$$\frac{d\phi}{dx}\bigg|_{t_{ox}+t_{si}} = -\frac{\phi(t_{ox}+t_{si})}{3t_{ox}} = -\frac{\phi(t_{ox})}{3t_{ox}} \tag{2.7.11}$$

과 같이 된다. 마지막의 등호는 대칭성 때문에 가능한 것이다. 그럼 식 (2.7.10)과 식 (2.7.11)을 식 (2.7.8)에 대입하면, 실리콘－산화막 경계에서의 ϕ 값을 알 수가 있다.

$$\phi(t_{ox}) = -\frac{3t_{ox}qN_{acceptor}t_{si}}{2\epsilon_{si}} \tag{2.7.12}$$

대칭적인 포물선 모양으로부터 $\phi\left(\frac{a}{2}\right)$의 값을 구해내는 것은 독자들의 연습 문제로 남겨 놓기로 한다.

해석적인 해를 구하였으므로, 컴퓨터 시뮬레이션을 통해서 해를 구해보고 해석적인 해와 비교해보자. 식 (2.6.9)와 동일한 형식으로 정리해보면, 실리콘 내부의 점들에서 Poisson 방정식은 다음과 같이 쓸 수 있다.

$$\epsilon(x_{i+0.5})\frac{\phi_{i+1}-\phi_i}{\Delta x}-\epsilon(x_{i-0.5})\frac{\phi_i-\phi_{i-1}}{\Delta x}=(\Delta x)qN_{acceptor} \tag{2.7.13}$$

우변이 전과 달라진 점인데, Δx만큼의 길이에 대해서 상수를 적분해준 것이므로 단순 곱으로 쓸 수 있었다. 실습 2.6.1에서 다룬 것처럼, 이 식 그대로는 유전율이 SI 단위계에서 너무 작은 값을 가지기 때문에, 특히 좌변의 ϕ_i들의 계수들이 너무 작아지는 일이 생긴다. 독자들이 Ax= b 행렬방정식을 풀기 위해서 어떤 수학 라이브러리를 사용하느냐에 따라서, 라이브러리가 자동적으로 너무 작은 성분들의 스케일을 맞추어주는 경우도 있을 것이다. 그러나 그렇지 못할 경우, 정확한 해를 구하지 못하는 상황이 생길 수 있다. 보다 적절한 방법은 식 (2.7.13)의 양변에 $\frac{\Delta x}{\epsilon_0}$를 곱해주는 것이다.

$$\frac{\epsilon(x_{i+0.5})}{\epsilon_0}\phi_{i+1}-\frac{\epsilon(x_{i+0.5})+\epsilon(x_{i-0.5})}{\epsilon_0}\phi_i+\frac{\epsilon(x_{i-0.5})}{\epsilon_0}\phi_{i-1}=(\Delta x)^2\frac{qN_{acceptor}}{\epsilon_0} \tag{2.7.14}$$

이렇게 스케일링이 된 식은 좌변의 ϕ_i들의 계수들이 그저 1(진공의 경우)에서부터 수십(high-k 물질)까지의 값만을 가지게 될 것이다. 또한 Ax= b 꼴의 행렬방정식을 구할 때, 2.6절의 실습과 다른 점은 b 벡터의 대부분의 성분들이 0이 아니라 $(\Delta x)^2\frac{qN_{acceptor}}{\epsilon_0}$이 된다는 점이다. 물론 산화막에 속한 점들에서는 여전히 0일 것이며, 실리콘-산화막 경계에 위치한 점에서는 $\frac{1}{2}(\Delta x)^2\frac{qN_{acceptor}}{\epsilon_0}$일 것임을 유의하자.

다음 실습을 통해 직접 해를 구해보고 해석적인 결과와 비교해보자. 한 가지 유의해야 하는 것은, 해가 포물선의 모양을 가지고 있을 것이므로, $N=5$와 같이 작은 수의 점들로는 표현이 어려울 것이다. 실습 2.6.2의 경험이 도움이 될 것이다.

실습 2.7.1

두께가 5 nm인 실리콘(비유전율 11.7)과 두께가 0.5 nm인 산화막(비유전율 3.9)을 생각해 보자. 실제 산화막은 0.5 nm 두께까지 얇아질 수 없으나, hafnium oxide와 같은 high-k 물질을 사용하여 유효 산화막 두께를 얇게 하는 것은 가능하다. 일단 Δx 값을 0.1 nm로 설정하여, $N = 61$인 경우를 다루어보자. 이 경우에는 6번째 그리고 56번째 점에서 실리콘-산화막 경계면이 나타날 것이다. 실리콘의 p-type 도핑 농도는 10^{18} cm^{-3}으로 설정해주자. 실습 2.6.2의 코드를 수정하여 이 문제를 풀어본 후, 식 (2.7.12) 및 그로부터 구한 포물선 그래프와 동일한 결과가 나오는지 확인해보자.

그림 2.7.3은 실습을 올바르게 수행하였을 때 얻어지는 $\phi(x)$를 나타내고 있다. 해석적인 결과인 식 (2.7.12)와의 비교는 독자들이 직접 해보기를 권한다.

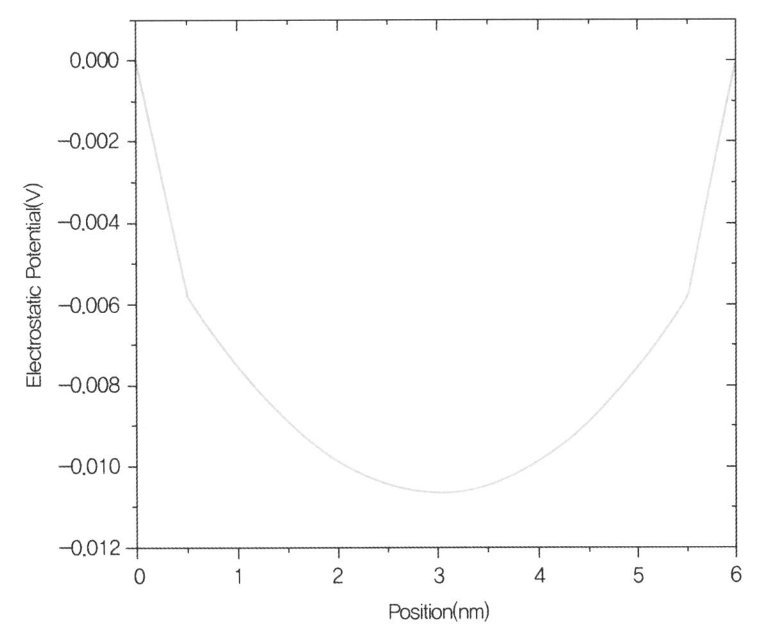

그림 2.7.3 실습 2.7.1로부터 얻어지는 $\phi(x)$

2.8 Electrostatic potential에 대한 규약

이 절에서는 electrostatic potential, $\phi(x)$에 적용되는 규약(convention)을 알아보고자 한다. 계산전자공학에서 electrostatic potential이라는 물리량은 매우 자주 등장하는데, 이 물리량이 어떤 의미를 가지고 있는지 명확하게 정의하지 않고 쓸 경우, 많은 혼동을 겪게 된다. 따라서 이 절에서는 적어도 계산전자공학 관련 문헌들에서는 거의 표준적으로 적용되고 있는 electrostatic potential의 의미에 대해서 다루도록 한다. 이 절에서는 별도의 프로그램 실습은 제공되지 않으나, 이 절에서 electrostatic potential의 뜻에 대해서 정확히 이해하는 것이 이후 내용을 학습하는 데 매우 중요하다.

지난 실습 2.7.1을 떠올려보자. 이때 우리는 왼쪽과 오른쪽 끝점에서의 electrostatic potential이 0 V라고 가정한 후 문제를 풀어주었다. 경계 조건을 그렇게 인가했을 때의 해는 이미 해석적으로도 수치해석적으로 구할 수가 있으나, 그 물리적인 의미는 아직 불명확하다. 다시 묻자면, "어느 점의 electrostatic potential이 0 V라는 것은 무슨 의미인가?"

이에 대한 가장 먼저 떠오르는 오답은 다음과 같다. "전위의 기준점인 Ground를 0 V로 설정하므로 이 점의 electrostatic potential과 Ground의 electrostatic potential은 같다."라는 답이다. 바로 회로이론이나 전자회로와 같은 전자공학의 기초 과목에서 학습한, 회로 노드에 인가된 전압 개념에 따른 오답이다. 우리가 제일 먼저 이해해야 하는 사실은 "전극에 인가된 전압은 electrostatic potential이 아니다."라는 점이다. 예를 들자면, 드레인 전극에 0.7 V를 인가하였다고 해서 드레인 전극과 연결된 실리콘 영역의 electrostatic potential이 0.7 V는 아니라는 것이다.

자연스럽게 다음의 질문이 나오게 된다. "Electrostatic potential의 값이 어떠한 중요성을 가지고 있기 때문에 별도의 절을 할애하여야 하는가?" 계산전자공학 입장에서는 electrostatic potential이 정확히 어느 값을 나타내는지 이해하는 것이 매우 중요하다. 이 중요성은 이후의 실습들을 통해서 지속적으로 인식할 수 있을 것이다.

Electrostatic potential과 관련한 모호함의 한 가지 큰 원인은 바로 potential이라는 값이 기준이 되는 값을 변화시켜도 여전히 물리적인 차이를 만들지 않는다는 점에 있다. 이것은 마치 부정적분을 구할 때 적분상수가 도입되는 것과 마찬가지이다. 적분상수가 어느 값을 가지더라도, 부정적분 함수를 미분하면 원래의 피적분 함수가 얻어지며, 이에 따라 적분상수에 대한 모호함이 생긴다. 이와 매우 유사하게, 관찰되는 물리량인 전기장(electric field)은 electrostatic potential과 다음의 관계를 가지고 있다.

$$E(r) = -\nabla\phi(r) \tag{2.8.1}$$

즉, 우리가 $\phi(r)$ 대신 상수 C를 더한 $\phi(r) + C$를 electrostatic potential로 쓴다고 해도 전기장은 바뀌지 않는다.

또한 여러 가지 물질들이 섞여 있는 반도체 소자에서는 electrostatic potential을 어떻게 이해해야 하는지도 해결해야 할 문제이다. 앞 절에서 본 double-gate MOS 구조의 예만 하더라도 실리콘과 산화막이 동시에 존재하는데, 이때 실리콘에서의 electrostatic potential의 물리적 의미는 무엇이고, 산화막에서는 어떠한가?

이제 계산전자공학에서 관습적으로 사용되는 electrostatic potential의 의미를 제시해보자. Electrostatic potential을 가지고 나타내고자 하는 물리량은 '기준 물질의 intrinsic Fermi level'이다. 두 가지 단어가 나오므로 이들의 뜻에 대해서 설명해야 할 것이다. 기준 물질이라고 하면, 다루고 있는 소자 구조에 있는 여러 가지 물질들 중에서 우리가 편의상 선택한 하나의 물질이다. 실리콘과 산화막이 같이 있는 소자라면 당연히 실리콘을 기준 물질로 선택할 것이다. 다른 예로, GaN와 AlGaN가 이종접합을 이루고 있는 소자라면, GaN을 기준 물질로 설정할 것이다. 이 기준 물질의 선택은 그다지 어렵지 않은 일인데, 왜냐하면 보통 전류를 흐르게 만드는 채널 물질을 기준 물질로 선택하기 때문이다.

다음으로 intrinsic Fermi level은 어느 물질이 도핑이 되지 않은 intrinsic 상태일 때의 Fermi level이다. Fermi level이므로 에너지의 단위를 가지며, 물질이 정해지면 conduction band minimum이나 valence band maximum으로부터의 상대적인 위치가 결정된다. 즉, 이로부터 다시 확인해야 하는 것은, electrostatic potential로부터 알아낼 수 있는 것이 intrinsic Fermi level이지 conduction band minimum이나 valence band maximum이 아니라는 것이다. 물론 이 두 값들은 intrinsic Fermi level을 알면 바로 유추해낼 수 있지만, 직접적으로 이 두 값들을 가리키는 것은 아니다.

Double-gate MOS 구조의 예를 다시 생각해보자. 실리콘을 기준 물질로 설정하면, 실리콘의 intrinsic Fermi level인 $E_i(r)$은 electrostatic potential인 $\phi(r)$과 다음과 관계를 가진다.

$$E_i(r) = -q\phi(r) \tag{2.8.2}$$

Electrostatic potential은 V 단위이며 intrinsic Fermi level은 에너지이기 때문에 두 값 사이의 변환이 필요해서 우변에 $-q$라는 값이 들어가게 된다. 특히 음의 부호는 intrinsic Fermi level이 전자를 기준으로 표현되는 값이기 때문에 도입된다. 이 식은 실리콘에서는 아무 어려움 없이 이해될 것이다. 그럼 산화막에서는 어떻게 적용할 수 있을까? 산화막에는 실리콘이 없으므로, 실리콘의 intrinsic Fermi level이라는 값이 물리적으로 의미를 가지지 않을 것이다. 그럼에도 불구하고, 심지어는 실리콘이 아닌 물질에서조차, 식 (2.8.2)를 적용하여 '이 물질이 실리콘이었다면 intrinsic Fermi level이 가지고 있을 에너지'를 나타내는데 electrostatic potential이 쓰인다. 이 점은 처음 접하는 독자에게는 약간 이상한 규약이겠으나, 기준 물질에 대해 통일하여 환산해주었으므로 물질이 바뀌는 계면에서도 연속성을 유지할 수 있게 해준다.

이제 electrostatic potential이 기준 물질의 intrinsic Fermi level을 나타내는 데 사용되는 것은 알았는데, 0 V라는 값은 무엇을 뜻하는지 답해야 한다. Electrostatic potential은 식 (2.8.2)를 통해 intrinsic Fermi level과 관련되었기 때문에, 결국 intrinsic Fermi level의 기준이 무엇인지 정해야 한다. 평형 상태에서 위치에 상관없이 결정할 수 있는 equilibrium Fermi level이 에너지의 기준으로 선정되어 0 eV가 된다.

이상의 논의를 정리하면 이 절을 시작하면서 제기한 질문에 대한 답을 할 수 있을 것이다. 먼저 질문을 기억해보자.

"어느 점의 electrostatic potential이 0 V라는 것은 무슨 의미인가?"

이에 대한 답은 다음과 같을 것이다.

"그 위치의 vacuum level로부터 기준 물질(예를 들어 실리콘)의 intrinsic Fermi level, E_i을 구할 수 있다. 이 intrinsic Fermi level로부터 환산한 값이 electrostatic potential이며, 이 값이 0 V라는 것은 그 점의 intrinsic Fermi level이 평형 상태에서의 Fermi level과 일치한다는 것이다."

이 절에서 electrostatic potential에 대해 계산전자공학에서 널리 사용되는 규약을 제시하였다. 그러나 이 분야에 익숙하지 않은 독자라면 아직 완전히 이해하기는 어려울 것이라 짐작된다. 이후의 절에서 Poisson 방정식을 풀어보면서 좀 더 확실하게 이해할 수 있도록 하자.

2.9 Non-self-consistent Poisson 방정식

이 절에서는 self-consistent하지 않은 방식으로 Poisson 방정식을 풀어본다. Self-consistent한 것이 무엇을 뜻하는지에 대해서는 이 절을 학습하며 차차 다루도록 하자. 2.7절에서는 공핍 근사를 사용하여 전자 농도나 홀 농도를 고려하지 않은 Poisson 방정식을 풀어보았는데, 여기서는 불완전하게나마 이 근사를 벗어날 것이다. 완전한 형태는 2.11절에서 얻을 수 있다.

공핍 근사를 벗어난, 일반적인 형태의 Poisson 방정식을 다시 한번 써보자.

$$\frac{d}{dx}\left[\epsilon(x)\frac{d}{dx}\phi(x)\right]=-qp(x)+qn(x)-qN_{dop}^{+}(x) \tag{2.9.1}$$

이 절에서 관심 있는 것은 $n(x)$ 및 $p(x)$이 $\phi(x)$에 대해서 어떻게 관계되는지 하는 것이다. 최종적으로 $n(x)$과 $p(x)$를 $\phi(x)$의 함수로 쓰는 것이 우리의 목표가 될 것이다.

이와 같은 목표를 이루기 위해서, 일단 $n(x)$에 대한 보다 일반적인 관계식을 쓰면서 논의를 시작하자. 반도체 물성 공부를 하다 보면, effective density-of-states(DOS)라는 값을 배우게 된다. 원래 conduction band나 valence band는 한 묶음으로 볼 수 있는 여러 전자 상태들의 모임이므로, 에너지 측면에서도 일정한 범위에 분포되어 있다. 이렇게 일정한 범위에 분포되어 있는 conduction band을 에너지 상태들이 conduction band minimum 에너지에 모두 모여 있다고 생각할 때의 상태들의 밀도이다. 300 K에서 실리콘의 N_C는 대략 2.86×10^{19} cm^{-3}이다. Valence band에 해당하는 동일한 양은 N_V라고 표기한다. 좀 더 정확한 내용은 반도체 물성과 관련된 참고 문헌들(예를 들어 [2-3])을 참고하도록 하고, 여기서는 effective DOS가 N_c로 주어질 때, 전자 농도가 다음과 같다는 것을 기억하도록 하자.

$$n(\mathrm{r})=N_C\exp\left(\frac{E_F-E_C}{k_BT}\right) \tag{2.9.2}$$

이 식은 Maxwell-Boltzmann 통계를 사용하여 얻어진 근사식이다. E_F는 Fermi level이며, E_C는 conduction band minimum이다. 주요 상수들 표에 나온 것처럼 k_B는 Boltzmann 상수이고, T는 K 단위로 나타낸 온도이다. 예를 들어 상온이라면 300 K일 것이다.

위의 식 (2.9.2)는 Maxwell-Boltzmann 통계를 사용하여 얻어진 것이라는 제약이 있지만, 도핑 농도가 너무 높지 않아서, E_F가 E_C로부터 상당히 떨어져 있는 경우라면 상당히 근사한 식이 된다. 따라서 이 식을 올바른 식으로 받아들이고 쓸 것이다. 계산전자공학에서의 electrostatic potential에 따른 규약을 떠올려보면, E_F가 0 eV로 설정되어 있다. 그러므로 이 규약을 따르는 한, 다음과 같은 간략한 식이 가능하다.

$$n(\mathrm{r}) = N_C \exp\left(-\frac{E_C}{k_B T}\right) \tag{2.9.3}$$

게다가 물질이 주어지고 나면 $E_C - E_i$가 일정한 상수로 정해짐을 알고 있다. 따라서 반복되는 것 같지만, 다음과 같이 쓸 수 있다.

$$n(\mathrm{r}) = N_C \exp\left(-\frac{E_C - E_i + E_i}{k_B T}\right) \tag{2.9.4}$$

여기서 $E_C - E_i$가 상수임을 다시 유의하자. 이제 E_i에 대한 식 (2.8.2)를 적용할 수 있다.

$$n(\mathrm{r}) = N_C \exp\left(-\frac{E_C - E_i}{k_B T}\right) \exp\left(\frac{q\phi}{k_B T}\right) = n_{\mathrm{int}} \exp\left(\frac{q\phi}{k_B T}\right) \tag{2.9.5}$$

여기서 n_{int}는 intrinsic carrier density이다. 300 K에서 실리콘의 n_{int}는 대략 $1.0 \times 10^{10}\ \mathrm{cm}^{-3}$이다. 이와 같은 과정을 통해서, 전자 농도를 electrostatic potential의 함수로 쓰는 것에 성공하였다.

홀 농도인 $p(\mathrm{r})$에 대해서도 유사한 식이 성립한다.

$$p(\mathrm{r}) = n_{\mathrm{int}} \exp\left(-\frac{q\phi}{k_B T}\right) \tag{2.9.6}$$

다만, exponential 함수에 들어가는 인수의 부호가 전자의 경우와 반대됨을 주의하자. 그래서 ϕ가 증가할 때 전자 농도는 증가하며, 동시에 홀 농도는 감소하게 된다. 이러한 이유 때문에 평형 상태에서 전자 농도와 홀 농도의 곱이 일정하다는 결과가 얻어진다.

$$n(\mathrm{r})p(\mathrm{r}) = n_{\mathrm{int}}^2 \tag{2.9.7}$$

개념을 확인하기 위해 다음의 간단한 실습을 수행해보자.

실습 2.9.1

커다랗고, 균일하게 도핑된 반도체 샘플을 생각해보자. 균일한 도핑의 결과로 전자 농도가 10^{18} cm^{-3}으로 일정하다. 이 샘플의 양쪽 끝에 금속 전극들이 연결이 되었고, 각각 0 V가 인가되어 있다. 식 (2.9.5)를 사용하여 ϕ 값을 구해보자.

이 실습 자체는 매우 간단할 것이다. 중요한 것은 양쪽 전극에 0 V가 인가되었음에도 electrostatic potential은 0 V가 아니라, 어느 일정한 값을 가진다는 것이다. 인가 전압과 electrostatic potential이 다른 값을 가진다는 사실을 다시 한번 확인할 수 있다. 도핑이 높은 농도로 되어 있는 반도체와 금속 전극이 접촉할 경우 오믹 접촉(ohmic contact)이 생성되게 되는데, 이때의 electrostatic potential은 앞의 실습 2.9.1과 유사하게 도핑에 의한 전자 및 홀 농도를 따라가는 식으로 얻어질 것이다. 좀 더 구체적으로 표현해보자. 금속 전극과 접촉한 반도체에서의 electrostatic potential은 0 V가 인가된 경우에는 흔히 다음의 식을 만족하도록 결정된다.

$$n_{\mathrm{int}}\exp\left(-\frac{q\phi}{k_BT}\right) - n_{\mathrm{int}}\exp\left(\frac{q\phi}{k_BT}\right) + N_{dop}^{+} = 0 \tag{2.9.8}$$

그 점에서의 알짜 전하가 0이라는 식을 적용하는 것이다. 그리고 좌변의 처음 두 항들은 sinh 함수의 꼴로 나타낼 수 있기 때문에 asinh 함수를 적용하면 평형 상태에서의 ϕ를 구할 수가 있다.

지금까지 금속 전극이 도핑된 반도체와 접촉한 경우를 다루었는데, 현재 우리가 고려하고 있는 double-gate MOS의 경우에는 양쪽의 금속 전극이 실리콘이 아닌 산화막에 접촉하고 있다. 이 경우는 앞의 식 (2.9.8)로는 구해질 수 없을 것이며 별도의 처리가 필요하다. 게이트 전극의 일함수(work function)는 vacuum level과 Fermi level의 차이이다. 예를 들어 일함수가 4.3 eV인 경우이고 게이트 전압이 0 V라면, 이 지점의 vacuum level은 4.3 eV가 된다. 왜냐하면 Fermi level을 0 eV로 설정하였기 때문이다. 산화막에 대해서도 계산해야 하는 것은 실리콘으로 생각한 intrinsic Fermi level이다. 실리콘에서 vacuum level과 intrinsic Fermi level 사이의 차이는 약 4.63 eV로 정해져 있다. 따라서 일함수가 4.3 eV인 게이트 전극에서의 intrinsic Fermi level은 대략 −0.33 eV가 된다. 결국 식 (2.8.2)를 사용하면 electrostatic potential은 +0.33 V가 된다. 이상의 예를 식으로 써보자. 평형 상태에서

$$-q\phi + (E_{Vac} - E_i) = \Phi \tag{2.9.9}$$

여기서 E_{Vac}는 vacuum level을 나타내며 Φ는 금속의 일함수이다. 좌변은 산화막 쪽에서 바라본 vacuum level이며, 우변은 금속 쪽에서 바라본 vacuum level이다. 즉, 경계면에서 vacuum level의 연속성을 사용한 것이다.

식 (2.9.9)를 double-gate MOS 구조에 적용하여 경계 조건을 변경한 결과가 그림 2.9.1에 나타나 있다. 다른 것들은 변경이 없으며 오직 경계에서의 값만이 달라졌다. 다음 실습은 이 상황에서 공핍 근사를 사용하여 electrostatic potential을 구하는 것이다.

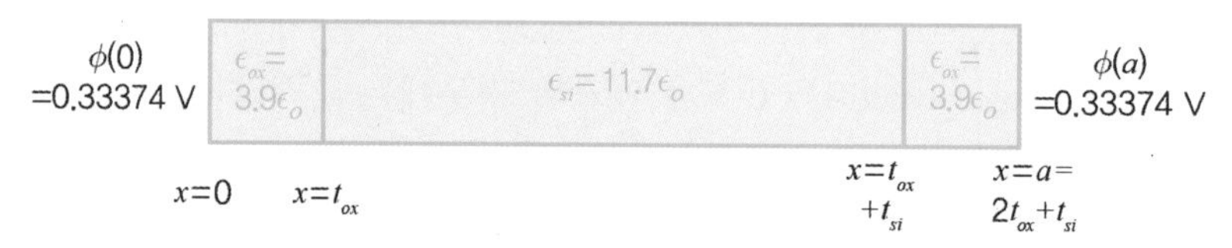

그림 2.9.1 일함수가 4.3 eV인 경우에 해당하는 올바른 경계 조건을 적용한 double-gate MOS 구조

실습 2.9.2

실습 2.7.1에서 작성한 코드를 수정하여 그림 2.9.1의 문제를 풀어보자. 이 작업은 b 벡터를 적절히 수정하면 가능할 것이다. 물론 계산된 결과는 실습 2.7.1의 결과보다 0.33374 V만큼 커져야 할 것이다. 이를 확인해보자.

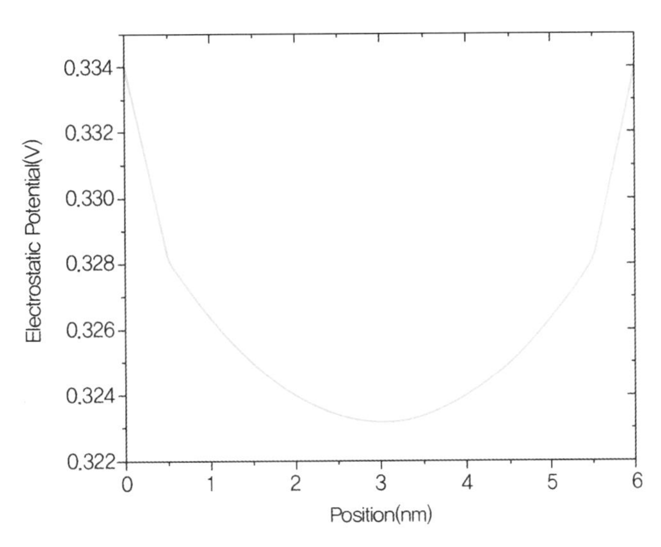

그림 2.9.2 실습 2.9.2의 결과로 얻어진 electrostatic potential

올바른 경계 조건과 공핍 근사를 가지고 구한 $\phi(x)$로부터 전자 농도와 홀 농도를 식 (2.9.5)와 식 (2.9.6)을 사용하여 구할 수 있을 것이다. 다음 실습에서 이러한 계산을 수행해 보자.

실습 2.9.3

실습 2.9.2에서 얻어진 electrostatic potential과 식 (2.9.5)와 식 (2.9.6)을 사용하여 전자 농도와 홀 농도를 구해보자.

그림 2.9.3은 실습 2.9.3을 올바로 수행했을 때 얻어지는 전자 농도를 나타내고 있다. Electrostatic potential이 포물선 모양을 가지고 있으므로, 식 (2.9.5)를 통하여 구해진 전자 농도 역시 포물선과 유사한 모양을 가지고 있다. 홀 농도도 직접 그려보도록 하자. 홀 농도는 전자 농도보다 훨씬 작을 것이다. 얻어진 전자 농도와 홀 농도가 실리콘의 p-type 도핑 농도인 10^{18} cm^{-3}보다 훨씬 작기 때문에, 공핍 근사가 그다지 나쁘지 않은 근사였음을 확인할 수 있다.

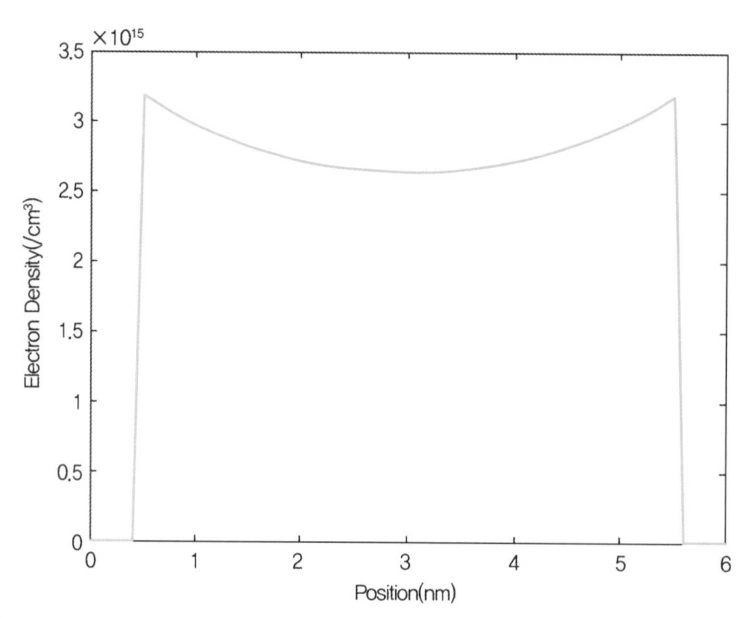

그림 2.9.3 실습 2.9.3의 결과로 얻어진 전자 농도

지금까지 우리는 double-gate MOS 구조에 대해 Poisson 방정식을 풀 수 있는 방법을 배웠다. Electrostatic potential을 구했고, 전자 농도와 홀 농도도 구할 수 있었다. 지금 고려한 게이트 전압에 대해서는 그다지 나쁘지 않은 결과를 준다는 것을 파악할 수 있었다. 그러나 이 결과는 본래의 Poisson 방정식의 완벽한 해는 아닐 것이다. 실습 2.9.2에서 구한 해를 $\phi_0(x)$라고 표시한다면, 이 함수는 다음의 관계식을 만족한다.

$$\frac{d}{dx}\left[\epsilon(x)\frac{d}{dx}\phi_0(x)\right] = -qN_{dop}^{+}(x) \tag{2.9.10}$$

따라서 올바른 Poisson 방정식에 $\phi_0(x)$를 해로 대입해보면,

$$\frac{d}{dx}\left[\epsilon(x)\frac{d}{dx}\phi_0(x)\right] \neq -qn_{\text{int}}\exp\left(-\frac{q\phi_0(x)}{k_B T}\right) + qn_{\text{int}}\exp\left(\frac{q\phi_0(x)}{k_B T}\right) - qN_{dop}^{+}(x) \tag{2.9.11}$$

와 같이 등식이 성립하지 않을 것이다. 올바른 해가 아닌 $\phi_0(x)$로 계산한 전자 농도와 홀 농도도 올바른 값은 아닐 것이다. 결국 $\phi_0(x)$에서부터 시작하여 이를 수정해나가서 올바른 해를 찾아야 할 것이다.

이 절의 제목이 'Non-self-consistent Poisson 방정식'임을 기억해보자. 이 'non-self-consistent'라는 표현은 Poisson 방정식에 들어가는 전자 농도 및 홀 농도가 electrostatic potential과 일관된 방식(self-consistent manner)로 주어지지 않는 상황을 나타내기 위한 것이다. 즉, 전하 분포에 대한 electrostatic potential 해는 구했지만, 그 electrostatic potential에 대한 전하의 분포는 원래 주어진 전하 분포와 다른 상황이다. 이러한 모순적인 상황을 해결하여 전자 농도 및 홀 농도에 대한 식과 Poisson 방정식을 모순 없이 일관되게 풀어주는 것이 우리의 큰 과제가 된다.

이 절을 마치며, 이러한 모순의 근원이 무엇인지 생각하게 된다. 모순의 근원은 electrostatic potential에 비선형적으로 변하는 전자 농도와 홀 농도의 식이 도입되었기 때문이다. 즉, 전자 농도와 홀 농도가 식 (2.9.5)와 식 (2.9.6)처럼 ϕ에 대한 비선형 함수가 아니라면, 모순이 생기지 않을 것이다. 이렇게 생각해볼 때, 자연스럽게, 비선형 방정식의 해를 어떻게 구하는지 궁금하게 된다. 다음 절에서 비선형 방정식의 해를 푸는 법을 다루도록 한다.

2.10 Newton 방법

Newton 방법은 비선형 방정식을 수치해석 기법으로 풀 때 사용된다. 예를 들어서 설명해보자. 우리가 풀어야 하는 문제가 $x^2 - 1 = 0$이라고 하자. 물론 이 문제의 답이 $x = \pm 1$임은 손쉽게 알 수 있다. 그렇지만 컴퓨터 프로그램이 어떻게 이 문제의 답을 찾을 수 있을까? 컴퓨터 프로그램이 이 특정한 문제에 대한 풀이법을 암기하여 적용하기란 쉽지 않을 것이다. 따라서 일반적인 방법이 필요함을 알 수 있다.

Newton 방법은 먼저 잠정적인 해를 가정한다. 물론 이 해는 정확한 해가 아닐 수도 있다. Newton 방법을 적용하여 우리가 기대할 수 있는 것은, 이 잠정적인 해보다 좀 더 개선된 해를 찾아내는 것이다.

위의 기술은 상당한 모호한데, '정확' 또는 '개선'과 같은 말의 뜻을 명확히 하지 않았기 때문이다. 오차를 정의하면, 이 오차의 크기를 사용하여, 정확성의 정도를 나타낼 수 있을 것이다. 손쉽게, 잠정적인 해 x_0에 대해서 다음과 같이 풀어야 하는 식 자체를 사용하여 오차를 정의해보자.

$$r(x_0) = x_0^2 - 1 \tag{2.10.1}$$

정확한 해일 경우에는 이 오차가 물론 0이 될 것이다. 오차의 절댓값이 작으면 작을수록 정확한 해에 가깝다는 것을 뜻할 것이다.

이제 하려는 작업은, 현재의 주어진 잠정적인 해를 개선하려는 것이다. 예를 들어, 개선을 하여 완벽한 해에 이른다면 최상의 상황일 것이다. 우리가 현재로는 알지 못하는 완벽한 해를 $x_0 + \delta x$로 표기해보자. 즉, δx라는 보정을 통하여 불완전한 해가 완벽한 해로 바뀐다고 생각해보자. 그럼 완벽한 해이기 때문에,

$$(x_0 + \delta x)^2 - 1 = 0 \tag{2.10.2}$$

이 성립할 것이다. 물론 이것은 우리의 희망 사항이며, 위의 관계식을 만족시키는 δx를 한 번에 찾는 것은 일반적으로 가능하지 않을 것이다. 그래도 근사적인 δx라도 찾아낼 수 있다면, 그래서 그 δx가 오차를 줄여줄 수 있다면, 이 과정을 반복하여 해를 점점 개선해나갈 수 있을 것이다.

그래서 완벽하지는 않더라도, 보정항을 찾아낼 수 있는 방법을 찾아본다. 식 (2.10.2)를 δx의 일차항까지만 전개할 경우에 다음과 같이 된다.

$$2x_0 \delta x = -\left(x_0^2 - 1\right) \tag{2.10.3}$$

이것은 이차항이 무시되었기 때문에, 간단히 풀 수 있는 선형 방정식이 되었다. 즉, 완전하지 않지만, 선형 근사 아래에서 보정항을 구하는 방식을 얻은 것이다. 보정항을 정확하게 구하는 것을 포기하는 대신, 보정항을 손쉽게 구할 수 있게 되었다.

이러한 보정항이 정말 상황을 개선시켜줄 것인가? 좀 더 정확하게 표현하여, $x_0 + \delta x$를 잠정적인 해로 생각하여 오차를 계산하면 오차의 절댓값이 좀 더 0에 가까워질 것인가? 주어진 예제를 직접 계산해보는 일은 독자들에게 맡긴다.

중요한 것은, 이 방법이 단지 $x^2 - 1 = 0$이 아니라 임의의 $f(x) = 0$에 대해서도 성립한다

는 것이다. 이때 잠정적인 해가 x_0일 때, 오차는 쉽게 $f(x_0)$로 쓸 수 있게 된다. 보정항을 여전히 δx로 쓰면, 아래가 우리가 바라는 식이 된다.

$$f(x_0 + \delta x) = 0 \tag{2.10.4}$$

유사한 선형 근사를 통하여,

$$\left.\frac{df}{dx}\right|_{x_0} \delta x = -f(x_0) \tag{2.10.5}$$

와 같은 식을 얻는다. 이 식과 이전의 식 (2.10.3)을 비교하면, 식 (2.10.3)이 식 (2.10.5)의 한 가지 예라는 점을 명확히 이해할 수 있을 것이다. 위의 식은 우변에 나타난 오차인 $f(x_0)$를 선형 근사의 한계 내에서 최대한 제거할 수 있는 δx를 찾는 것이다. 따라서 두 가지의 중요한 값들이 보정항을 구하는 데 필요할 것이다. 오차 $f(x_0)$와 1계 미분인 $\left.\frac{df}{dx}\right|_{x_0}$ 이다. 왜 이러한 자명한 사실을 굳이 강조하는지는 차차 명확해질 것이다.

실습 2.10.1

위에서 설명한 $x^2 - 1 = 0$을 임의의 초기해로부터 시작하여 Newton 방법을 통해 풀어보자. $x = 2$와 $x = -2$를 초기해로 설정하여, 오차가 어떻게 변화해나가는지 살펴보자.

아래의 실습은 반도체 소자와 좀 더 연관이 깊은 내용을 나타내고 있다. 반도체 내부에서 알짜 전하량이 0이 된다면, 전자, 홀 그리고 불순물에 의한 전하량들의 합이 0이 되어야 할 것이다. 각자의 전하량을 생각하면,

$$-n + p + N_{dop}^{+} = 0 \tag{2.10.6}$$

와 같은 식이 성립해야 한다. 평형 상태에 놓인 반도체에서

$$n = n_{\text{int}} \exp\left(\frac{\phi}{V_T}\right) \tag{2.10.7}$$

$$p = n_{\text{int}} \exp\left(-\frac{\phi}{V_T}\right) \tag{2.10.8}$$

와 같은 관계식이 성립함을 이용하여, 평형 상태에서의 electrostatic potential을 구해보자. 여기서 thermal voltage V_T는 $\frac{k_B T}{q}$이다. 이것은 식 (2.9.8)과 같은 내용이다. 2.9절에서 asinh 함수를 사용하여 구해볼 수 있었다면, 여기서는 Newton 방법을 사용하여 구하는 것이 다를 뿐이다.

실습 2.10.2

ϕ에 대한 비선형 방정식인 $n_{\text{int}} \exp\left(\frac{\phi}{V_T}\right) - n_{\text{int}} \exp\left(-\frac{\phi}{V_T}\right) - N_{dop}^{+} = 0$을 주어진 온도와 도핑 농도에 대해서 수치해석적으로 풀어보자. 양의 부호를 가지는 N_{dop}^{+}에 대해서 결과를 그려보자. N_{dop}^{+}를 10^{10} cm^{-3}부터 10^{18} cm^{-3}까지 바꾸어보자. 이 식의 해석적인 해와 비교해보자.

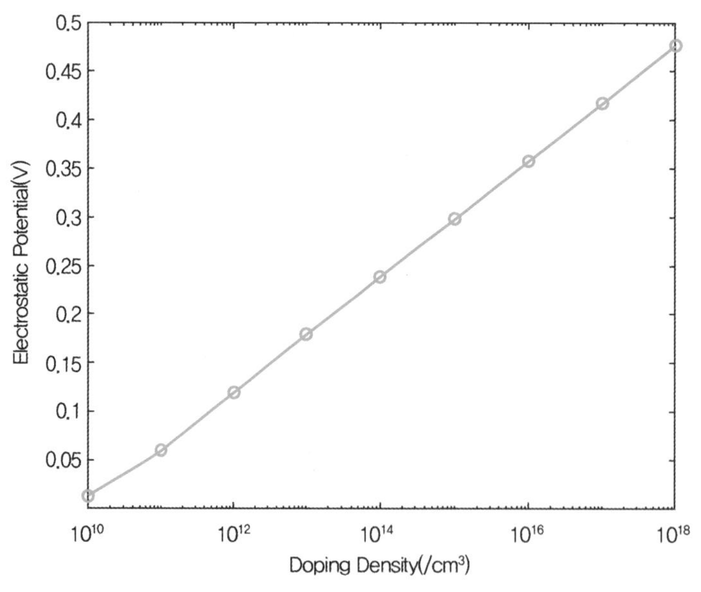

그림 2.10.1 실습 2.10.2의 결과로 얻어진, 도핑 농도에 따른 electrostatic potential

지금까지 하나의 변수에 대한 하나의 비선형 방정식을 푸는 방법을 배웠다. 이제 이 방법을 확장하여 여러 개의 변수들에 대한 비선형 방정식들의 집합을 푸는 방법을 배워보자. 이 방법은 Newton-Raphson 방법이라 불린다.

미지수가 하나가 아니라 N개일 경우, 우리가 풀어야 하는 방정식도 한 개가 아니라 N개일 것이다. 예를 들어 ϕ_1, ϕ_2 그리고 ϕ_3가 미지수라면, $f_1(\phi_1, \phi_2, \phi_3)=0$, $f_2(\phi_1, \phi_2, \phi_3)=0$ 그리고 $f_3(\phi_1, \phi_2, \phi_3)=0$가 필요할 것이다. 큰 N 값에 해당하는 일반적인 경우에 대해서는 나중에 다루고, 이 절에서는 특별히 풀어야 하는 식이 $f_1(\phi_1, \phi_2, \phi_3)=0$, $f_2(\phi_1, \phi_2, \phi_3)=0$ 그리고 $f_3(\phi_1, \phi_2, \phi_3)=0$로 간단하게 주어진다고 하자. $N=3$인 경우이다.

구체적인 예를 들기 위해서, 다음과 같은 식들을 도입해보았다.

$$f_1(\phi_1, \phi_2, \phi_3)=\phi_2-2\phi_1-\exp(\phi_1)=0 \tag{2.10.9}$$

$$f_2(\phi_1, \phi_2, \phi_3)=\phi_3-2\phi_2+\phi_1-\exp(\phi_2)=0 \tag{2.10.10}$$

$$f_3(\phi_1, \phi_2, \phi_3)=-2\phi_3+\phi_2-\exp(\phi_3)+4=0 \tag{2.10.11}$$

이들은 모두 비선형 함수이다. 비선형성은 exponential 함수로부터 생긴다. 이세 식을 만족하는 ϕ_1, ϕ_2 그리고 ϕ_3를 찾아보자. Newton 방법을 일반화하면 될 것이다. 물론 행렬이 관계될 것이라는 것을 짐작할 수 있다. 위의 세 식을 하나로 통합하여 다음과 같은 벡터에 대한 식으로 써준다.

$$\begin{bmatrix} f_1(\phi_1, \phi_2, \phi_3) \\ f_2(\phi_1, \phi_2, \phi_3) \\ f_3(\phi_1, \phi_2, \phi_3) \end{bmatrix} = \begin{bmatrix} 0 \\ 0 \\ 0 \end{bmatrix} \tag{2.10.12}$$

물론 처음부터 해를 알지는 못하기 때문에 어림짐작이 필요할 것이다. 이 어림짐작한 값들인 ϕ_1^0, ϕ_2^0, ϕ_3^0로 이루어지는 벡터를 $\boldsymbol{\phi}^0$라고 표시하자.

$$\boldsymbol{\phi}^0 = \begin{bmatrix} \phi_1^0 \\ \phi_2^0 \\ \phi_3^0 \end{bmatrix} \tag{2.10.13}$$

그리고 residue 벡터 r를 다음과 같이 많은 경우, r은 위치 벡터를 나타내지만, 이 절에서는 residue 벡터를 나타냄을 유의하자. 어림짐작이 운 좋게 정확히 해가 되지 않는 한, residue 벡터는 영벡터가 될 수 없을 것이다.

$$\mathrm{r}=\begin{bmatrix} f_1(\phi_1^0, \phi_2^0, \phi_3^0) \\ f_2(\phi_1^0, \phi_2^0, \phi_3^0) \\ f_3(\phi_1^0, \phi_2^0, \phi_3^0) \end{bmatrix} \neq \begin{bmatrix} 0 \\ 0 \\ 0 \end{bmatrix} \tag{2.10.14}$$

우리는 올바른 해가 아닌 ϕ_1^0, ϕ_2^0, ϕ_3^0를 수정해주어서, 이 residue 벡터를 영벡터에 가깝게 만들고 싶어 한다. 바로 residue 벡터의 각 성분들이 각 방정식에 대한 오차를 나타낸다고 볼 수 있기 때문이다.

그럼 더 나은 solution 벡터를 만들기 위해서 기존의 벡터에 더해주어야 하는 벡터인 update 벡터를 고려해보자. $\delta\phi$라고 표시하고, 다음과 같은 성분들을 가지고 있다고 하자.

$$\delta\phi=\begin{bmatrix} \delta\phi_1 \\ \delta\phi_2 \\ \delta\phi_3 \end{bmatrix} \tag{2.10.15}$$

이제 개선된 solution 벡터가 $\phi^0+\delta\phi$라고 한다면, 우리의 희망은 $\phi^0+\delta\phi$가 고려하는 방정식들의 해들로 이루어진 벡터가 되는 것이다. 이러한 희망을 식으로 표시하면 다음과 같이 된다.

$$\begin{bmatrix} f_1(\phi_1^0+\delta\phi_1, \phi_2^0+\delta\phi_2, \phi_3^0+\delta\phi_3) \\ f_2(\phi_1^0+\delta\phi_1, \phi_2^0+\delta\phi_2, \phi_3^0+\delta\phi_3) \\ f_3(\phi_1^0+\delta\phi_1, \phi_2^0+\delta\phi_2, \phi_3^0+\delta\phi_3) \end{bmatrix} = \begin{bmatrix} 0 \\ 0 \\ 0 \end{bmatrix} \tag{2.10.16}$$

이 식은 표시만 다르게 하였을 뿐, 원래 문제와 같다. 즉, 여전히 비선형 방정식들의 집합이라는 뜻이다. 이것은 풀기가 어려우므로, 식 (2.10.4)에서 식 (2.10.5)로 근사되는 것과 마찬가지로, $\delta\phi$ 벡터의 각 성분들이 작다고 가정하여서 선형화한다.

$$
\begin{bmatrix} f_1(\phi_1^0,\ \phi_2^0,\ \phi_3^0) \\ f_2(\phi_1^0,\ \phi_2^0,\ \phi_3^0) \\ f_3(\phi_1^0,\ \phi_2^0,\ \phi_3^0) \end{bmatrix} + \begin{bmatrix} \frac{\partial f_1}{\partial \phi_1} & \frac{\partial f_1}{\partial \phi_2} & \frac{\partial f_1}{\partial \phi_3} \\ \frac{\partial f_2}{\partial \phi_1} & \frac{\partial f_2}{\partial \phi_2} & \frac{\partial f_2}{\partial \phi_3} \\ \frac{\partial f_3}{\partial \phi_1} & \frac{\partial f_3}{\partial \phi_2} & \frac{\partial f_3}{\partial \phi_3} \end{bmatrix} \begin{bmatrix} \delta\phi_1 \\ \delta\phi_2 \\ \delta\phi_3 \end{bmatrix} = \begin{bmatrix} 0 \\ 0 \\ 0 \end{bmatrix} \tag{2.10.17}
$$

여기서 좌변에 등장하는 정사각행렬의 성분들인 편미분 값들은 현재의 ϕ_1^0, ϕ_2^0, ϕ_3^0를 기준으로 하여 구해짐에 유의하자. 이 정사각행렬은 Jacobian 행렬이라고 불린다. 이 식은 특별한 것이 아니며, 식 (2.10.16)의 각각의 행들을 선형 근사한 후 다시 행렬의 형태로 정리한 것에 불과하다. Jacobian 행렬을 J라고 표기하면, 식 (2.10.17)은 다음과 같이 간략하게 쓸 수 있다.

$$
\mathrm{J}\ \delta\phi = -\mathrm{r} \tag{2.10.18}
$$

이것은 $\mathrm{Ax} = \mathrm{b}$의 꼴을 가지고 있기 때문에 주어진 Jacobian 행렬과 residue 벡터가 있으면 $\delta\phi$ 벡터를 구할 수 있다. 이렇게 구한 update 벡터를 원래의 어림짐작 해였던 ϕ^0에 더해주어 개선된 해인 $\phi^1 = \phi^0 + \delta\phi$을 만들 수 있다.

이제 마치 ϕ^1이 초기의 어림짐작인 것처럼 취급하여서 위에 나타난 동일한 과정을 반복할 수가 있다. 그럼 그 결과로 ϕ^2를 얻게 될 것이며, 이 과정은 계속 반복된다. 매번 해가 조금 더 진정한 해에 가까워진다면, 이러한 과정을 모두 거치고 나서 해에 몹시 가까운 근사적인 해를 구할 수 있을 것이다. 각각의 반복 시행마다 r과 $\delta\phi$ 벡터들을 관찰하여서, 이 벡터들이 영벡터에 충분히 가까워지면 반복하기를 멈춘다. '충분히'라는 표현은 모호함이 있는데, 보통 사용자가 원하는 오차 수준을 미리 정해놓고 이보다 작은 오차가 생기는 상황을 충분하다고 본다. 예를 들자면, 점들에서의 electrostatic potential의 변화량들로 구성된 $\delta\phi$ 벡터가 있다면, 절댓값을 취한 후 구한 최대 성분이 10^{-10} V보다 작아야 한다는 조건을 미리 설정할 수가 있을 것이다.

식 (2.10.9)부터 식 (2.10.11)까지의 문제에 대한 Jacobian 행렬을 한번 직접 구해보도록 하자. 현재 가지고 있는 근사해를 ϕ^k라고 하면, 이 예제에 있어서 Jacobian 행렬은 다음과 같다.

$$
J = \begin{bmatrix} -2-\exp\phi_1^k & 1 & 0 \\ 1 & -2-\exp\phi_2^k & 1 \\ 0 & 1 & -2-\exp\phi_3^k \end{bmatrix} \tag{2.10.19}
$$

독자들이 직접 Jacobian 행렬을 구해보기를 권한다.

실습 2.10.3

식 (2.10.9)부터 식 (2.10.11)까지의 문제에 대한 해를 Newton-Raphson 방법을 사용하여 풀어보자. $\phi_1^0 = 1$, $\phi_2^0 = 2$ 그리고 $\phi_3^0 = 3$을 가지고 ϕ^0 벡터를 구성하자. Jacobian 행렬은 식 (2.10.19)에 그 형태가 나타나 있다. Residue 벡터를 구한 후, 식 (2.10.18)을 풀어서 얻은 결과로 활용하여 ϕ^1을 구하자. Newton-Raphson 루프를 10번 반복한 후, ϕ^{10}을 구해보자. 올바르게 구했다면, $\phi_1^{10} = -0.4352$, $\phi_2^{10} = -0.2233$ 그리고 $\phi_3^{10} = 0.7884$를 얻게 될 것이다. 그리고 Newton-Raphson 루프의 반복 횟수에 따라서 마지막 $\delta\phi$ 벡터의 성분들의 절댓값 중에서 제일 큰 값을 구해보자.

위의 실습은 변수가 오직 세 개밖에 안 되는 문제이지만, 사람이 직접 풀기에는 어렵다. 이러한 작은 규모의 문제에서도 수치해석적 방법의 유용함을 인식할 수 있을 것이다. 따라서 미지수의 개수가 커지는 경우라면 비선형 방정식들을 풀어주는 데 Newton-Raphson 방법이 절대적인 역할을 할 것이다. 따라서 이번 절의 내용을 명확히 이해하기 위하여 노력해야 한다.

비록 이 절에서는 변수가 세 개밖에 안 되는 문제를 다루었지만, 다음 절에서는 N개의 변수가 있는 경우에 대해서 본격적으로 다루어볼 것이다.

2.11 Nonlinear Poisson 방정식

제2장의 마지막 절인 이번 절에서는 2.5절, 2.6절, 2.7절, 2.9절을 통해 다루어온 Poisson 방정식에 대한 논의를 마무리하게 된다. Poisson 방정식은 계산전자공학에 있어 큰 축을 이루는 매우 중요한 방정식이며, 또한 가장 기본적인 방정식이기 때문에, 수치해석 기법에 대한 소

개와 더불어 많은 분량을 할애하게 되었다. 이번 절까지의 논의를 통해, 고전적인 전자 분포를 고려할 때, 평형 상태에서의 반도체 소자 내부의 electrostatic potential과 전자 농도 그리고 홀 농도를 구하는 올바른 방법을 배우게 될 것이다. 이것은 매우 큰 성취이며, 이후의 학습을 위한 든든한 토대가 될 것이다.

그동안 필요한 이론적인 토대들은 2.5절, 2.6절, 2.7절, 2.9절을 통해 소개해왔기 때문에, 이번 절에서는 비선형성을 어떻게 다루어야 하는지만 다루어보자. 전부터 계속 다루어오던 double-gate MOS 예제를 고려한다.

이산화가 이루어지고 난 후 실리콘 영역에 속하는 $x = x_i$인 점에 해당하는 Poisson 방정식은 다음과 같다.

$$\frac{\epsilon_{si}}{\Delta x}(\phi_{i+1} - 2\phi_i + \phi_{i-1}) = -(\Delta x)qN_{dop}^{+} + (\Delta x)qn_{\text{int}}\exp\left(\frac{q\phi_i}{k_B T}\right) - (\Delta x)qn_{\text{int}}\exp\left(-\frac{q\phi_i}{k_B T}\right) \tag{2.11.1}$$

실리콘-산화막 경계에 대해서는 별도의 처리가 필요하므로, 여기서는 $x = x_i$가 경계는 아니라고 하자. 이 중 마지막 항은 홀 농도를 나타내고 있는데, 실습 2.9.3의 결과로부터 홀 농도는 전자 농도보다 훨씬 작다는 것을 알게 되었다. 그러므로 여기서는 홀 농도를 제외한 경우를 다루려 한다. 물론 이것은 설명의 편의를 위한 것이고, 홀 농도를 추가하는 것은 아무런 어려움 없이 이루어질 수 있다.

$$\frac{\epsilon_{si}}{\Delta x}(\phi_{i+1} - 2\phi_i + \phi_{i-1}) = -(\Delta x)qN_{dop}^{+} + (\Delta x)qn_{\text{int}}\exp\left(\frac{q\phi_i}{k_B T}\right) \tag{2.11.2}$$

이러한 식들인 이미 지난 절들에서 자주 다루었으나, 여기서는 2.10절에서 배운 Newton-Raphson 방법의 틀에 이 문제를 맞추어보려 한다. 그럼 먼저 residue 함수를 구하게 된다. i번째 점에 해당하는 식이므로 나중에 residue 벡터의 i번째 성분으로 넣을 것을 가정하자. 위의 식 (2.11.2)의 우변을 좌변으로 옮기고 r_i라고 표시해보자.

$$r_i = \frac{\epsilon_{si}}{\Delta x}(\phi_{i+1} - 2\phi_i + \phi_{i-1}) + (\Delta x)qN_{dop}^{+} - (\Delta x)qn_{\text{int}}\exp\left(\frac{q\phi_i}{k_B T}\right) \tag{2.11.3}$$

이렇게 residue 벡터의 성분인 함수 r_i가 결정되고 나면, 이를 편미분하여서 Jacobian 행렬의 성분들도 구할 수 있다. 더 구체적으로는 Jacobian 행렬의 i번째 행에 대한 정보들이 주어진다. Jacobian 행렬 J의 i번째 행, j번째 열에 위치한 성분을 $J_{i,j}$라고 하면, 다음과 같음을 쉽게 이해할 수 있다.

$$J_{i,i+1} = \frac{\epsilon_{si}}{\Delta x} \tag{2.11.4}$$

$$J_{i,i} = -2\frac{\epsilon_{si}}{\Delta x} - (\Delta x) q n_{\text{int}} \frac{q}{k_B T} \exp\left(\frac{q\phi_i}{k_B T}\right) \tag{2.11.5}$$

$$J_{i,i-1} = \frac{\epsilon_{si}}{\Delta x} \tag{2.11.6}$$

위의 세 가지 성분들 중에서 실제로 electrostatic potential에 따라 바뀌는 것은 $J_{i,i}$밖에 없다. 그러나 이 성분 때문에 전체 시스템이 비선형성을 가지게 되므로, Jacobian 행렬은 Newton-Raphson 루프가 수행될 때마다 적절하게 고려가 되어야 한다.

경계가 아닌 산화막 영역에 대해서는 다음과 같은 residue 함수가 필요할 것이다.

$$r_i = \frac{\epsilon_{ox}}{\Delta x}(\phi_{i+1} - 2\phi_i + \phi_{i-1}) \tag{2.11.7}$$

불순물이나 전자 농도 등에 의한 기여분이 없으므로 실리콘 영역보다 훨씬 간단하며, Jacobian 행렬의 성분들 계산은 독자들이 쉽게 해볼 수 있을 것이다.

실리콘－산화막 경계에 대한 특별한 처리가 필요하다. 미분연산자에 대해서는 전에 다루었기 때문에 어렵지 않을 것이지만, 불순물이나 전자 농도에 대해서는 언급이 필요할 것이다. 우리가 다루고 있는 식이 Δx 길이를 가지고 있는 구간에 대해 적분된 Poisson 방정식이므로, 구간의 반은 실리콘이고 다른 반은 산화막에 속할 것이다. 따라서 식 (2.11.3)과 유사한 형태가 나오지만 불순물과 전자 농도에 곱해지는 길이가 Δx가 아닌 그 값의 반이 될 것이다. 정리하면 다음과 같을 것이다.

$$r_i = \frac{\epsilon_{i+0.5}}{\Delta x}(\phi_{i+1} - \phi_i) - \frac{\epsilon_{i-0.5}}{\Delta x}(\phi_i - \phi_{i-1}) + \frac{\Delta x}{2} q N_{dop}^{+} - \frac{\Delta x}{2} q n_{\text{int}} \exp\left(\frac{q\phi_i}{k_B T}\right)$$

(2.11.8)

이에 해당하는 Jacobian 행렬의 성분을 구하고 구현하는 일 역시 독자들이 쉽게 할 수 있으리라 생각한다.

이제 최종적으로 double-gate MOS 구조에 대해 Poisson 방정식의 self-consistent한 해를 구해보자. 여기서 'self-consistent하다'는 표현은 Poisson 방정식과 전자와 홀 농도에 대한 식들이 서로 모순 없이 올바르게 구해진 것이라는 뜻이다.

실습 2.11.1

실습 2.9.2에서 얻은 electrostatic potential을 초기해로 설정하여 Newton-Raphson 방법을 통해 Poisson 방정식의 해를 구하여라. Δx 값은 전과 같이 0.1 nm로 설정하자. 양쪽 끝의 금속 전극과 맞닿은 점들에서의 경계 조건도 실습 2.9.2와 같다. 이 조건은 4.3 eV의 일함수를 가진 금속 전극에 외부에서 0 V가 인가된 상황임을 기억하자. Newton-Raphson 루프의 변화에 따라서 해가 어떻게 변화하는지 관찰하고, 실습 2.10.3처럼 update vector의 성분들의 절댓값 중에서 최댓값(infinity norm이라고 한다.)을 구해보자. Update vector의 infinity norm이 충분히 작아지면 Newton-Raphson 루프를 중단하고, electrostatic potential과 전자 농도를 위치 x의 함수로 그려보자. 전자 농도는 널리 사용되는 cm^{-3} 단위로 표시하는 것이 좋다.

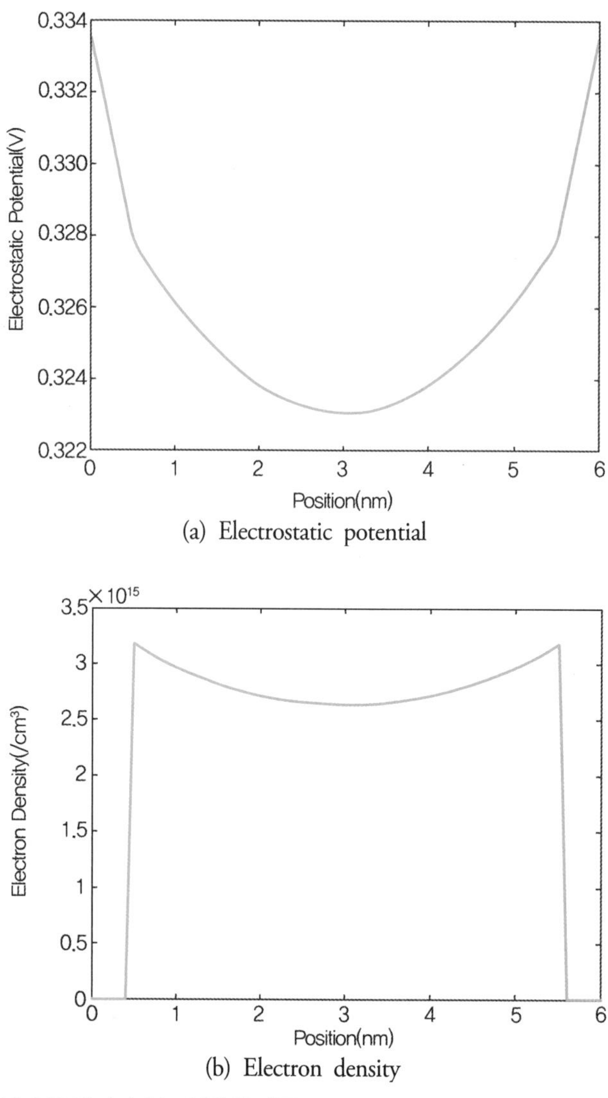

그림 2.11.1 실습 2.11.1의 결과. (a)는 위치에 따른 Electrostatic potential의 그래프, (b)는 위치에 따른 전자 농도

위의 실습 2.11.1은 의외로 간단하지 않을 수 있다. 2.9절에서 non-self-consistent한 해를 구하였고, Jacobian 행렬과 residue 벡터들은 이번 절에서 이미 명시적으로 주어졌으나, 그럼에도 불구하고 처음 구현하는 데에는 예상치 못한 어려움이 있을 수 있다. 흔히 나타나는 어려움들을 정리해보았다.

처음에 구한 update vector의 infinity norm이 너무 크다면, Jacobian 행렬과 residue 벡터 중 하나 혹은 둘 다 잘못되어 있을 가능성이 있다. 먼저 residue 벡터에서 특별히 큰 절댓값을 가지고 있는 성분이 있는지 살펴보자. 우리가 가지고 있는 초기의 어림짐작 해가 매우 좋기 때문에, residue 벡터가 처음부터 영벡터에 근접해야 할 것이다. Residue 벡터가 특별히 이상하지 않다면, Jacobian 행렬도 검토해보자. 흔한 실수로, 엉뚱한 위치에 잘못된 성분들이 들어가 있을 수 있다. 프로그램을 작성했을 때에는 올바르게 한 것 같으나, 실제로 만들어진 행렬에서는 그것이 바르게 되지 않을 수 있다. 프로그램 코드만 보아서는 결과의 옳음을 판단하기 어려우므로, 직접 만들어진 행렬의 성분값들을 확인하면서 이상한 점이 없는지 살펴보자.

보통 Jacobian 행렬이나 residue 벡터 구현상의 큰 문제가 있을 경우, Newton-Raphson 방법이 빠르게 실패할 것이다. 이런 경우는 앞 문단과 같이 차근차근 구현의 유효성을 확인해보면 고칠 수가 있다. 만약 빠르게 발산하지도 않으면서 수렴도 이루어지지 않거나 아주 많은 반복 후에 수렴한다면, 이 경우에는 좀 더 찾아내기 어려운 사소한 실수가 있을 가능성이 있다. 그렇지만 이 문제는 Jacobian 행렬과 residue 벡터가 올바르게 구현이 되어 있을 경우, 불과 몇 번의 반복 후에 충분히 작은 update vector의 infinity norm을 가지게 되어 있으므로, 수렴성이 좋지 않다고 여겨진다면 좀 더 세심하게 구현된 결과를 검토해보아야 한다.

구현상의 유의 사항으로, Jacobian 행렬의 취급에 대한 것이 있다. Jacobian 행렬은 대부분의 성분이 0이고, 이번 절에서 나온 특정한 성분들($J_{i,\,i+1}$, $J_{i,\,i}$ 그리고 $J_{i,\,i-1}$)만이 0이 아닌 값을 가지고 있다. 이럴 경우, sparse(희소) 행렬로 Jacobian을 취급해주는 것이 훨씬 효율적이다. Sparse 행렬을 가지고 $\mathrm{Ax} = \mathrm{b}$ 의 행렬방정식을 풀어주는 수학 라이브러리를 사용하는 것을 권한다. 이러한 기능을 가지고 있는 프로그램을 sparse matrix solver라고 부르며, 어떤 sparse matrix solver를 사용할지는 독자들의 개발 환경에 맞추어 결정하면 될 것이다.

위의 실습 2.11.1은 게이트 전압이 0 V일 때를 다루고 있다. 게이트 전압이 V_G로 주어진다면, 금속 전극과 맞닿은 산화막에 해당하는 점의 electrostatic potential은 다음과 같다.

$$\phi = \frac{(E_{Vac} - E_i) - \Phi}{q} + V_G \tag{2.11.9}$$

이 식은 식 (2.9.9)의 확장이라고 생각하면 된다. 우변의 첫 번째 항은 식 (2.9.9)로부터 나온 것이며, 실리콘과 금속의 일함수의 차이($(E_{Vac} - E_i) - \Phi$)가 등장한다. 우변의 두 번째 항이 추가로 인가된 전압을 나타내고 있다. 따라서 우리가 다루는 예제에서는, 게이트 전압이 0.1 V가 인가되면, 양쪽 끝점들에서의 electrostatic potential이 0.33374 V 대신 0.43374 V가 될 것이다.

제2장의 마지막 실습을 통해, 게이트 전압이 0 V가 아닐 때에 대해서도 electrostatic potential을 구해보자.

실습 2.11.2

실습 2.11.1을 통해서 게이트 전압이 0 V일 때의 electrostatic potential을 구할 수 있었다. 이렇게 얻어진 electrostatic potential을 초기해로 가지고 게이트 전압을 조금씩 증가시켜보자. 게이트 전압을 1 V까지 증가시키는 것을 목표로 하고, 한 번에 증가시키는 게이트 전압의 크기를 설정해보자. 예를 들어 이 값을 0.01 V로 설정한다면, 0 V 이후에 0.01 V를 풀고, 0.02 V를 푸는 방식으로 진행된다. 각각의 게이트 전압에 대해서 수렴해를 구해야 한다. 일단 수렴된 해를 구한 후, 전자 농도를 실리콘 영역에서 적분하여, cm^{-2} 단위로 표시되는 적분된 전자 농도를 구하자. 그 후 적분된 전자 농도를 인가된 게이트 전압의 함수로 그려보자.

실습 2.11.2를 통해서 게이트 전압이 증가함에 따라 적분된 전자 농도가 증가함을 확인할 수 있을 것이다. 그 결과가 그림 2.11.2에 나타나 있다. 상대적으로 낮은 게이트 전압에서는 exponential하게 증가할 것이며, 좀 더 높은 게이트 전압에서는 선형적으로 증가하게 될 것이다.

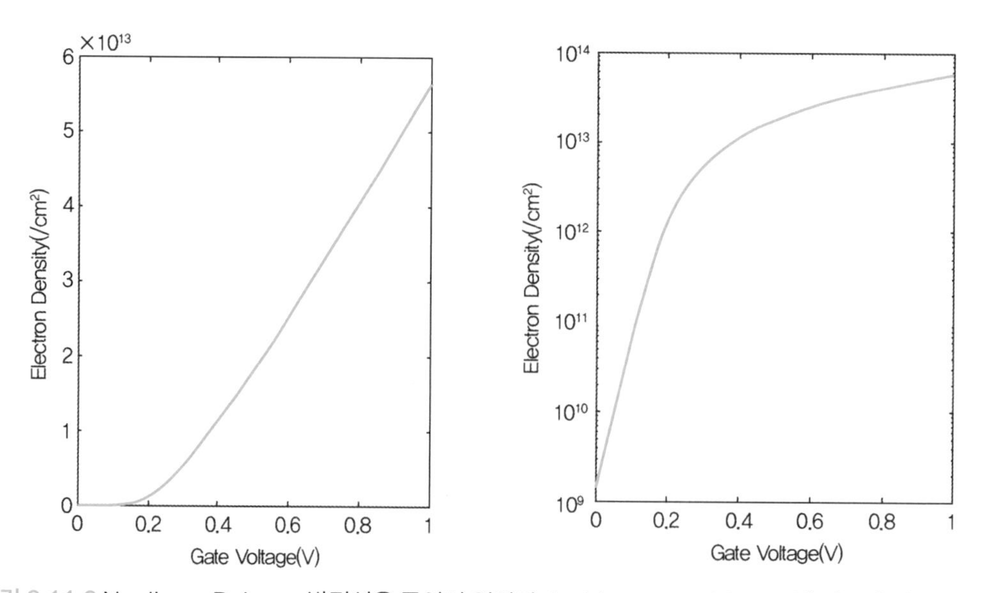

그림 2.11.2 Nonlinear Poisson 방정식을 풀어서 얻어진 double-gate MOS 구조의 적분된 전자 농도. 게이트 전압의 함수로 그려보았다.

CHAPTER

3

서브밴드 구조 계산

서브밴드 구조 계산

3.1 들어가며

독자들은 제2장의 실습들을 통하여, 고유값 문제(2.3절, 2.4절)를 풀어보았다. 또한 비선형 방정식을 풀기 위한 준비를 하였으며, 이러한 기법을 double-gate MOS 구조의 포텐셜 분포를 구하는 데 적용하였다. (2.5절, 2.6절, 2.7절, 2.9절, 2.11절) 제2장의 준비 과정을 성공적으로 마쳤다면, 제3장부터 시작하는 앞으로의 과정 역시 별다른 어려움 없이 진행할 수 있을 것이다.

만약 이 책이 1990년대나 2000년대 초반에 쓰였다면, 가장 처음 시작하는 장은 아마도 전자의 준고전적인 수송(이 책의 제4장, 제5장 그리고 제6장의 내용)을 다루었을 것이다. 반면, 이론적인 완결성을 우선시한다면 양자 수송(이 책의 제7장의 내용)이 가장 먼저 다루어져야 할 것이다.

그럼에도 불구하고, 이 책에서는 서브밴드 구조 계산을 이들 내용보다 먼저 다루기로 한다. 서브밴드라는 용어는, 원래 벌크 상태에서의 하나의 밴드가, 전기적인 속박에 의하여 여러 개의 내부적인 구조를 가지게 될 때 사용된다. 예를 들어서 실리콘의 conduction band가 수직 방향으로의 양자 우물을 경험할 때, 서로 다른 양자 상태를 가질 수 있게 되며, 이들 각각을 서브밴드라고 부르는 것이다. 이와 같은 서브밴드 구조 계산을 가장 먼저 다루는 데에는 다음과 같은 이유가 있다.

현재 사용되는 반도체 소자의 압도적인 대다수는 MOSFET이기 때문에, MOSFET에 알맞은 해석 기법이 가장 중요하다. MOSFET의 경우에는, 산화막의 존재와 강한 수직 방향 electric field에 의하여, 수직 방향으로의 전자 흐름이 자유롭지 못하다. 따라서 MOSFET의 반전층 안의 전자(PMOSFET의 경우 홀)는 3차원 운동량 공간을 가지기보다는, 수직 방향을 제외한 방향으로의 운동이 허용되는 유사 2차원 운동량 공간을 가진다고 보는 것이 타당하다.

강한 수직 방향 electric field에 의한 양자 효과가 존재한다는 사실은 1960년대부터 알려져 왔으나,[3-1] 계산전자공학 분야에서는 실질적으로 많이 다뤄지지는 않았다. 당시에는 이러한 양자 효과로 인하여 발생되는 게이트 유효 산화막 두께의 변화를 경험적인 수식을 사용하여 모델링하는 정도였다.

결정적으로 MOSFET의 반전층에서의 서브밴드 구조 해석이 중요해진 것은 2000년대에 들어와 중요해진 스트레스 효과 때문이다. MOSFET 반전층의 이동도를 향상시키기 위하여, 채널 영역의 실리콘 격자들에 스트레스가 가해지기 시작하였고, 이에 따라서 실리콘 conduction band에 의해서 생성된 서브밴드들 사이에도 에너지의 차이가 점점 커지게 되었다. 또한 이러한 에너지의 변화가 이동도 향상에 결정적인 역할을 하게 되어, 스트레스에 의한 이동도 향상을 고려하는 데 있어 서브밴드 구조 계산은 필수적인 작업이 되었다.

게다가 2010년대에 도입된 FinFET이나 nanowire MOSFET 또는 nanosheet MOSFET과 같은 3차원 트랜지스터의 경우, 더욱 강한 양자 속박(confinement) 효과를 가지고 있으므로, 이에 따른 전자의 (에너지와 운동량의 관계로 나타내어지는) 전기적인 상태 변화는 더욱 예측하기 어렵게 되었다.

지금까지 다룬 MOSFET 기술의 역사적인 발전에 따라, 서브밴드 구조 계산은 현재 MOSFET의 전기적인 특성을 해석하는 데 있어 필수적인 해석 기법이 되었다. 이러한 이유로, 이 책에서는 먼저 주어진 MOSFET에 대한 깊이 방향으로의 서브밴드 해석을 다루면서, 이후의 이론적인 전개들을 준비하고자 한다.

3.2 얇은 상자 속의 전자

2.2절과 2.4절에서 1차원 무한 우물 문제를 해석적인 방법과 수치해석적인 방법을 통해 풀어보았다. 이를 통해 무한 우물에서는 전자가 가질 수 있는 에너지가 연속적인 값을 가지지 않고 양자화된다는 것을 확인하였다. 이제 관심을 전자 농도를 구하는 것으로 돌린다면, 1차원 무한 우물 문제에서는 다루지 않았던 나머지 2개의 차원의 크기에 대한 질문이 나오

게 된다. 그래서 이번 절에서는 얇은 상자 속의 전자를 다루어보고자 한다. 이 구조는 평판형 MOSFET에서 발견되는 2차원 전자 기체를 해석하는 데 실마리를 제공해줄 것이다.

얇고 넓은 상자가 그림 3.2.1에 그려져 있다. 나중에 전자의 수송이 일어날 방향을 x 방향으로 생각하기로 하였기 때문에, 여기서는 z 방향으로 상자가 두께가 얇다고 생각한다. 그리고 나머지 방향인 y 방향에 대해서는 상자의 변의 길이가 매우 크다고 생각한다.

$$L_z \ll L_x,\ L_z \ll L_y \tag{3.2.1}$$

따라서 여기에 전자가 존재한다면, z 방향으로 가장 큰 양자화를 경험하게 될 것이다. 그래서 본질적으로는 1차원 무한 우물 문제와 유사한 문제를 풀고자 한다.

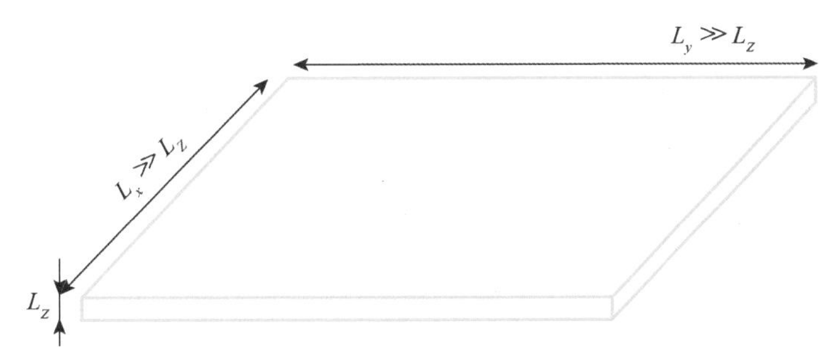

그림 3.2.1 얇은 상자의 구조. 수직 방향인 z 방향으로는 얇고, 나머지 두 방향으로는 넓은 상자

일단 이 절에서는 상자의 여섯 개의 면에서 모두 파동 함수가 0이 된다고 가정한다. 나중에 이 경계 조건은 다르게 적용될 수도 있을 것이다. 그리고 1차원 무한 우물과 비슷하게, 일단 상자 안에서는 포텐셜 에너지가 0 eV라고 가정할 것이다. 이러한 가정들은 앞으로 더 현실적인 조건으로 바뀌게 될 것이므로, 지금은 이렇게 간단한 조건을 받아들이기로 하자.

나중에 여러 개의 전자들이 이 상자 안의 양자 상태들을 채우는 것을 고려할 계획이므로, Fermi-Dirac 분포의 기준점이 되는 Fermi 레벨을 정해놓는 것도 좋을 것이다. 편의상 Fermi 레벨을 역시 0 eV라고 가정하려 한다. 이런 상황에서는, 어느 특정 에너지 값인 E를 가지고 있는 양자 상태가 전자에 의해서 점유될 확률은 Fermi-Dirac 분포에 따라서

$$f_{FD}(E) = \frac{1}{1 + \exp\left(\frac{E}{k_B T}\right)} \tag{3.2.2}$$

로 주어지게 된다. 이 함수는 에너지가 0 eV인 상태라면 0.5의 확률을 가지게 되며, 에너지가 커질수록 점유될 확률은 감소한다. 즉, 전자는 에너지가 낮은 상태들을 주로 차지할 것이고, 에너지가 상대적으로 높은 상태들은 덜 차지하게 될 것이다.

이러한 상황에서 Hamiltonian 연산자는 다음과 같이 쓸 수 있게 된다.

$$H = -\frac{\hbar^2}{2m_{xx}}\frac{\partial^2}{\partial x^2} - \frac{\hbar^2}{2m_{yy}}\frac{\partial^2}{\partial y^2} - \frac{\hbar^2}{2m_{zz}}\frac{\partial^2}{\partial z^2} \tag{3.2.3}$$

이것이 식 (2.2.1)에서 다룬 1차원 시스템의 Hamiltonian 연산자의 3차원 확장이라는 것은 쉽게 이해할 수 있다. 각각의 방향으로의 2계 미분에 방향별 유효 질량(effective mass)의 역수를 곱하여서 Hamiltonian 연산자가 얻어진다. Hamiltonian 연산자는 반드시 이런 형태로 주어질 필요는 없음을 유의하자. 일반적인 경우는 훨씬 더 복잡할 수 있으나, 여기서는 편의상 이와 같은 유효 질량 근사를 사용하기로 한다. 실제 실리콘 소자에 적용할 경우에는, 이와 같은 근사가 잘 적용되는 것은 conduction band뿐이다. Valence band의 경우에는 위와 같은 유효 질량 근사로는 묘사하기 어렵기 때문에 더 복잡한 Hamiltonian 연산자가 필요하다.

먼저 해석적인 해를 구하도록 하자. 이처럼 각 방향의 연산자들이 서로 겹치지 않는 경우라면, 파동 함수를 각 방향별 성분의 곱들로 나타낼 수 있을 것이다. 그래서 1차원 무한 우물의 경험을 바탕으로 다음과 같은 파동 함수 꼴을 찾아낼 수 있다. 중간 유도 과정은 독자들이 직접 연습해보길 권한다.

$$\psi_{l,m,n}(x, y, z) = A_{l,m,n}\sin\left(\frac{l\pi}{L_x}x\right)\sin\left(\frac{m\pi}{L_y}y\right)\sin\left(\frac{n\pi}{L_z}z\right) \tag{3.2.4}$$

이에 해당하는 고유 에너지는 각 방향으로의 무한 우물 문제에서 등장하는 에너지들의 합으로 나타난다.

$$E_{l,\,m,\,n} = \frac{\hbar^2}{2m_{xx}}\frac{l^2\pi^2}{L_x^2} + \frac{\hbar^2}{2m_{yy}}\frac{m^2\pi^2}{L_y^2} + \frac{\hbar^2}{2m_{zz}}\frac{n^2\pi^2}{L_z^2} \tag{3.2.5}$$

어느 양자 상태가 에너지 $E_{l,\,m,\,n}$를 가지고 있다면 그 양자 상태가 전자에 의해 점유될 확률은 식 (3.2.2)에 따라서 주어진다.

지금까지 3차원 무한 우물 문제의 해석적인 해와 각각의 양자 상태가 전자에 의해 점유될 확률을 다루었다. 이 정보를 가지고 어떻게 전자 농도를 계산할 수 있을까? '어느 상태가 존재할 때' 그 상태가 얼마나 점유되어 있는지를 안다고 전자의 수를 알 수 있는 것은 아닐 것이다. '얼마나 많은 상태들이 존재하는지'에 대한 정보가 필요하다. 극단적인 예로, 어떤 특정 에너지 구간에 대해 f_{FD}는 거의 1에 가깝지만 가능한 고유 상태가 전혀 없는 경우를 생각해볼 수 있다. 실제로 반도체의 valence band와 conduction band 사이에 있는 forbidden region에서는 이러한 일이 일어난다. 그럼 이 에너지 구간에서는 전자 농도에 얼마나 기여를 하게 될까? 가능한 상태가 전혀 없기 때문에 전자 농도에는 전혀 기여하지 못할 것이다. 반대의 예로, f_{FD}는 0에 가까운 작은 수이지만, 가능한 고유 상태가 매우 많은 경우를 생각해보자. 이 경우에는 가능한 고유 상태의 수와 f_{FD}의 곱에 비례하여 전자 농도에 기여하게 될 것이다. 이러한 간략한 논의를 통하여, 전자 농도를 계산하기 위해서는 점유 확률인 f_{FD}에 덧붙여 얼마나 많은 가능한 고유 상태가 있는지 파악해야 함을 알 수 있다.

다행스럽게도 이 문제의 경우, 어떤 양자 상태들이 있는지에 대한 정보가 완전히 알려져 있다. 하나의 양자 상태가 하나의 $(l,\ m,\ n)$에 대응되므로, 모든 가능한 $(l,\ m,\ n)$의 경우들에 대해서 고려하면 이 상자 안의 전자수를 계산할 수 있을 것이다. '전자수'이기 때문에, 별도의 단위가 없는 '몇 개'에 해당하는 값이 나올 것이다.

$$(\text{전자수}) = 2\sum_{l=1}^{\infty}\sum_{m=1}^{\infty}\sum_{n=1}^{\infty} f_{FD}(E_{l,\,m,\,n}) \tag{3.2.6}$$

우변의 숫자 2는 스핀(spin)에 대한 degeneracy를 고려하는 것이다. 물론 여기서 합은 무한대까지 수행해야 할 것이지만, 현실적으로는 무한대까지 계산은 불가능하다. 하지만 $(l,\ m,\ n)$ 안의 숫자가 늘어남에 따라 Fermi-Dirac 분포 함숫값이 급격하게 작아지기 때문에, 실제로는 무한대까지 더하지 않고 적절한 수들인 $(l_{\max},\ m_{\max},\ n_{\max})$에서 멈추어도 될 것이다.

물론 '어디까지 합을 구해야 하는가?' 하는 질문에 대한 답은 '($l_{\max}$, $m_{\max}$, $n_{\max}$)를 바꾸어도 계산된 전자수가 바뀌지 않을 때까지'가 될 것이다.

실습을 통해 예를 하나 다루어보자. 양자 속박 효과가 크게 나타나게 될 z 방향 길이인 L_z는 5 nm로 설정하고, 나머지 길이들인 L_x와 L_y는 100 nm로 설정해보자. 여기서 5 nm라는 값은 최근의 소자에서 매우 현실적인 값이며, 100 nm라는 값은 충분히 넓고 얇은 상자를 위해서 약간 과장된 값일 것이다.

실습 3.2.1

L_z는 5 nm이고 L_x와 L_y는 100 nm인 얇고 넓은 상자가 있고, 여기에 무한 우물이 만들어져 있다. 전자의 Fermi 레벨은 0 eV로 가정하고, 각 방향으로의 유효 질량은 z 방향으로는 m_{zz}가 m_0의 0.91 배이며 $m_{xx} = m_{yy} = 0.19m_0$라고 가정하자. 이 무한 우물 안에 존재하는 전자의 수를 구해보자. 또한 식 (3.2.6)을 계산할 때 사용하는 합의 위끝인 ($l_{\max}$, $m_{\max}$, $n_{\max}$)를 바꾸어가며 결과값이 얼마나 바뀌는지 살펴보자.

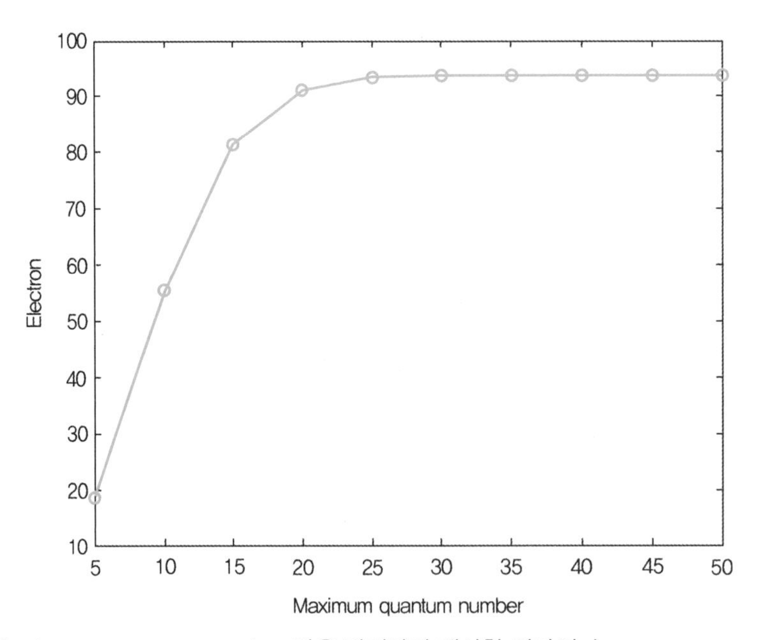

그림 3.2.2 Maximum quantum number 값을 바꿔가며 계산한 전자의 수

다음의 실습은 Fermi 레벨이 0 eV가 아닐 경우를 다룬다. Fermi 레벨인 E_F가 0 eV이 아닐 때에도 그 식은 전과 매우 유사하다.

$$f_{FD}(E, E_F) = \frac{1}{1 + \exp\left(\frac{E - E_F}{k_B T}\right)} \tag{3.2.7}$$

즉, 이전의 E 대신 $E - E_F$가 인수로 들어가는 것과 같은 것이다. 그러나 E_F의 변화는 전자 농도를 크게 변화시킬 것이다. 이를 실습을 통해 확인해보자.

실습 3.2.2

실습 3.2.1에서 사용하였던 시스템을 그대로 고려하자. 다만 Fermi 레벨을 바꾸어가면서 반복적으로 전자수를 구해보자. 구해진 전자수를 Fermi 레벨의 함수로 그려보자.

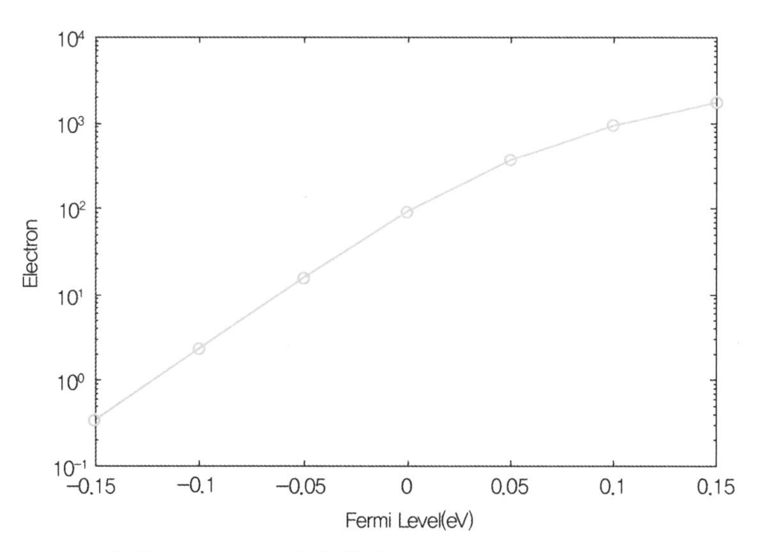

그림 3.2.3 Fermi level 값을 바꿔가며 계산한 전자의 수

3.3 서브밴드 개념

앞 절을 통해서, 3차원 무한 우물 안의 전자수를 구해낼 수가 있었다. 이 상자는 무한히 큰 포텐셜 에너지를 가진 벽으로 막혀 있으며, 전자들은 상자 밖으로 빠져나갈 수가 없다. 그렇지만 결국 계산전자공학에서 다루는 반도체 소자들은 연결된 전극을 통해서 전자가 유입되기도 하고 유출되기도 한다. 이런 측면에서 세 방향이 모두 막혀 있는 3차원 무한 우물은 실제 반도체 소자 내부의 전자들을 나타내기에는 부족함이 있다. 이 절에서는 한쪽 방향 길이만 매우 짧고 나머지 방향 길이들은 긴 특성을 고려하여 서브밴드 개념을 도입하고자 한다. 계산상으로는 많이 달라지지 않지만, 개념 측면에서는 앞으로의 전개를 위해 꼭 필요한 과정이다.

다시 한번 에너지에 대한 식인 식 (3.2.5)를 살펴보자. 다루고 있는 구조가 식 (3.2.1)과 같은 $L_z \ll L_x$ 및 $L_z \ll L_y$를 만족하고 있으므로, 세 방향의 에너지 중에서 $\frac{\hbar^2}{2m_{zz}}\frac{n^2\pi^2}{L_z^2}$ 항이 다른 두 개의 항보다 훨씬 더 클 것임을 알 수 있다. 예를 들어, $(l=1,\ m=1,\ n=1)$인 상태의 에너지에 비해서 $(l=1,\ m=1,\ n=2)$의 에너지의 증가폭이 $(l=2,\ m=1,\ n=1)$ 또는 $(l=1,\ m=2,\ n=1)$의 에너지 증가폭보다 훨씬 큰 것이다. 달리 표현해보면, 양자수 n의 변화에 따라서는 고유 에너지가 큰 폭의 변화를 보일 것이지만, 양자수 l이나 m의 변화에 의해서는 고유 에너지가 매우 부드럽게 바뀔 것이다. 실습 3.3.1은 이 개념을 좀 더 명확하게 시각적으로 이해하기 위해 만들어보았다.

실습 3.3.1

이 실습은 계산을 하는 것이 아닌 시각화를 위해 도입되었다. 양자수 n을 1에서부터 5까지 바꾸어가면서, 양자수 l이나 m의 변화에 따른 고유 에너지의 변화를 그려보자. 3차원 그래프가 효율적일 것이다. 1부터 5까지 변하는 양자수 n에 대한 다섯 개의 곡면들을 하나의 그래프에 겹쳐서 그려보자.

그림 3.3.1은 실습 3.3.1을 수행하여 얻어지는 결과이다. 독자들이 얻은 그래프와 비교해보길 바란다. 양자수 l과 m에 대해서는 고유 에너지가 마치 포물선처럼 연속적으로 바뀌는 것을 볼 수 있으며, 양자수 n의 변화는 이보다 훨씬 큰 차이를 만들게 되므로 연속적이기보

다는 따로따로 떨어져 있다고 생각하는 편이 더 적합할 것이다. 반도체 물질에서 인접한 양자수를 가지고 있는 고유 상태들이 비슷한 고유 에너지들을 가지고 있었을 때, 이들을 밴드를 이룬다고 하나로 묶었던 것을 기억해보자. 또한 conduction band와 valance band를 나누었던 것도, 두 그룹의 고유 상태들의 에너지들을 명확히 분리할 수 있었기 때문이다. 그러므로 이 그래프를 보면서, 이 각각의 곡면들을 하나의 '밴드'로 분류하고 싶어질 것이다. 그러나 이러한 묶음들이 생겨난 이유가 물질 자체에 의한 것이 아니라, 매우 얇은 구조 때문이므로, 단순히 밴드라고 지칭하는 것은 옳지 않다. 오히려 밴드 내에서 구조적인 특성 때문에 더욱 세밀하게 전자 상태가 나누어진 것으로 보는 것이 더 적합할 것이다. 이러한 이유로 이들 각각을 서브밴드(subband)라고 지칭하곤 한다.

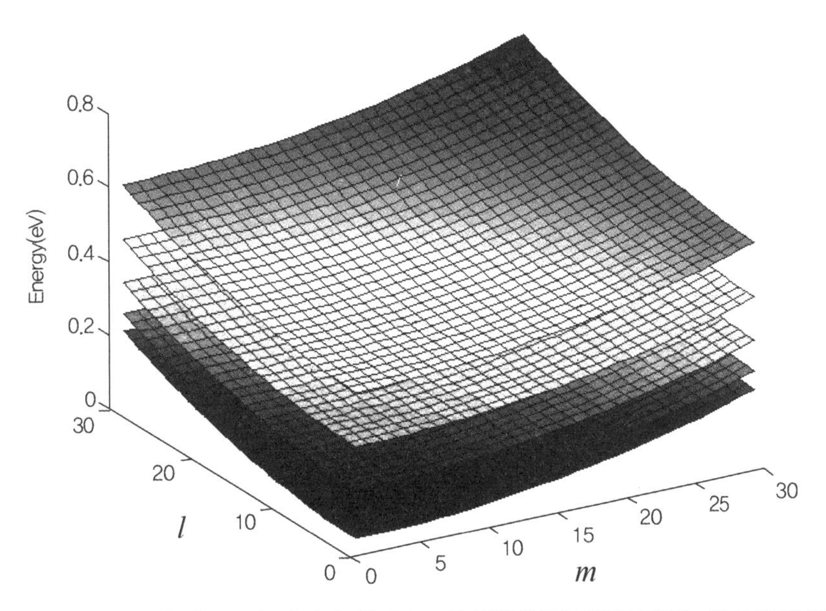

그림 3.3.1 양자수 l과 m에 따른 고유 에너지. 양자수 n이 1에서부터 5까지 바뀌는 다섯 가지 경우가 겹쳐서 그려져 있다. 이를 각각은 서브밴드로 분류된다.

지금까지 논의한 내용으로부터, 구조적으로 얇은 차원이 있게 되면 그 방향으로의 에너지가 양자화된다는 것을 이해할 수 있게 되었다. 다루고 있는 것과 같이 한쪽 방향으로 양자화가 일어나게 된다면, 전자의 이동은 이제 2차원으로만 가능하게 될 것이다. 이렇게 한쪽 방향으로 양자화되어 오직 2차원 운동만이 가능하게 된 전자들로 이루어진 모임을 2차원 전자기체(two-dimensional electron gas, 줄여서 2DEG)라고 한다. 이 2DEG은 평판형 MOSFET이나 double-gate MOSFET, nanosheet MOSFET과 같은 트랜지스터 구조에서 전자들이 존재하는 형태이다. 따라서 이에 대한 이해가 이론적인 측면만이 아니라 실질적인 측면에서도 매우 중요하게 된다.

이것을 좀 더 엄밀하게 다루기 위해서, x와 y 방향으로는 닫힌 경계 조건 대신 주기적 경계 조건을 도입해보자. 그럼 이제 전자들은 z 방향으로는 갇혀 있지만 x와 y 방향으로는 자유롭게 이동할 수 있게 될 것이다. 이에 대한 개념도가 그림 3.3.2에 나와 있다. 구조상으로는 지난 그림 3.2.1과 다를 바가 없으나, 경계 조건이 다르므로 해 또한 다른 형태를 가지게 될 것이다.

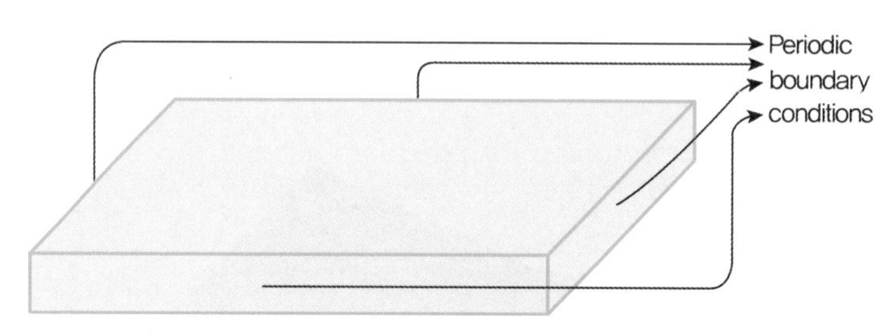

그림 3.3.2 주기적인 경계 조건이 x와 y 방향으로 적용된 경우

이제 주기적인 경계 조건을 사용하여 다시 풀어보자. 전과 동일하게 각 방향별로 분리가 가능하기 때문에, z 방향으로는 여전히 1차원 무한 우물 문제가 나오게 될 것이다. 한편, y 방향으로는

$$-\frac{\hbar^2}{2m_{yy}}\frac{\partial^2}{\partial y^2}\psi_y(y) = E_y\psi_y(y) \tag{3.3.1}$$

과 같은 식을

$$\psi_y(0) = \psi_y(L_y) \tag{3.3.2}$$

과 같은 경계 조건과 푸는 것이다. 이에 해당하는 파동 함수는 다음과 같이 주어진다.

$$\psi_y(y) = A_y \exp(ik_y y) \tag{3.3.3}$$

여기서 A_y는 비례상수이며 i는 허수단위이다. 이때, k_y는 아무 값이나 가질 수 있는 것은 아니고, 정수 m에 대해서

$$k_y = \frac{2\pi}{L_y} m \tag{3.3.4}$$

와 같은 관계를 만족하게 된다. 나중에 유용하게 쓰일 내용을 하나 소개해보자. k_y 값의 $\frac{2\pi}{L_y}$ 만큼 바뀌면, 그에 따라 새로운 y 방향 i의 양자 상태가 하나 발견될 것이다. 그러니 만약 L_y가 매우 커서 $\frac{2\pi}{L_y}$이 작은 값이 된다면 다음과 같이 바꾸어 쓰는 것이 가능할 것이다.

$$\sum_{m=-\infty}^{\infty} \quad \rightarrow \quad \frac{L_y}{2\pi} \int_{-\infty}^{\infty} dk_y \tag{3.3.5}$$

이제 이 상자에서의 전체 전자수를 구하는 문제를 다시 고려해보자. 전체 전자수를 N_{elec}이라고 하면, 주기적인 경계 조건을 사용하는 경우에

$$N_{elec} = 2 \sum_{l=-\infty}^{\infty} \sum_{m=-\infty}^{\infty} \sum_{n=1}^{\infty} f_{FD}(E_{l,\,m,\,n}) \tag{3.3.6}$$

와 같이 쓸 수 있을 것이다. 이전과 달라진 것은 경계 조건이 달라져서, 양자수 l과 m에 대한 조건이 달라졌다는 것이다. 이것을 앞에서 도입한 서브밴드 개념을 강조하는 식으로 써 본다면, 아무런 가정도 없이 다음과 같은 형태로도 쓸 수가 있다.

$$N_{elec} = 2 \sum_{n=1}^{\infty} \left(\sum_{l=-\infty}^{\infty} \sum_{m=-\infty}^{\infty} f_{FD}(E_{l,\,m,\,n}) \right) \tag{3.3.7}$$

즉, 괄호 안에 있는 것은 주어진 스핀에 대해서 양자수 n에 해당하는 서브밴드에 속한 전자수를 구한 것이 된다. 이 서브밴드별 전자수를 모든 서브밴드에 대해 더해주고, up과 down인 두 가지 스핀을 모두 고려해주면 전체 전자수를 구해낼 수 있다는 것이다. 다시 강조하자

면, 식 (3.3.6)과 식 (3.3.7)은 물론 동일한 식이지만, 식 (3.3.7)과 같이 바꾸어 정리한 것은 서브밴드별로 구분지어 계산하기 위함이다.

그럼 앞의 식 (3.3.5)를 활용하면, 주어진 서브밴드와 스핀에 해당하는 전자수는

$$\sum_{l=-\infty}^{\infty}\sum_{m=-\infty}^{\infty} f_{FD}(E_{l,m,n}) = \frac{L_x L_y}{(2\pi)^2}\int_{-\infty}^{\infty} dk_x \int_{-\infty}^{\infty} dk_y f_{FD}\left(\frac{\hbar^2 k_x^2}{2m_{xx}} + \frac{\hbar^2 k_y^2}{2m_{yy}} + E_{z,n}\right) \tag{3.3.8}$$

와 같이 변형이 가능하다. 이때의 $E_{z,n}$은 $\frac{\hbar^2}{2m_{zz}}\frac{n^2\pi^2}{L_z^2}$이다. 이 식을 실제로 수치해석적인 기법을 사용하지 않고 적분할 수 있다면 매우 편리할 것이다. 꼭 그렇지는 않더라도 이중적분을 하나의 변수에 대한 적분으로 쓸 수만 있어도 상당히 편리해질 것이다. 그러므로 어떤 특정한 조건 아래에서 적분이 간략화되는지 찾아보게 된다.

이런 특정 조건을 찾는 일은 간단한 일은 아니겠지만, $m_{xx} = m_{yy}$에 대해서는 손쉽게 가능함이 알려져 있다. 이 경우의 식을 직접 유도해보자. 이 경우의 간략화는 $m_{xx} = m_{yy}$일 때, k_x^2와 k_y^2의 계수가 같아지기 때문에 가능하다. 그럼 식 (3.3.8)의 이중적분을 극좌표로 써서 표현할 수가 있을 것이다. 이 극좌표를 $(k,\ \theta)$로 표현한다면, 극좌표와 데카르트 좌표 사이에는 다음과 같은 관계식이 성립한다.

$$k_x = k\cos\theta \tag{3.3.9}$$

$$k_y = k\sin\theta \tag{3.3.10}$$

이러한 좌표 변환을 도입하면,

$$\begin{aligned}\sum_{l=-\infty}^{\infty}\sum_{m=-\infty}^{\infty} f_{FD}(E_{l,\,m,\,n}) &= \frac{L_x L_y}{(2\pi)^2}\int_{0}^{\infty} dk \int_{0}^{2\pi} d\theta\, k f_{FD}\left(\frac{\hbar^2 k^2}{2m_{xx}} + E_{z,n}\right) \\ &= \frac{L_x L_y}{(2\pi)^2}(2\pi)\int_{0}^{\infty} dk\, k f_{FD}\left(\frac{\hbar^2 k^2}{2m_{xx}} + E_{z,n}\right)\end{aligned} \tag{3.3.11}$$

과 같이 변환이 가능하다. 이 과정에서 특별한 트릭은 없으며, 주어진 식에 따라 정리하면

된다. 마지막으로

$$E_{xy} = \frac{\hbar^2 k^2}{2m_{xx}} \tag{3.3.12}$$

라고 쓸 경우, $kdk = \frac{m_{xx}}{\hbar^2} dE_{xy}$임을 알 수가 있다. 이 정보를 활용하면, 주어진 서브밴드와 스핀에 해당하는 전자수는

$$\sum_{l=-\infty}^{\infty} \sum_{m=-\infty}^{\infty} f_{FD}(E_{l,m,n}) = \frac{L_x L_y}{(2\pi)^2}(2\pi)\int_0^{\infty} dE_{xy} \frac{m_{xx}}{\hbar^2} f_{FD}(E_{xy} + E_{z,n}) \tag{3.3.13}$$

과 같이 쓸 수가 있게 될 것이다. 결국 전자수는 Fermi-Dirac 분포를 특정 에너지 구간에 대해서 적분하는 일에 다름 아니게 될 것이다. 이 문제의 경우에는 심지어 적분이 해석적으로 수행될 수도 있어서, 매우 간략한 형태를 가지게 된다. 아래 실습들을 통해 이를 확인해보자.

실습 3.3.2

식 (3.3.13)에는 Fermi-Dirac 분포를 특정 에너지 구간에 대해서 적분하는 일이 필요하다. 이것을 Fermi-Dirac 적분이라 한다. 또한 단순히 Fermi-Dirac 분포를 적분하는 경우도 있지만 에너지의 함수를 먼저 곱한 후 적분하는 형태도 있는데, 에너지의 몇 차 항을 곱하느냐에 따라서 Fermi-Dirac 적분의 order가 결정되곤 한다. Order가 0인 현재의 경우는 해석적인 표현을 찾을 수가 있다. Order 0에 해당하는 Fermi-Dirac 적분을 사용하여 식 (3.3.13)을 더욱 간략하게 만들어보자.

중간 결과는 독자들이 직접 해볼 수 있을 것이며, 이후에 사용하기 위해서 결과만 적어보면, 하나의 서브밴드가 스핀당 기여하는 전자수는 다음과 같다.

$$\frac{L_x L_y}{(2\pi)^2}(2\pi)\frac{m_{xx}}{\hbar^2} k_B T \ \ln\left(1 + \exp\left(-\frac{E_{z,n}}{k_B T}\right)\right) \tag{3.3.14}$$

앞의 L_xL_y로부터 식 (3.3.14)의 결과값이 단위 면적당 전자수가 아닌, 주어진 면적 L_xL_y을 가진 상자에 대한 차원 없는 숫자임을 알 수 있다.

실습 3.3.3

앞의 실습 3.3.3을 통해 이제 $E_{z,\,n}$만 알게 되면 주어진 서브밴드에 있는 전자수를 구할 수 있게 되었다. 지금까지 실습에서 고려해오고 있는 얇은 상자에 대해서 스핀당 서브밴드 전자수를 구해서 그래프로 그려보자.

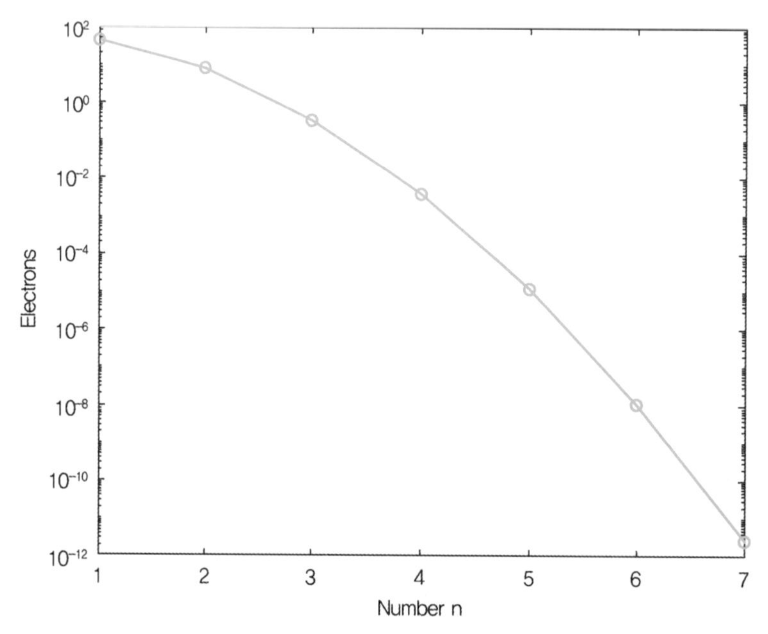

그림 3.3.3 실습 3.3.3의 결과. 각 서브밴드별 전자의 수

위의 유도 과정을 통하여, $m_{xx}=m_{yy}$인 경우에는 서브밴드별 전자수가 해석적인 표현을 가질 수 있어서 아주 간단해짐을 알게 되었다. 예를 들어, 실리콘 conduction band에 존재하는 밸리(valley)들 중에는 유효 질량이 $m_{xx}=m_{yy}=0.19m_0$ 및 $m_{zz}=0.91m_0$인 경우가 있다. 이 경우가 지금까지 고려해온 경우이다. 그런데 실리콘 conduction band의 밸리들 중에는 $m_{zz}=0.19m_0$이면서 m_{xx}나 m_{yy} 중의 하나가 무거운 경우도 존재한다. 즉, 세 가지 방향을 따른 유효 질량들 중에서 하나가 무겁고 나머지 둘은 가벼운데, 무거운 방향이 꼭 z 방향이라는 보장은 없는 것이다. 이런 경우에는 이번 절에서 배운 내용들이 적용이 불가능할 것이

다. 다음 절에서는 이 문제를 해결해본다.

3.4 비등방적인 유효 질량

지난 절에서는 2DEG와 서브밴드에 대한 개념을 다루었다. 서브밴드 전자수를 구하는 적분인 식 (3.3.8)을 얻었는데, $m_{xx}=m_{yy}$인 등방적(isotropic)인 경우에는 매우 간단하게 최종식이 얻어짐을 알 수 있었다. 이제 $m_{xx}\neq m_{yy}$으로 비등방적(anisotropic)인 경우에 대해서도 확장해본다.

기본 아이디어는 등방적인 경우의 성공적인 변환을 따라하는 것이다. 먼저 이중적분을 데카르트 좌표 대신 극좌표에서 쓴 것이 왜 성공적이었는지 살펴본다. 그럼 식 (3.3.11)에서 나타난 것과 같이, 피적분항에 θ에 대한 의존성이 없었기 때문에 가능했던 것이다. 이러한 관찰로부터, 심지어 비등방적인 유효 질량이 있을 경우라도, 변수 변환은 변환된 변수 하나만으로 에너지를 표현할 수 있어야 한다는 결론을 얻게 된다.

이런 작업을 할 수 있도록 k_x와 k_y를 적절하게 스케일링해준다. 다음과 같은 스케일링이 특히 유리할 것이다.

$$\tilde{k}_x=\sqrt{\frac{m_d}{m_{xx}}}\,k_x \tag{3.4.1}$$

$$\tilde{k}_y=\sqrt{\frac{m_d}{m_{yy}}}\,k_y \tag{3.4.2}$$

여기서 m_d는 어떤 질량일텐데, 아직은 그에 대한 구체적인 정보는 없다. 일단 임의의 양의 값이라고 생각해보자. 이렇게 스케일링된 변수를 도입해주면, 에너지가 다음과 같이 표현이 가능할 것이다.

$$\frac{\hbar^2k_x^2}{2m_{xx}}+\frac{\hbar^2k_y^2}{2m_{yy}}=\frac{\hbar^2\tilde{k}_x^2}{2m_d}+\frac{\hbar^2\tilde{k}_y^2}{2m_d}=\frac{\hbar^2\tilde{k}^2}{2m_d} \tag{3.4.3}$$

물론 이런 스케일링은 미소 길이들에 대해서도 동일하게 적용이 되어야 할 것이다.

$$dk_x = \sqrt{\frac{m_{xx}}{m_d}}\, d\tilde{k}_x \tag{3.4.4}$$

$$dk_y = \sqrt{\frac{m_{yy}}{m_d}}\, d\tilde{k}_y \tag{3.4.5}$$

이러한 식들을 식 (3.3.8)에 대입하고 이후의 과정을 지난 절과 같이 진행하면, 다음과 같은 식 (3.3.11)과 유사한 결과가 얻어짐을 쉽게 보일 수 있다.

$$\sum_{l=\ \infty}^{\infty} \sum_{m=\ \infty}^{\infty} f_{FD}(E_{l,\,m,\,n}) = \frac{L_x L_y}{(2\pi)^2}(2\pi)\frac{\sqrt{m_{xx}m_{yy}}}{m_d}\int_0^{\infty} d\tilde{k}\,\tilde{k}\, f_{FD}\left(\frac{\hbar^2 k'^2}{2m_d} + E_{z,n}\right) \tag{3.4.6}$$

앞에서 m_d에 대한 특별한 조건이 주어지지 않아서 임의의 값이라고 생각해주었는데,

$$m_d = \sqrt{m_{xx}m_{yy}} \tag{3.4.7}$$

과 같은 조건을 넣어준다면, 이런 조건 아래에서는 (스핀당) 서브밴드 전자수가

$$\sum_{l=-\infty}^{\infty} \sum_{m=-\infty}^{\infty} f_{FD}(E_{l,\,m,\,n}) = \frac{L_x L_y}{(2\pi)^2}(2\pi)\int_0^{\infty} d\tilde{k}\tilde{k}\, f_{FD}\left(\frac{\hbar^2 \tilde{k}^2}{2m_d} + E_{z,n}\right) \tag{3.4.8}$$

로 간단하게 될 것이다. 이렇게 얻어진 식 (3.4.8)은 그 형태상으로 식 (3.3.11)과 같아지고, 오직 등방적인 유효 질량이었던 m_{xx}가 $\sqrt{m_{xx}m_{yy}}$에 해당하는 m_d로 바뀌었다는 것만 달라진다. 그러므로 식 (3.3.13)에 해당하는 식 역시

$$\sum_{l=-\infty}^{\infty} \sum_{m=-\infty}^{\infty} f_{FD}(E_{l,\,m,\,n}) = \frac{L_x L_y}{(2\pi)^2}(2\pi)\int_0^{\infty} dE_{xy}\frac{m_d}{\hbar^2}\, f_{FD}(E_{xy} + E_{z,\,n}) \tag{3.4.9}$$

로 주어질 것이다. 물론 에너지에 대한 적분도 해석적인 결과를 줄 수 있을 것이다.

실습 3.4.1

이 절에서 배운 식 (3.4.9)를 통해서 이제는 비등방적인 유효 질량을 가진 밸리에 대해서도 어려움 없이 서브밴드 전자수를 구할 수 있게 되었다. $m_{zz} = 0.19m_0$이고 $m_{xx} = 0.91m_0$, $m_{yy} = 0.19m_0$인 밸리를 고려하여서, 실습 3.3.3에서 했던 것과 동일한 작업을 해보도록 하자. 실습 3.3.3에서 다루었던 밸리의 서브밴드 전자수와 비교해보면, 어느 밸리가 더 많은 전자를 가지고 있는가?

이제 실리콘 conduction band의 밸리들에 대해서 정리해보자. 실리콘 conduction band에는 실습 3.3.3에서 다룬 것처럼 m_{zz}가 무거운 밸리가 2개, 또 대신 m_{xx}가 무거운 밸리가 2개, 아니면 m_{yy}가 무거운 밸리가 2개, 이렇게 총 여섯 개의 밸리가 존재한다. 그러므로 실제 실리콘 conduction band를 다루고자 한다면, 이 세 가지 종류의 밸리 각각에 대해서 전자수를 구한 후, 같은 종류의 밸리가 두 개씩 있음을 마저 고려해주어야 한다.

실습 3.4.2

바로 앞의 본문에 나온 정보를 이용하여, 이제 실리콘 conduction band를 점유하고 있는 전자수를 구해보자. 모든 여섯 개의 밸리들을 다 고려하고 두 가지 스핀을 모두 고려하는 것이다. Fermi 레벨을 바꾸어가며 이 계산을 반복해보자.

마지막으로, 얻어진 전자수의 단위가 별도의 단위가 없는 '몇 개'에 해당함을 다시 한번 기억하자. 다만 이 상자가 얇고 넓은 상자이므로, xy 평면 입장에서 단위 면적당 몇 개의 전자가 있는지는 궁금할 수 있을 것이다. 이 값은 얻어진 전자수를 xy 평면에서의 넓이(우리 예제에서는 100 nm 곱하기 100 nm)로 나눠주면 단위 면적당 몇 개의 전자(전자의 면밀도)가 있는지 알 수 있을 것이다. 흔히 계산전자공학에서는 cm^2당 전자수로 면밀도를 표기하곤 한다. 단순한 단위 변환일 뿐이지만, 널리 사용되는 통상적인 단위와 그에 따라 어느 정도의 전자 면밀도가 흔히 등장하는지는 알아두기를 권한다.

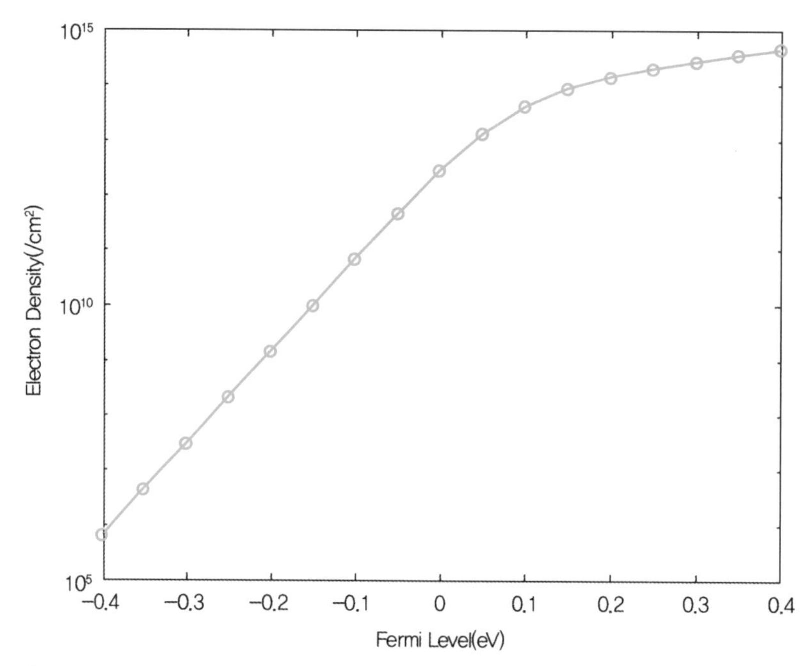

그림 3.4.1 Fermi level을 바꿔가며 계산한 전자 농도

3.5 전자 농도의 계산

지금까지 우리는 상자가 주어질 때 이 상자에서 전자가 얼마나 있을지에 대해서 다루어보았다. 그래서 상자의 크기가 주어지고, 그 안의 전자의 유효 질량이 주어질 때, 정해진 Fermi 레벨로부터 몇 개의 전자가 그 상자 안에 있을 것인지 구할 수 있게 되었다. 하지만 이것은 상자 안에 전자가 몇 개가 있는 것을 말하는 것이지, 어느 특정한 위치에서 전자가 어떤 농도를 가지고 발견되는지를 뜻하는 것은 아니다.

왜 이런 전자 농도의 공간적인 변화를 알아야 하는지 궁금하다면, 관찰하는 점의 z 좌표를 0이나 L_z 가까이 가지고 간다고 생각해보자. 이 점들에서는 경계 조건 때문에 전자를 발견하기가 쉽지 않을 것이다. 반면 z 좌표가 가운데인 $\frac{L_z}{2}$ 근처라면 전자를 발견하기가 훨씬 쉬울 것이다. 따라서 단순히 전체 숫자만이 아니라, (x, y, z)로 나타나는 각 지점에서의 전자 농도에 관심을 가지게 된다.

파동 함수가 $\psi_{k_x, k_y, n}(x, y, z)$의 형태로 나타나는 경우에, 이 파동 함수에 의한 전자 농도

는 $|\psi_{k_x, k_y, n}(x, y, z)|^2$이 된다. 또한 파동 함수가

$$\psi_{k_x, k_y, n} = A_{k_x, k_y, n}\exp(+ik_x x)\exp(+ik_y y)\psi_{z, n}(z) \quad (3.5.1)$$

와 같은 형태로 주어진다는 것을 알고 있다. 앞의 계수인 $A_{k_x, k_y, n}$는 아직 조건이 다루어지지 않았지만, 물리적으로 의미있는 조건이 필요할 것이다. 아무튼 식 (3.5.1)의 형태를 활용해보면,

$$|\psi_{k_x, k_y, n}(x, y, z)|^2 = |A_{k_x, k_y, n}|^2|\psi_{z, n}(z)|^2 \quad (3.5.2)$$

과 같은 결과를 얻는다. 왜냐면 exponential 함수들의 절댓값이 1이기 때문이다.

전자가 한 개 있는 경우를 파동 함수가 나타내어야 하므로, 파동 함수의 절댓값의 제곱을 상자 전체에 대해서 적분을 해주면 1이 되기를 원한다. 식 (3.5.2)의 우변에는 x나 y에 대한 의존성이 없기 때문에, 공간 적분은 실제로는 z에 대한 적분만 남게 된다.

$$L_x L_y |A_{k_x, k_y, n}|^2 \int_0^{L_z} dz |\psi_{z, n}(z)|^2 = 1 \quad (3.5.3)$$

만약 $\psi_{z, n}(z)$이 1차원 구조처럼 스케일링이 되어 있다면

$$\int_0^{L_z} dz |\psi_{z, n}(z)|^2 = 1 \quad (3.5.4)$$

자연스럽게 다음의 관계가 얻어진다.

$$|A_{k_x, k_y, n}|^2 = \frac{1}{L_x L_y} \quad (3.5.5)$$

결국 각각의 파동 함수는 다음과 같은 전자 농도에 해당하게 된다.

$$\left|\psi_{k_x, k_y, n}(x, y, z)\right|^2 = \frac{1}{L_x L_y}\left|\psi_{z, n}(z)\right|^2 \tag{3.5.6}$$

여기까지는 어느 정도 일반적인 이야기였는데, 이 단락에서는 $\psi_{z, n}(z)$가 1차원 무한 우물의 해로 주어지는 경우를 다루어보자. 식 (3.5.4)의 스케일링을 생각해줄 때, 주어진 양자수 n에 대해서 파동 함수는

$$\psi_{z, n}(z) = \sqrt{\frac{2}{L_z}} \sin\left(\frac{n\pi}{L_z} z\right) \tag{3.5.7}$$

와 같다. 따라서 완전히 점유되어 있을 때, 양자수 n에 해당하는 서브밴드는 (스핀당) 다음과 같은 전자 농도를 만들어준다.

$$\frac{2}{L_x L_y L_z} \sin^2\left(\frac{n\pi}{L_z} z\right) \tag{3.5.8}$$

여기서 숫자 2는 스핀 degeneracy는 아님을 유의하자. 양자수 n이 낮은 경우에는 구조의 가운데에서 전자 농도가 느리게 변화할 것이며, 반면 높은 n에 대해서는 전자 농도가 급하게 바뀔 것을 이해할 수 있다. 완전히 점유되지 않았을 때에는 분포 함수가 고려되어야 할 것이다. 물론 전체 전자 농도는 각 서브밴드의 기여분들을 더해주어서 얻어질 것이다.

이제 전자 농도를 구하는 일까지 모두 할 수 있게 되었다. 다음의 예제를 통해 실제로 코드로 구현해보자.

실습 3.5.1

여전히 3차원 상자를 생각하고 이 상자의 크기는 전의 실습들과 같다. 이때 conduction band의 밸리들 중에서, z 방향 유효 질량이 무거운 밸리 하나를 생각해보자. 이 밸리에 의한 전자 농도를 cm^{-3}의 단위로 표현하여 z의 함수로 그려보자.

앞의 실습을 수행한 결과가 그림 3.5.1에 나타나 있다. 파동 함수에 적용된 경계 조건에 의해서 양쪽 끝의 계면에서는 전자 농도가 0으로 주어진다. 가장 낮은 서브밴드의 영향이 크다는 것을 계산된 전자 농도의 개형으로부터 쉽게 이해할 수 있다. 물론 Fermi 레벨이 변화하여 더 많은 서브밴드들이 점유되게 된다면, 이 개형은 변화할 것이다. 이를 확인하는 것은 독자들이 직접 해보기를 권한다.

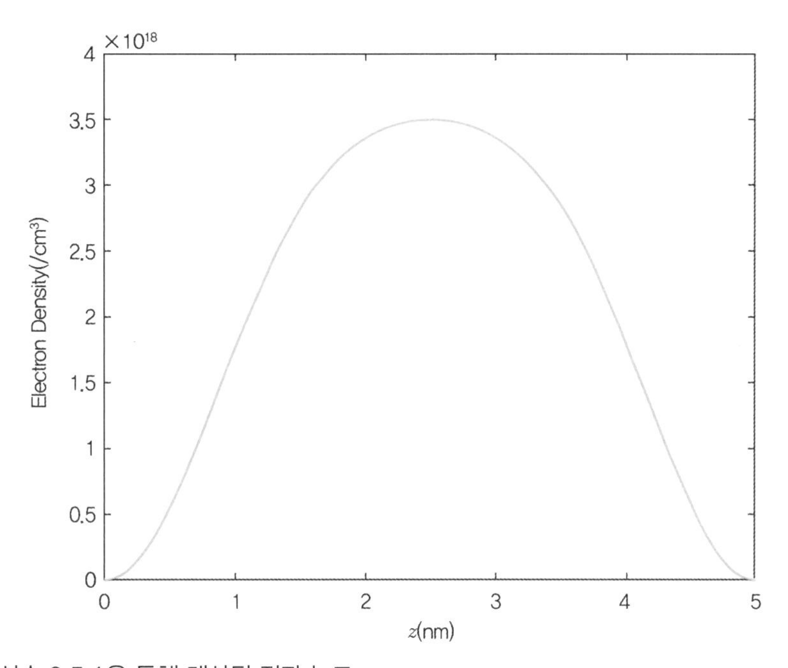

그림 3.5.1 실습 3.5.1을 통해 계산된 전자 농도

앞의 실습은 conduction band의 밸리들 중에서, z 방향 유효 질량이 무거운 밸리 하나를 생각해보았다. 실리콘 안에는 z 방향 유효 질량이 무거운 밸리가 하나가 아니라 한 쌍이 존재하므로, 실제로 이 밸리의 기여분은 2배가 되어야 한다. 이것은 그림 3.5.1에는 고려되어 있지 않다. 전자의 스핀도 up과 down을 가질 수 있으므로, 이를 고려하여 밸리당 전자 수에는 2가 곱해져야 한다. 또한 x 방향 또는 y 방향의 질량이 무거운 밸리들도 각각 한 쌍씩 존재한다. 이것들을 모두 고려하여 1차원 무한 우물의 문제의 전자 농도도 구해보자.

실습 3.5.2

실습 3.5.1에서는 밸리 하나만을 고려하였는데, 실리콘 conduction band에 있는 여섯 개의 밸리들(각 방향으로 무거운 유효 질량을 가진 밸리가 한 쌍씩)을 모두 고려하여 전자 농도를 cm^{-3}의 단위로 표현하여 z의 함수로 그려보자.

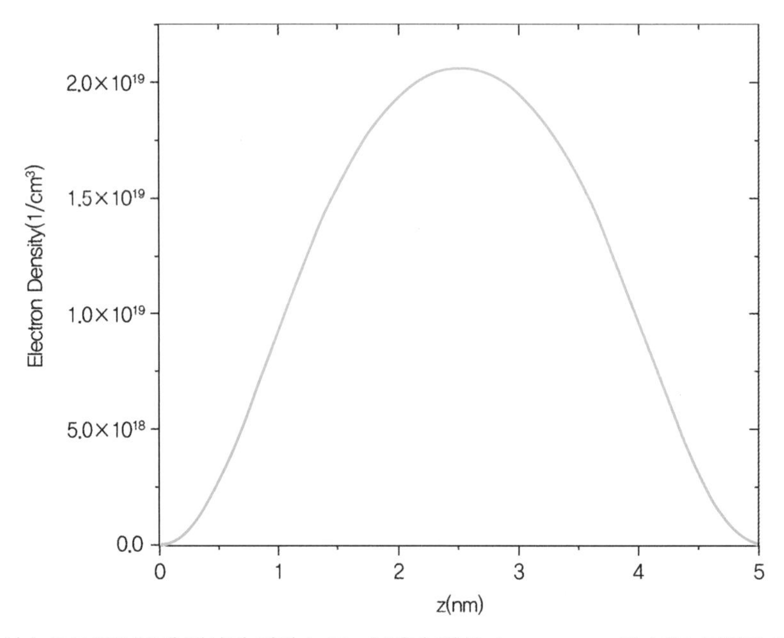

그림 3.5.2 실습 3.5.2를 통해 계산된 전자 농도. 스핀과 밸리 degeneracy를 모두 고려한 결과

3.6 슈뢰딩거-포아송 방정식

이제부터 우리는 슈뢰딩거-포아송(Schrödinger-Poisson) solver라고 불리는 유형의 코드를 작성하게 될 것이다. 이를 위하여 차근차근 단계를 밟아나가서 많은 어려움 없이 슈뢰딩거-포아송 solver를 개발할 수 있게 될 것이다.

지금까지 개념을 배우는 데 사용한 무한 우물 문제에서는 포텐셜 에너지는 0 eV로 설정하였다. 물론 실제 상황에서는 포텐셜 에너지는 포아송 방정식으로부터 구해질 것이다. 전에 학습한 것처럼 electrostatic potential $\phi(z)$은 포아송 방정식으로 얻어지는데, 이 물리량과 conduction band의 양자화 효과가 없을 경우의 바닥 에너지에 해당하는 포텐셜 에너지는 다음과 같은 관계가 있다.

$$V(z) = -q\phi(z) + (E_C - E_i) \tag{3.6.1}$$

이전에 본 것처럼 $-q\phi(z)$는 실리콘의 진성 Fermi 레벨에 해당한다. $E_C - E_i$는 conduction band의 바닥 에너지와 진성 Fermi 레벨의 차이에 해당하며, 실리콘이라는 물질이 정해지면 이 값도 정해지곤 한다. 대략 0.56 eV인 값이다.

이런 식으로 $V(z)$이 0 eV이지 않은 값을 가진다면, 슈뢰딩거 방정식은 달라질 것이다. 이렇게 수정된 슈뢰딩거 방정식은 다음과 같은 식으로 주어질 것이다.

$$-\frac{\hbar^2}{2m_{zz}}\frac{d^2}{dz^2}\psi_{z,n}(z) + V(z)\psi_{z,n}(z) = E_{z,n}\psi_{z,n}(z) \tag{3.6.2}$$

전과 같이 간단한 조작만으로 아래와 같이 변형이 된다.

$$\frac{d^2}{dz^2}\psi_{z,n}(z) - \frac{2m_{zz}}{\hbar^2}V(z)\psi_{z,n}(z) = -\frac{2m_{zz}}{\hbar^2}E_{z,n}\psi_{z,n}(z) \tag{3.6.3}$$

일정한 간격 Δz를 가지고 이산화를 하고 나면 $z = z_i$에서의 슈뢰딩거 방정식은 다음과 같이 된다.

$$\psi_{z,n,i+1} - 2\psi_{z,n,i} + \psi_{z,n,i-1} - \frac{2m_{zz}}{\hbar^2}V(z_i)(\Delta z)^2\psi_{z,n,i} = -\frac{2m_{zz}}{\hbar^2}E_{z,n}(\Delta z)^2\psi_{z,n,i} \tag{3.6.4}$$

이 방정식의 좌변을 Ax의 꼴로 써보자. 그렇다면 A 행렬에서 i번째 행과 관련이 될 것이다. 좌변의 처음 세 항은 물론 Laplacian 연산자를 나타낸 것이다. 이 항들은 $(i, i+1)$, (i, i) 그리고 $(i, i-1)$에 배치될 것이다. 추가되는 항은 좌변의 네 번째 항인 $-\frac{2m_{zz}}{\hbar^2}V(z_i)(\Delta z)^2\psi_{z,n,i}$이다. 이 항은 결국 슈뢰딩거 방정식을 이산화된 행렬에서 대각인 (i, i) 성분에 해당하게 될 것이다.

먼저 $V(z)$에 대한 초기해를 구해보자. 전자 농도를 준고전적인 표현인 식 (2.9.5)로 쓴다면 이것은 정확한 해가 될 것이다. 그러나 슈뢰딩거-포아송 방정식에서는 전자 농도를 3.5절에서 배운 것과 같이 슈뢰딩거 방정식의 해로부터 구하기 때문에, 기존의 준고전적인 표현으로 구한 전자 농도나 electrostatic potential이 올바른 것이 되지 않을 것이다. 그러나 게이트 전압이 낮아서 실제로 전자 농도가 그다지 높지 않은 경우에는, 충분히 좋은 초기해를 제공할 것이라고 생각할 수 있다.

실습 3.6.1

이번 실습은 단순히 복습이다. 0.5 nm의 산화막 두께를 가지고 있고 5 nm의 실리콘 두께를 가진 double-gate MOS 구조를 고려하자. 전의 실습 2.11.1을 생각하면 된다. 게이트 전압은 0 V로 생각하고, 나머지 모든 조건 역시 전과 실습 2.11.1과 동일하다. 구한 $\phi(z)$로부터 $V(z)$를 구해보자.

이렇게 $V(z)$에 대한 초기해를 구하고 난 후, 슈뢰딩거 방정식을 풀어 서브밴드 구조를 구한다. 이 작업은 3.5절의 내용을 식 (3.6.4)처럼 약간만 수정하면 가능하다. 그 후에 전자 농도를 3.5절처럼 구하면, 이렇게 얻어진 전자 농도는 서브밴드 구조를 반영하게 될 것이다. 물론 아직 이 전자 농도와 Poisson 방정식 사이의 self-consistency는 얻어지지 않았으며, 이는 다음 절에서 다루도록 하자. 이번 절에서는 각각의 단계에 대한 실습들을 수행해본다.

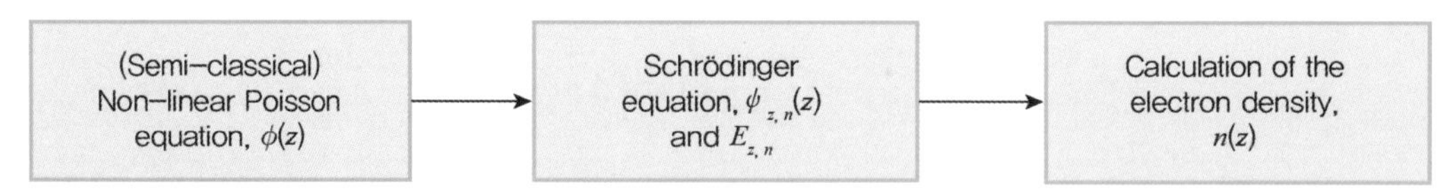

그림 3.6.1 슈뢰딩거-포아송 solver의 시뮬레이션 흐름의 일부분. 2.11절과 같은 방식으로 준고전적인 해를 구한 후, 슈뢰딩거 방정식을 풀어 서브밴드 구조를 구하고, 그로부터 전자 농도를 계산한다. 아직 self-consistent한 시뮬레이션은 얻어지지 않았다.

슈뢰딩거 방정식을 풀어서 서브밴드 에너지를 구하는 것까지 다음 실습을 통하여 직접 해보도록 하자. 세 개의 밸리쌍에 대해서 모두 고려해보자. 사용하는 수학 라이브러리에 따라서 얻어지는 서브밴드 에너지가 정렬이 안 되어 있는 경우가 있을 수 있다. 이 점에 유의하면서 낮은 것부터 서브밴드 에너지를 구해보자.

실습 3.6.2

실습 3.6.1에서 구한 $V(z)$를 기반으로 서브밴드들을 구하자. 실리콘 conduction band의 세 개의 밸리쌍들을 모두 고려하자. 이것은 하나의 코드에 m_{xx}, m_{yy} 그리고 m_{zz}를 각각의 경우마다 다르게 적어주는 것만으로 가능할 것이다. 각각의 밸리에 대해서 서브밴드 에너지를 오름차순으로 정렬한 후, 처음 10개의 값을 적어보자.

표 3.6.1 실습 3.6.2의 결과. 각각의 서브밴드 에너지를 eV 단위로 나타냄

Mass(kg)	1	2	3	4	5	6	7	8	9
$m_{zz}=0.91m_0$ $m_{xx}=0.19m_0$ $m_{yy}=0.19m_0$	0.2528	0.3016	0.3838	0.4985	0.6452	0.8234	1.0324	1.2722	1.5390

슈뢰딩거 방정식을 풀면 서브밴드 에너지만이 아니라 파동 함수도 얻어지게 되는데, 이 파동 함수는 $n(z)$를 구하는 데 필수적이다. 서브밴드 에너지의 순서가 오름차순 정렬을 통해서 바뀌었다면, 물론 고유 함수인 파동 함수도 따라서 순서가 바뀌어야 한다. 이때 슈뢰딩거 방정식을 얻어서 구해진 파동 함수가 식 (3.5.4)와 같이 정규화되어야 함을 잊지 말자. 식 (3.5.4)를 이산화한 형태로 쓰면 다음과 같다.

$$\sum_i \Delta z \left|\psi_{z,\,n,\,i}\right|^2 = 1 \tag{3.6.5}$$

여기서 $\psi_{z,\,n,\,i}$는 $\psi_{z,\,n}(z)$의 $z=z_i$에서의 값을 나타낸다. 식 (3.6.5)의 좌변을 수학 라이브러리에서 구해진 그대로 계산해보면 1이 아닐 것이므로, 적절한 수를 곱해주어 식 (3.6.5)를 만족하도록 스케일링을 하는 것이다. $+/-$ 부호 자체는 중요하지 않을 것이다.

전자 농도는 부피당 숫자로 주어지게 되는데, n번째 서브밴드에 의한 전자수가 $N_{elec,\,n}$으로 표기된다면, 3.5절 논의와 같이 다음과 같은 기여분을 가지게 될 것이다.

$$n(z) = \frac{1}{L_x L_y} |\psi_{z,\, n}(z)|^2 N_{elec,\, n} \tag{3.6.6}$$

물론 스핀이나 밸리에 따라 추가적으로 곱해지는 계수들은 별도로 고려해주어야 한다. 또한 이것이 하나의 서브밴드에 의한 값이므로, 전체 전자 농도는 모든 서브밴드에 의한 기여분을 더해주어 얻어진다.

실습 3.6.3

바로 앞의 본문에서 나온 유의 사항을 생각하면서, 전자 농도 $n(z)$를 구해보자. 이 $n(z)$는 실리콘 conduction band의 여섯 개의 밸리와 두 방향 스핀을 모두 고려한 값이다.

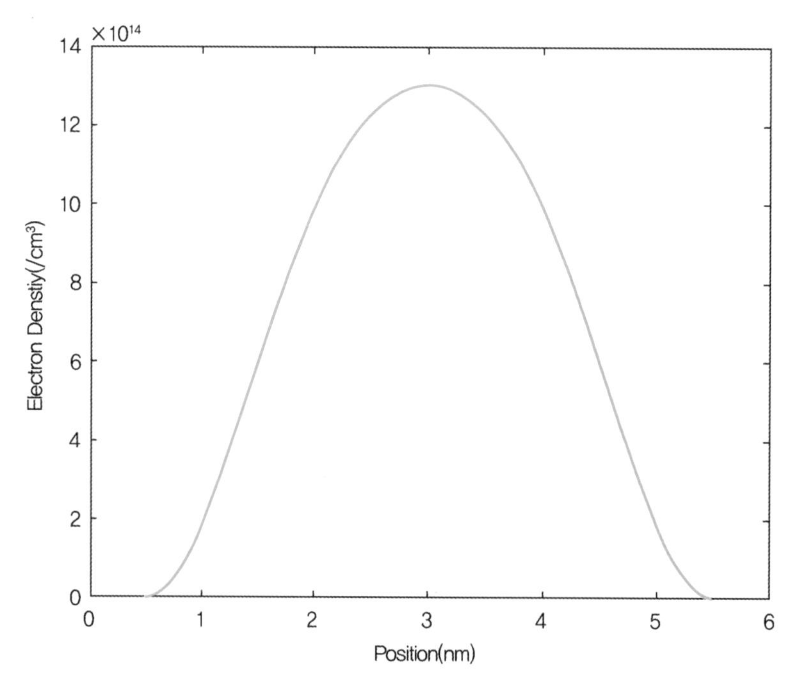

그림 3.6.2 실습 3.6.3에서 얻어진 전자 농도. 스핀과 밸리 degeneracy를 모두 고려한 결과

3.7 Self-consistent 슈뢰딩거-포아송 방정식

제3장의 마지막 절인 이번 절에서는 슈뢰딩거-포아송 방정식의 self-consistent 해를 구한다. 그림 3.6.1의 시뮬레이션 흐름도를 살펴보자. 이 흐름도에 따라 구해지는 전자 농도는, 처음 시작할 때 가정한 전자 농도와 같지 않을 것이다. 왜냐면 시작할 때에는 준고전적인 전자 농도를 가정하였으나 결과적으로 구한 전자 농도는 서브밴드 구조를 고려하고 있기 때문이다. 따라서 모순이 있다. 이 모순은 그림 3.7.1과 같은 흐름도를 도입하여서 제거할 수가 있다. 얻어진 전자 농도를 가지고 다시 Poisson 방정식을 풀고, 얻어진 $\phi(z)$로부터 $V(z)$를 구한다. 그럼 이 $V(z)$로부터 다시 서브밴드 구조를 구하여 전자 농도를 계산하는 것이다. 이 과정을 반복하여서, 그림 3.7.1의 닫힌 루프를 반복하여 돌 때마다, 전자 농도나 electrostatic potential의 변화가 점점 작아질 것이라고 희망하는 것이다.

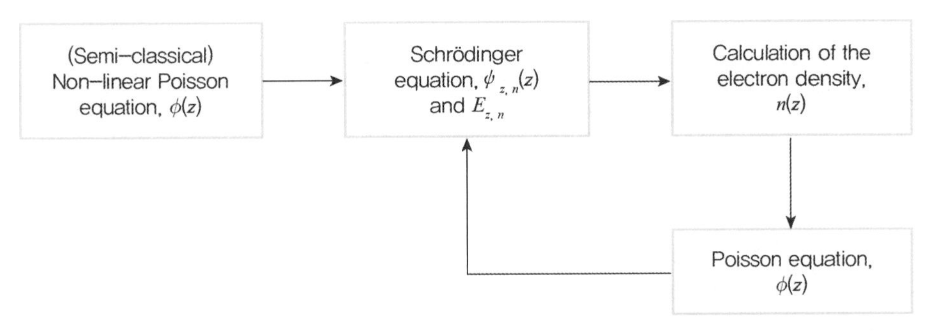

그림 3.7.1 Self-consistent 슈뢰딩거-포아송 solver의 시뮬레이션 흐름도. 그림 3.6.1과 같은 방식으로 구해진 전자 농도를 바탕으로 Poisson 방정식을 풀어준다. 이와 같은 과정(서브밴드 계산, 전자 농도 계산, potential 계산)이 반복적으로 수행된다.

실제 구현할 때의 유의 사항을 살펴보자. 비선형 Poisson 방정식을 풀 때에는 식 (2.10.17)에서 보듯이 Jacobian 행렬이 전자 농도의 electrostatic potential에 대한 미분항을 포함하게 된다. 준고전적인 식을 풀 때에는 식 (2.11.5)처럼 Jacobian 행렬의 대각 성분에만 존재하게 되어서 간단하다. 하지만 전하 농도를 슈뢰딩거 방정식으로 구할 때에는 까다로운 면이 있다. 어느 한 점에서의 electrostatic potential의 변화는 슈뢰딩거 방정식을 통해서 다른 모든 점의 전하 농도를 바꿀 수 있기 때문이다. 따라서 원칙적으로 전하 농도의 electrostatic potential에 대한 미분은 Jacobian 행렬 전체에 존재하게 된다. 하지만 흔히 대각 행렬로 근사하여 문제를 푸는 경우가 대부분이다. 가장 마지막에 다룬 Poisson 방정식을 생각해보자. 실리콘 영역에서는 식

(2.11.1)과 같은 형태로 주어질 텐데, 이 식은 이미 전자 농도가 $n_{\text{int}}\exp\left(\frac{\phi}{V_T}\right)$의 꼴을 가지고 있음을 가정하고 있다. 그러나 이 조건은 슈뢰딩거－포아송 방정식에서는 성립할 수가 없다. 가장 명확히 모순이 드러나는 것은 실리콘－산화막 경계면이다. 이 지점에서는 ϕ의 값에 상관없이, 파동 함수의 경계 조건에 의해 전자 농도는 0으로 주어진다. 그러므로 식 (2.11.1)과 같이 준고전적인 전자 농도를 가정한 Poisson 방정식이 사용되어서는 안 된다. 이렇게 되면 서브밴드 구조를 고려하여 구한 전자 농도가 무시되어버린다. 이 경우에는 서브밴드 구조로부터 구한 전자 농도의 정보를 유지하면서 Poisson 방정식을 고려해주는 것이 좋다.

한 가지 방법은 서브밴드 구조로 얻어진 전자 농도가 electrostatic potential의 변화에 반응하지 않는 주어진 값이라고 가정하는 것이다. 이렇게 되면, 문제는 마치 2.7절과 같이 변형된다. 이 경우에는 비선형성은 없고, 단지 한 번 행렬방정식 해를 구하게 된다. 이 방법은 간단하지만, 게이트 전압이 높아지는 경우에는 수렴성이 급격히 나빠지는 단점이 있다.

또 다른 방법은, electrostatic potential의 변화가 없다면 전자 농도도 서브밴드 구조로부터 구해진 값을 유지하되, electrostatic potential의 변화에 따른 전자 농도의 변화는 여전히 exponential 형태를 따른다고 보는 것이 있다. $z = z_i$에서 서브밴드 구조로부터 얻어진 전자 농도가 n_i^{sch}로 주어진다고 하면, 이 방법에 따르면, Poisson 방정식에는 다음과 같은 $z = z_i$에서의 전자 농도가 사용되는 것이다.

$$n_i = n_i^{sch}\exp\left(\frac{\delta\phi_i}{V_T}\right) \tag{3.7.1}$$

이 방법은 2.11절의 nonlinear Poisson 방정식을 약간만 수정하면 바로 구현이 가능할 것이다.

물론 이 방법도 완전한 방법은 아니다. 실제로 전자 농도는 3.6절에 나온 과정을 통해 구해지고 있기 때문에, electrostatic potential이 변화하였을 때 전자 농도의 변화는 엄밀하게는, electrostatic potential의 변화에 의한 서브밴드 에너지의 변화와 서브밴드 파동 함수의 변화를 고려하여야 한다. 한 점에서의 electrostatic potential의 변화는 그 점뿐만이 아니라, 모든 점들에서의 전자 농도를 바꿀 수도 있다. 바로 서브밴드 에너지는 모든 점에 영향을 미치며, 파동 함수도 모든 점이 한꺼번에 영향을 받기 때문이다. 이러한 이유로, 슈뢰딩거－포아송 방정식의 self-consistent 해를 구하는 과정은, 2.11절에서 다룬 nonlinear Poisson 방정식에 비하여 훨씬 수렴성이 나쁘게 된다. 물론 해결 방법은 전자 농도의 electrostatic potential에 대한 의존성을 모두 정확하게 고려해주는 것이지만, 이 책에서는 그것까지 시도하지는 않기로 한다.

제3장의 마지막 실습을 통해 self-consistent 슈뢰딩거-포아송 solver를 완성해보도록 하자. 이를 통해, double-gate MOS의 서브밴드 구조까지 파악할 수 있게 되었다. 이것은 앞으로 제4장과 제5장의 논의를 진행하는 데 매우 중요하게 활용될 것이다.

실습 3.7.1

식 (3.7.1)의 근사적인 식을 Poisson 방정식에 적용하여서 self-consistent 슈뢰딩거-포아송 solver를 완성해보자. 이 실습은 실습 2.11.2의 슈뢰딩거-포아송 방정식 버전이라고 생각할 수 있다. 두 경우 모두에 대해서, 전자 농도를 실리콘 영역에서 적분하여 cm^{-2} 단위로 표시되는 적분된 전자 농도를 구하자. 그 후 적분된 전자 농도를 인가된 게이트 전압의 함수로 그려보자. 추가적으로 수렴성도 판단해보면 좋을 것이다. 그림 3.7.1의 루프의 반복 횟수에 따른 $\delta\phi$ 벡터의 infinity norm을 구해보자.

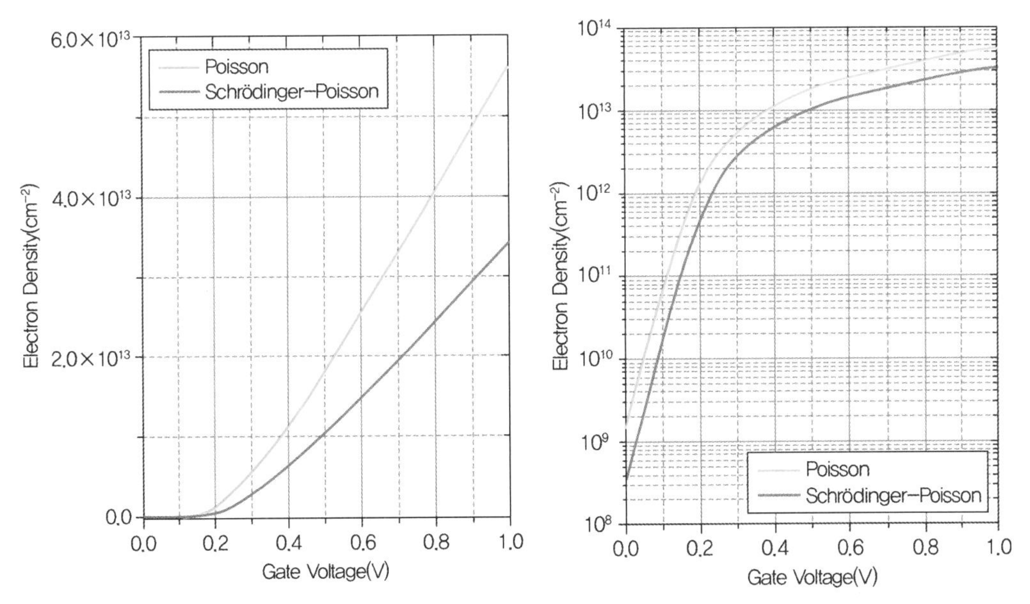

그림 3.7.2 Double-gate MOS의 적분된 전자 농도를 게이트 전압의 함수로 나타낸 결과. 초록색 선은 nonlinear Poisson 방정식으로 얻어진 결과이며, 회색 선은 슈뢰딩거 - 포아송 방정식으로 얻어진 결과이다.

실습 3.7.1의 결과가 그림 3.7.2에 나타나 있다. 슈뢰딩거-포아송 방정식을 고려할 경우, 동일한 게이트 전압에 대해서 확연히 작은 수의 전자 농도가 얻어짐을 확인할 수 있다. 이 차이는 그림 2.9.2와 그림 3.5.1로부터 이해할 수 있다. 준고전적인 해석에서는 전하의 분포가 실리콘－산화막 경계에서 가장 높게 되는 반면에 양자 효과를 고려하면 전하 분포가 산화막 경계면으로부터 멀어지게 된다. 즉, 양자 효과를 고려하면 준고전적인 결과와 비교하여 게이트 산화막의 두께가 늘어난 것처럼 보이고 유효 게이트 전기 용량을 감소시키게 되는 것이다.

CHAPTER

4

이동도 계산

이동도 계산

4.1 들어가며

계산전자공학에서 관심을 가지는 주된 양은 단자 전류(terminal current)일 것이다. 예를 들어 'MOSFET의 게이트와 드레인에 0.7 V가 인가되었을 때, 드레인 전류는 얼마인가?'와 같은 문제를 흔히 다루게 된다. 그리고 단자 전류는 전자나 홀과 같은 전하 수송자들의 움직임에 의하여 결정된다. 전자나 홀의 시간에 따른 움직임은 양자역학에 의하여 지배를 받기 때문에, 엄밀하게 전하의 수송 현상을 다룬다면 양자 전송 이론을 적용해야 할 것이다. 이러한 내용은 제7장에서 다루도록 한다.

이번 장인 제4장부터 제6장까지는 이러한 양자 전송 이론 대신, 준고전적(semi-classical) 수송 이론에 기반하여 수송 이론을 다루도록 하자. 준고전적 수송 이론에서는 전자나 홀과 같은 전하 수송자들을 마치 고전적인 입자들처럼 취급하여 이들의 위치와 운동량을 동시에 잘 결정할 수 있다고 가정한다. 이러한 이유로, 소스와 드레인 사이의 직접적인 터널링(tunneling)과 같은 현상들은 고려가 어려우므로, 극도로 스케일된 소자에 적용되기에는 무리가 있을 것이다. 또한 TFET(Tunneling Field-Effect Transistor)와 같이 터널링을 기본 동작 원리로 하는 경우에도 적용이 어려울 것이다.

위와 같은 단점들이 있음에도 준고전적 수송 이론은 실질적으로 매우 널리 사용되고 있으며, 그것은 다음과 같은 이유가 있다.

첫째, 대부분의 전자 소자에서의 수송은 터널링과 같은 양자역학적인 매커니즘에 의해 이루어지지 않고, 준고전적인 입자 운동으로 나타낼 수가 있다.

둘째, 예전에는 매우 짧은 채널 길이를 가진 소자에서는 scattering이 무시될 수 있을 것이라 예견되었으나, 현실에서는 그렇지 않다. 많은 scattering이 일어나는 소스/드레인 영역을 차치하더라도, 수 nm에 불과한 채널 영역에서도 scattering을 완전히 무시할 수는 없음이 알려져 있다.

셋째, scattering의 존재는 양자 전송 이론을 적용하는 일을 계산량 측면에서 매우 어렵게 만든다. 최근에는 컴퓨터 성능의 비약적인 발전에 따라서 양자 전송 시뮬레이션 역시 많이 수행되고 있지만, 여전히 계산량의 측면에서 준고전적인 수송 이론이 더 효율적인 것이 사실이다.

또한 실용적인 측면에서도, 양자 전송을 위한 시뮬레이션 프로그램을 제외한 다른 모든 소자 시뮬레이션 프로그램들이 준고전적 수송 이론에 기반하고 있으므로, 양자 전송에 관심이 있더라도 최소한 준고전적 수송 이론에 대해 이해하는 것은 필요하다.

이러한 측면에서, 분명한 한계점을 가지고 있음에도, 준고전적 수송 이론에서부터 수송 현상에 대한 논의를 제4장부터 제6장에 걸쳐서 다루려 한다. 제4장에서는 준고전적 수송 이론 중에서 가장 기초적인 물리량인 이동도(mobility)를 다룬다. 주어진 서브밴드 구조와 적절한 scattering들을 조합하여 어떻게 반전층의 이동도를 엄밀하게 계산하는지 다루게 된다.

앞의 제2장이나 제3장에서의 코드들이 비선형 방정식의 해를 구하다 보니, 수렴성 때문에 개발의 난이도가 높았다면, 제4장에서는 어떤 종류의 방정식도 풀지 않아도 된다. 대신 주어진 서브밴드 구조로부터 복잡한 수식의 실행이 필요하게 될 것이다. 개발 측면에서의 주된 어려움은 물리적인 이해의 부족 등으로 인한 사소한 factor 실수가 있을 수 있다. 이 점을 유의하며 코드를 작성한다면 시행착오를 줄일 수 있을 것이다.

4.2 이동도의 정의

이동도는 균일한 전기장이 균일한 샘플에 인가되었을 때, 이에 따른 drift velocity를 주어진 전기장의 크기로 나누어서 얻게 된다. 전기장의 방향과 drift velocity가 각자 다를 수 있으므로, 이동도는 일반적으로는 텐서(tensor)로 주어질 것이다. 즉, 이동도는 '어느 방향'으로 전기장을 인가했을 때 '어느 방향' drift velocity가 변하는 정도를 나타내는 값이다. 이동도 텐서의 각 성분을 μ_{ij}라고 하면, 다음과 같이 식으로 정의할 수 있을 것이다.

$$\mu_{ij} = \frac{v_{drift,\, i}}{E_j} \tag{4.2.1}$$

여기서 $v_{drift,\, i}$는 drift 속도의 i 방향 성분이다. 전자는 전기장 방향의 반대 방향으로 drift 하게 되므로, 전기장의 방향과 drift의 방향은 (부호를 고려하지 않으면) 같다고 생각할 수 있을 것이다. 즉, μ_{ii}가 주로 관심의 대상이 된다. 이 전기장을 인가하는 방향에 따라서는 이 동도의 값이 크게 바뀔 수도 있다. 즉, 일반적으로는 $\mu_{xx} \neq \mu_{yy} \neq \mu_{zz}$일 수 있다. 만약 전기장의 방향에 따라 그 방향으로의 이동도가 크게 바뀐다면, 이 상황은 비등방성(anisotropy)이 높다고 볼 수 있다.

식 (4.2.1)은 어떤 전기장의 크기에서 계산해야 하는지 정해져 있지 않다. 실제로 이 식은 전기장의 크기가 매우 작을 때 적용되며, 전기장의 크기에 비례하여 drift velocity가 증가하는 경우를 가정하고 있다. 전체 전자수를 N_{elec}이라고 표기하면, drift velocity의 벡터인 v_{drift}는 다음과 같이 평균 속도로 구해질 수가 있을 것이다.

$$\mathrm{v}_{drift} = \langle \mathrm{v} \rangle = \frac{1}{N_{elec}} \sum_{i=1}^{N_{elec}} \mathrm{v}_i \tag{4.2.2}$$

여기서 $\langle\ \rangle$는 평균이라는 의미로 쓰였으며, v_i는 i번째 전자가 가지고 있는 속도를 나타낸다. 물론 각각의 전자의 속도는 시간에 따라 빠르게 바뀌게 될 것이므로, v_i는 시간에 따라 급하게 바뀐다. 그러나 이것을 큰 수인 N_{elec}개의 전자에 대해서 평균을 내어주면 v_{drift} 자체는 시간에 따라 급하게 바뀌지 않을 것이다. 이 v_{drift}의 시간 평균값이 drift velocity로 취급될 것이다.

물리적인 의미를 제거하고, 단순히 식 (4.2.2)를 계산해보는 실습을 해보도록 하자.

실습 4.2.1

N_{elec}이 10인 경우, 100인 경우 그리고 1,000인 경우를 생각하자. 이때, 각각의 전자들의 x 방향 속력이 -9×10^6 cm/sec부터 $+1.1\times10^7$ cm/sec까지 범위에 균일하게 분포된 무작위수라고 하자. 그러므로 평균 속력은 물론 $+1\times10^6$ cm/sec이 될 것이다. 예를 들어 N_{elec}이 10인 경우에는 속력을 무작위수로 10번 생성하여 평균을 구해보는 것이다. N_{elec}이 100인 경우에는 속력을 무작위수로 100번 생성하는 것이다. 이렇게 하나의 평균 속력을 생성하는 일을 100번 반복하면서 반복 횟수에 따라서 평균 속력을 그려보자.

실습 4.2.1을 수행해본 결과가 그림 4.2.1에 나타나 있다. 물론 무작위수가 관계되기 때문에 독자들의 결과는 이것과 차이가 날 수 있을 것이다. 그러나 N_{elec}이 커질 때에는 평균 속력이 $+1\times10^6$ cm/sec에 가까운 값으로 잘 얻어짐을 이해할 수 있을 것이다.

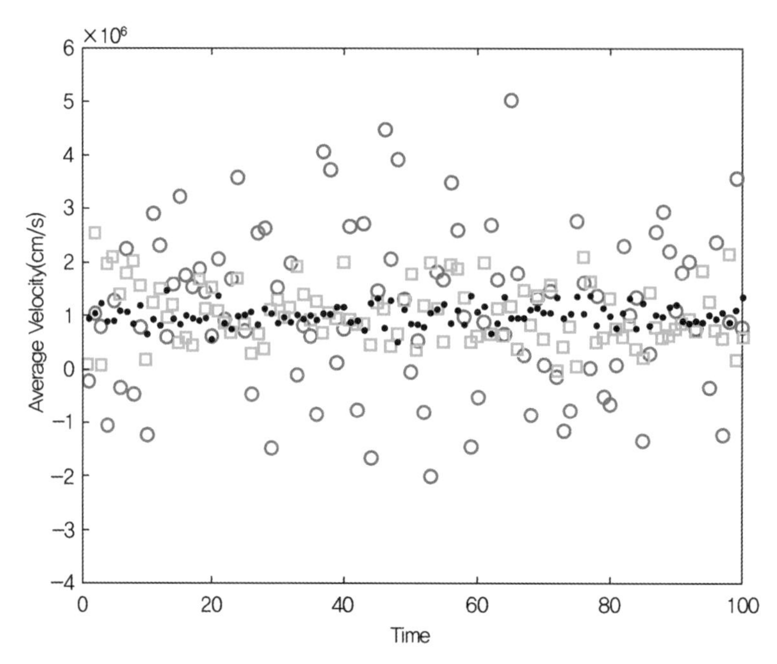

그림 4.2.1 실습 4.2.1에 나온 가상적인 상황에 대해서 전자수가 10개인 시스템(회색 원), 100개인 시스템(초록색 사각형) 그리고 1,000개인 시스템(검은색 점)의 평균 속력 비교. 가로축은 시행 횟수를 나타내므로 실제 시간과는 관계가 없다.

이상의 논의로부터 이동도를 구하고 싶다면, 전자들의 평균 속도를 구해야 한다는 것이 명확해졌다. 그럼 어떻게 전자의 평균 속도를 구할 것인가? 전자 하나하나의 속도인 v_i를 모두 계산하는 것은 쉽지 않을 텐데, 대신 어떤 특정 속도(혹은 그와 아주 가까운 속도)를 가지고 있는 전자가 몇 개 있는지 답하는 방식으로 생각을 바꾸어보자. 이것은 마치, 하나의 모임에서 어느 측정값의 평균값을 구할 때, 한 사람 한 사람의 정보를 모두 모아서 계산하는 대신, 측정값이 구간을 결정하고 그 구간에 해당하는 사람 수를 세어서 평균을 구하는 것과 같다.

좀 더 구체적으로, 전자가 가질 수 있는 다양한 속도들을 N_{bin}개의 상자들로 나누어보도록 하자. 그리고 j번째 상자에 속한 $N_{elec,\,j}$개의 전자들은 $\mathrm{v}_{bin,\,j}$이라는 속도를 가지는 것으로 대표하도록 하자. 그럼 식 (4.2.2)를 다음과 같이 바꾸어 쓸 수 있다.

$$\langle \mathrm{v} \rangle = \frac{1}{N_{elec}} \sum_{j=1}^{N_{bin}} \mathrm{v}_{bin,j} N_{elec,\, j} \tag{4.2.3}$$

물론 상자를 나누어서 상자에 속하는 전자들은 모두 대표 속도를 가진다고 하였으므로 위의 식 (4.2.3)은 완벽한 등식은 아닐 것이다. 그러나 상자들을 충분히 잘게 나누었다면 좋은 근사가 될 수 있다.

식 (4.2.3)은 식 (4.2.2)와 같은 식이지만, 그것이 포함하고 있는 의미를 살펴볼 이유가 있다. 여기서는 전자 하나하나의 속도보다는 어느 상자에 몇 개의 전자가 있는지에 대한 '분포'가 중요하게 된다. 이와 같은 생각이 준고전적 수송 이론의 입장에서 매우 중요하게 된다. 다음 절에서 좀 더 다루어보도록 하자.

4.3 파수 공간에서의 Boltzmann 방정식

앞의 4.2절에서 이동도라는 개념이 도입되었다. 이동도는 작은 크기의 전기장이 인가되었을 때, 전자들의 평균 속도가 어떻게 반응하는지를 나타내는 값이다. 평균 속도는 모든 전자들의 속도를 알고 있으면 쉽게 구할 수 있지만, 각각의 대표적인 속도에 대해서 몇 개의 전자들이 관련되어 있는지 아는 것으로도 알 수가 있었다. 앞 절에서 나온 표기를 사용하여 $N_{elec,\, j}$이 바로 알아야 하는 값이다.

그렇지만 이론 전개에 있어서는 보통 속도보다는 운동량에 해당하는 파수(wavenumber)를 기준으로 표시하곤 한다. 파수와 속도 사이의 관계는 간단할 수도 있지만, 일반적으로는 그렇지 않을 수도 있다. 그러므로 바로 앞 문단의 논의를 기억하면서, 파수 공간에 정의된 함수 $f(\mathbf{k})$를 생각해보자. 그럼 이 함수 $f(\mathbf{k})$를 j번째 상자에 대하여 다음과 같은 성질을 만족하도록 설정해보자.

$$f(\mathbf{k}) N_{state,\, j} = N_{elec,\, j} \tag{4.3.1}$$

여기서 $N_{state,\, j}$는 j번째 상자가 가지고 있는 상태의 수에 해당할 것이며, 이 상자 안에서는 전자의 속도가 $\mathrm{v}_{bin,\, j}$으로 대표될 수 있을 것이다. 이런 함수는 $\mathbf{k}$가 좌표로 사용되는 파수 공간에서 어느 상태가 얼만큼 전자에 의해 점유되어 있는지를 나타낼 것이며, 분포 함수라고 불린다.[4-1] 식 (4.3.1)로부터 분포 함수는 차원이 없는 수임을 쉽게 알 수 있다. 문제에 따라서 k는 3차원 벡터일 수도 있고, 2차원이나 1차원에 해당할 수 있음을 유의하자.

물론 분포 함수라는 용어는 Fermi-Dirac 분포와 같은 형태로 이미 쓰였고, 물리적인 의미 역시 동일하다. 인수에 해당하는 전자 상태가 전자에 의해서 점유되고 있을 확률을 나타내는 것이다. 평형 상태에서는 에너지에 따라서 분포 함수가 Fermi-Dirac 분포로 결정되었다. 비평형 상태에서는 동일한 에너지를 가지고 있는 상태들이라도 분포 함수가 같다는 보장은 없다.

아무튼 우리의 목표는 k로 나타나는 파수 공간에서의 전자 분포를 구하는 것으로 구체화되었다. Electrostatic potential을 구하기 위해서 Poisson 방정식을 풀었던 것과 마찬가지고, 이 전자 분포를 구하기 위해서는 방정식을 풀어야 하는지 묻게 된다. 준고전적인 수송 이론에서 전자 분포를 결정하는 방정식은 Boltzmann 방정식이다. Boltzmann 방정식은 파수 공간에서만 정의되는 것은 아니고, 실공간까지 고려하게 되지만, 제4장에서는 실공간상으로 균일한 샘플을 생각하므로, 파수 공간에서만 쓰인 간략화된 Boltzmann 방정식을 써보자. Steady-state를 생각한다고 가정하여, $\frac{\partial f}{\partial t}$와 같은 전자 분포의 시간에 따른 변화항도 생략하도록 하자. 이 경우의 Boltzmann 방정식은 다음과 같이 간략화된 형태로 나타난다.

$$\frac{\mathrm{F}}{\hbar} \cdot \nabla_{\mathrm{k}} f(\mathrm{k}) = \hat{S} \tag{4.3.2}$$

이 방정식은 좌변과 우변은 (1/sec)의 차원을 가지고 있다. 여기서 F는 전자에 가해지는 힘이며 ∇_{k}는 k 좌표에서의 미분연산자를 뜻한다. 이것은 나중에 실공간도 함께 고려할 때를 대비하여 미리 적어놓는 것이다. 좌변은 전자가 가해지는 힘에 의하여 전자의 k 값이 바뀌는 것을 나타내고 있다. 쉽게 생각해보면, 힘을 가하면 전자가 가속될 것이므로 속도가 바뀔 것이다. 속도가 바뀐 전자를 파수 공간에서 나타낸다면, 파수 공간에서의 좌표인 k 값이 바뀐 것이다. 즉, 우변은 힘을 가해 주었을 때 전자가 어떻게 움직일지를 나타내고 있다. 또한 이 항에 따르면 초기 속도가 주어지고 힘이 결정된다면, 미래의 시간에서의 전자의 속도를 예측할 수 있을 것이다.

물론 현실에서는 그렇지 못하다. 일정한 힘을 받는 전자라도 계속해서 가속이 되지 않고 포논이나 불순물 등과의 상호작용을 통해, 그 속도를 잃어버리게 된다. 이러한 상호작용은 좌변의 항과 같이 초기 조건이 결정되었을 때 이후 시간의 변화를 확정적으로 말할 수 없어 무작위적인 특성을 가지게 된다. Scattering(산란)이라 불리는 이러한 상호작용의 영향은 별도의 항으로 기술되어야 하며, 이것이 우변의 $\hat{S}$이다. 이것의 구체적인 꼴에 대해서는 4.5절에서 더 자세히 다루도록 하자. 다만 여기서 주목할 것은 $\hat{S}$은 파수 공간에서의 전자 분포에 따라 결정된다는 것이다. 즉, $\hat{S}$도 $f(\mathbf{k})$에 의존하는 항인데, 반드시 파수가 $\mathbf{k}$일 때의 값에만 의존하는 것은 아니고, 파수 공간의 모든 점에서의 분포 함수에 비례할 수 있다.

4.4 Kubo-Greenwood 식의 유도

앞의 4.3절에서 파수 공간에서 steady-state Boltzmann 방정식을 써보았다. 제4장은 목적은 이동도 계산이며, 이동도 계산에서는 작은 크기의 전기장이 실공간상에서 균일하게 인가되기 때문에, 식 (4.3.1)처럼 간략화된 형태로도 충분하다. 이번 절에서는 식 (4.3.1)로부터 작은 크기의 전기장이 인가되었을 때의 평균 속도를 유도해보고, 이로부터 이동도에 대한 Kubo-Greenwood 식을 유도해본다.

이를 위해서는 식 (4.3.1)의 scattering 항에 대한 근사가 필요하다. 이완 시간 근사(relaxation time approximation)라고 하는데, 이를 통하면 scattering 항이 다음과 같이 근사된다.

$$+\hat{S} = -\frac{f(\mathbf{k}) - f_{FD}(E(\mathbf{k}))}{\tau(E(\mathbf{k}))} \tag{4.4.1}$$

여기서 $f_{FD}(E(\mathbf{k}))$는 Fermi-Dirac 분포인데, Fermi level은 샘플의 전자수에 의해서 알맞게 결정된다. 이것은 외부에서 전기장이 인가되지 않았을 때의 해가 될 것이다. $E(\mathbf{k})$의 구체적인 함수꼴은 다루는 시스템에 따라서 달라질 수 있다. 그리고 이완 시간인 τ가 에너지만의 함수로 나타나는 것에 주의하자. 모든 scattering 기작(mechanism)들이 다 이완 시간 근사로 쓰일 수 있는 것은 아니지만, 실리콘 소자에서 고려하게 되는 중요한 몇 가지 scattering들은 이렇게 쓸 수가 있다. 반면, 이렇게 이완 시간 근사로 쓰기 어려운 것으로는 polar optical phonon과 같은 scattering이 있다. 그러나 이러한 scattering 기작은 이 책에서는 다루지 않을 것이다. 관심 있는 독자들은 화합물 반도체에 대한 참고 문헌들에서 정보를 얻을 수 있을 것이다.

작은 크기를 가진 $\mathbf{F}$에 대해서 작업을 하는 것이기 때문에, 전자 분포도 $f_{FD}(E(\mathbf{k}))$에서

F에 비례하여서 벗어날 것이다. 이 벗어난 정도를 $f_1(\mathrm{k})$이라고 하여 다음과 같이 근사하자.

$$f(\mathrm{k}) = f_{FD}(E(\mathrm{k})) + f_1(\mathrm{k}) \tag{4.4.2}$$

이완 시간 근사와 함께 사용할 경우, 식 (4.3.2)를 F의 크기에 비례하는 항까지만 쓰면 다음과 같이 쓸 수 있다.

$$\frac{\mathrm{F}}{\hbar} \cdot \nabla_{\mathrm{k}} f_{FD}(E(\mathrm{k})) = -\frac{f_1(\mathrm{k})}{\tau(E(\mathrm{k}))} \tag{4.4.3}$$

다른 항들이 나타나지 않는 이유는 F의 크기에 제곱 등에 비례하는 항이기 때문이다. 게다가 위의 식의 좌변에 나타나는 $\nabla_{\mathrm{k}} f_{FD}(E(\mathrm{k}))$를 풀어서 써보면, 다음과 같이 간략하게 쓸 수 있다.

$$\nabla_{\mathrm{k}} f_{FD}(E(\mathrm{k})) = \hbar \mathrm{v}(\mathrm{k}) \frac{df_{FD}}{dE} \tag{4.4.4}$$

원래 이 식은 각도에 대한 항들이 포함되게 되는데, Fermi-Dirac 함수가 각도에 무관하게 에너지만의 함수임을 이용하여 각도 관련된 항들이 무시된 것이다. 여기서 주어진 k에서의 전자의 속도인 $\mathrm{v}(\mathrm{k})$는 다음과 같이 주어진다.

$$\mathrm{v}(\mathrm{k}) = \frac{1}{\hbar} \nabla_{\mathrm{k}} E(\mathrm{k}) \tag{4.4.5}$$

위의 식 (4.4.4)를 활용하면, $f_1(\mathrm{k})$에 대한 식을 만들어낼 수 있다.

$$f_1(\mathrm{k}) = -\tau(E(\mathrm{k}))\mathrm{F} \cdot \mathrm{v}(\mathrm{k}) \frac{df_{FD}}{dE}\bigg|_{E=E(\mathrm{k})} \tag{4.4.6}$$

그러므로 인가된 힘의 방향이 전자의 속도의 방향과 잘 일치하는 경우에 $f_1(\mathrm{k})$ 값이 크게 얻어질 것임을 알 수 있다. 이것은 우리의 물리적인 직관과도 일치한다. 이렇게 얻어진 전자 분포, 식 (4.4.2)와 식 (4.4.6)을 사용하면, 평균 속도를 구할 수 있다. 먼저 속도 공간을 나눈 상자들에 대한 합으로 평균 속도를 구하는 식 (4.2.3)을 파수 공간에서의 적분으로 표시하고자 한다. 속도 공간을 상자로 나눈 것처럼, 파수 공간에서 전자가 가질 수 있는 각각의 k 상태를 마치 상자처럼 취급하자. 식 (4.3.1)을 사용하면 상자 안의 전자수를 전자 분포와 그 상자 안의 상태수의 곱으로 나타낼 수 있다. 이로부터 다음과 같은 식이 만들어진다.

$$\langle \mathrm{v} \rangle = \frac{1}{N_{elec}} \sum_{j=1}^{N_{bin}} \mathrm{v}(\mathbf{k}_j) f(\mathbf{k}_j) N_{state,\, j} \tag{4.4.7}$$

여기까지 우리는 되도록 k의 차원에 관계없이 적용될 수 있는 식을 써왔다. 그렇지만 $N_{state,\, j}$를 적분에 사용될 형태로 쓰기 위해서는 k의 차원이 필요하게 된다. 즉, 하나의 전자 상태가 가지고 있는 파수 공간에서의 부피, 면적 또는 길이가 필요하게 된다. 이와 같은 값들을 모두 Ω_{k}라고 표기해보자. 그럴 경우 $N_{state,\, j}$는 미소부피, 미소면적 또는 미소길이를 나타내는 $d\mathrm{k}$의 식으로 다음과 같이 표현이 가능해진다.

$$N_{state,\, j} = \frac{d\mathrm{k}}{\Omega_{\mathrm{k}}} \tag{4.4.8}$$

그럼 이와 같은 표기를 적용하여 식 (4.4.7)을 적분 형태로 써보면

$$\langle \mathrm{v} \rangle = \frac{1}{N_{elec}\Omega_{\mathrm{k}}} \int d\mathrm{k} \;\; \mathrm{v}(\mathrm{k}) f(\mathrm{k}) \tag{4.4.9}$$

와 같이 된다. 물론 여기서 $d\mathrm{k}$에 대한 적분은 문제의 차원에 따라서 부피 적분, 면적분 또는 선적분이 될 수 있다. 예를 들어 3차원 운동량 공간이라면,

$$\langle \mathrm{v} \rangle = \frac{1}{N_{elec}\Omega_{\mathrm{k}}} \iiint d^3\mathrm{k} \;\; \mathrm{v}(\mathrm{k}) f(\mathrm{k}) \tag{4.4.10}$$

와 같이 될 것이며, 여기서 $d^3\mathrm{k}$는 $dk_x dk_y dk_z$이다. 다른 차원들에 대해서도 식 (4.4.9)를 유사하게 변형할 수 있다.

이렇게 평균 속도를 파수 공간에서 나타내는 것이 가능해졌으므로, 여기에 식 (4.4.2)와 식 (4.4.6)으로 이루어진 F가 인가될 때의 전자 분포를 대입해보자. 그러면 $f_{FD}(E(\mathrm{k}))$는 대칭성 때문에 전혀 평균 속도에 기여하는 바가 없을 것이고, $f_1(\mathrm{k})$만이 중요해진다.

$$\langle \mathrm{v} \rangle = -\frac{1}{N_{elec}\Omega_{\mathrm{k}}} \int d\mathrm{k}\ \mathrm{v}(\mathrm{k})\tau(E(\mathrm{k}))\mathrm{F}\cdot\mathrm{v}(\mathrm{k}) \frac{df_{FD}}{dE}\bigg|_{E=E(\mathrm{k})} \tag{4.4.11}$$

여기에 Fermi-Dirac 분포를 에너지에 대해서 미분한 것이

$$\frac{df_{FD}}{dE}\bigg|_{E=E(\mathrm{k})} = -\frac{1}{k_B T} f_{FD}(E(\mathrm{k}))(1-f_{FD}(E(\mathrm{k}))) \tag{4.4.12}$$

로 주어짐을 이용하면, 평균 속도는

$$\langle \mathrm{v} \rangle = \frac{1}{N_{elec}\Omega_{\mathrm{k}}} \int d\mathrm{k}\ \mathrm{v}(\mathrm{k})\tau(E(\mathrm{k}))\mathrm{F}\cdot\mathrm{v}(\mathrm{k}) \frac{1}{k_B T} f_{FD}(E(\mathrm{k}))(1-f_{FD}(E(\mathrm{k}))) \tag{4.4.13}$$

이 될 것이다.

이제 평균 속도를 구하였으니, 이동도를 구할 준비가 되었다. 앞에서 말할 것처럼 이동도 텐서의 대각 성분에 관심이 있으므로, i 방향이라고 가정하여서 μ_{ii}를 구해보자. 이를 위해서는 F가 i 방향 성분만을 가지고 있을 때의 $\langle v_i \rangle$를 구해야 할 것이다.

$$\langle v_i \rangle = \frac{F_i}{N_{elec}\Omega_{\mathrm{k}}} \int d\mathrm{k}\ v_i(\mathrm{k})\tau(E(\mathrm{k}))v_i(\mathrm{k}) \frac{1}{k_B T} f_{FD}(E(\mathrm{k}))(1-f_{FD}(E(\mathrm{k}))) \tag{4.4.14}$$

여기서 F_i는 파수 공간의 k 값에 무관하기 때문에 적분 밖으로 빼주었다. 외부에서 전자에 인가해주는 힘 F는 전기장 E와 다음과 같은 관계가 있다.

$$\mathrm{F} = (-q)\mathrm{E} \tag{4.4.15}$$

4.2절에서 말한 것과 같이 전기장의 방향과 drift 속도의 방향은 서로 반대이므로 이 점을 고려해주면, 다음과 같은 μ_{ii}에 대한 식이 얻어진다.

$$\mu_{ii} = \frac{q}{N_{elec} k_B T \Omega_{\mathrm{k}}} \int d\mathrm{k} \;\; \tau(E(\mathrm{k})) v_i(\mathrm{k}) v_i(\mathrm{k}) f_{FD}(E(\mathrm{k}))(1 - f_{FD}(E(\mathrm{k}))) \tag{4.4.16}$$

이동도를 계산하는 식인 식 (4.4.16)을 Kubo-Greenwood 식이라 부른다. 여기에 degeneracy에 대한 논의를 더 해보자. 위의 유도 과정에서는 하나의 밸리나 서브밴드를 고려하였으며, 또한 스핀 degeneracy는 고려되지 않았다. 스핀에 의한 degeneracy가 고려되면, 분모의 N_{elec}도 2배가 되고 분자에도 2가 곱해져야 한다. 따라서 계산된 이동도는 바뀌지 않을 것이다. 동일한 밸리나 서브밴드가 여러 개 있을 때에는 이 수만큼 분자에 곱해져야 할 것이지만, 동시에 N_{elec}도 그만큼 커질 것이다. 다만, scattering의 특성에 따라 동일한 밸리나 서브밴드의 존재가 이완 시간을 바꿀 수 있으므로, 이 점은 계산에서 유의하여야 한다.

좀 더 Kubo-Greenwood 식에 대해 익숙해지기 위해 구체적인 예를 들어보자. 세 변의 길이가 모두 L인 큰 상자를 생각해보자. 이 상자가 반도체 물질로 만들어져 있다고 하자. 그리고 균일하다고 가정하면, 전자 농도는 다음과 같이 주어질 것이다.

$$n = \frac{N_{elec}}{L^3} \tag{4.4.17}$$

여기서는 스핀을 한 가지만 고려하고 있다. 그리고 한 변의 길이가 L인 경우, 가능한 k_x, k_y 그리고 k_z 값들은 $\frac{2\pi}{L}$ 간격으로 나타난다. 이것은 $\exp(ik_x x)$와 같은 각 방향별 파동함수가 주기성을 만족해야 하여 나오는 결과이며, 식 (3.3.3)을 통해 이미 소개된 내용이다. 이를 통해서, 세 변의 길이가 모두 L인 큰 상자의 경우, 하나의 상태가 차지하는 부피가 다음과 같이 구해짐을 알 수 있다.

$$\Omega\mathbf{k} = \frac{(2\pi)^3}{L^3} \tag{4.4.18}$$

식 (4.4.17)과 식 (4.4.18)을 사용하면, 식 (4.4.16)의 Kubo-Greenwood 식을 3차원 전자 기체에 대해서 구체적으로 써볼 수 있다.

$$\mu_{ii} = \frac{q}{nk_B T(2\pi)^3} \iiint dk_x dk_y dk_z \ \tau(E(\mathbf{k}))v_i(\mathbf{k})v_i(\mathbf{k})f_{FD}(E(\mathbf{k}))(1-f_{FD}(E(\mathbf{k}))) \tag{4.4.19}$$

다음 실습에서는 2차원 또는 1차원 전자 기체에 대해서 Kubo-Greenwood 식을 적용해보기로 한다.

실습 4.4.1

식 (4.4.19)는 Kubo-Greenwood 식을 3차원 전자 기체에 적용한 것이다. 그러나 2차원 전자 기체나 1차원 전자 기체에 대해서도 Kubo-Greenwood 식은 성립하여야 한다. 서브밴드의 개수가 하나라고 가정하고, 알맞은 식들을 적어보자.

4.5 다양한 scattering들

반도체 안에는 다양한 scattering 기작들이 존재한다. 이들을 모두 소개하는 것은 이 책의 수준을 넘어서는 일일 것이다. 대신, 여기서는 실리콘에 대해서 관계있는 몇 가지 중요한 scattering 기작들을 설명하면서, scattering에 대한 이해를 돕고자 한다.

먼저 4.3절에서 미루었던 scattering의 구체적인 형태부터 살펴보자. Scattering은 외부와의 상호작용을 묘사하고, 파수 공간에서는 전자의 k 좌표가 갑작스럽게 바뀌는 것으로 표현될 것이다. Boltzmann 방정식은 정해진 k 좌표에서의 전자 분포를 나타내고 있으므로, 전자가 정해진 이 k 좌표로 들어오거나(in) 나가는(out) 경우가 있을 것이다. 이런 생각에 따라, scattering을 in-scattering과 out-scattering으로 나누어보자.

$$\hat{S} = \hat{S}^{in} - \hat{S}^{out} \tag{4.5.1}$$

그럼 in-scattering은 다음과 같이 주어질 것이다.

$$\hat{S}^{in} = \frac{1}{\Omega_{\mathbf{k}}} \int d\mathbf{k}' (1 - f(\mathbf{k})) S(\mathbf{k}|\mathbf{k}') f(\mathbf{k}') \tag{4.5.2}$$

이제 $\frac{1}{\Omega_{\mathbf{k}}} \int d\mathbf{k}'$가 $\mathbf{k}'$에 대한 덧셈을 나타낸다는 것을 이해할 수 있을 것이다. 그럼 이것을 덧셈으로 생각해서 위의 식 (4.5.2)를 이해해보면, 어느 $\mathbf{k}'$으로부터 $S(\mathbf{k}|\mathbf{k}')$이라는 (1/sec)의 차원을 가진 transition rate를 가지고 $\mathbf{k}$로 이동하는 것을 나타내는 것이다. 분포 함수 자체는 차원이 없는 양이므로 전체 항은 여전히 (1/sec)의 차원을 가지게 된다. Transition rate을 제외하고 두 개의 분포 함수들이 등장하는데 $\mathbf{k}$와 $\mathbf{k}'$에서의 분포 함수들이다. 이것들이 등장하는 것은 상당히 자연스러운데, 바로 이 두 개의 파수 벡터들이 전자가 scattering에 의해 이동하는 것과 관련되어 있기 때문이다. 마지막으로 $f(\mathbf{k}')$는 그냥 등장하는데 $f(\mathbf{k})$는 $(1 - f(\mathbf{k}))$의 꼴로 나타나는 것도 이해가 가능하다. 이 이동은 $\mathbf{k}'$에서의 전자가 많을수록 더 잘 일어날 것이며, $\mathbf{k}$에서 전자가 점유되어 있는 않은 상태가 많을수록 더 잘 일어날 것이다. 이러한 식의 접근은 반도체에서 SRH 트랩과 conduction band 전자와의 전자 교환을 생각할 때에도 동일하게 적용된다. $(1 - f(\mathbf{k}))$ 항은 두 개의 전자가 같은 상태를 점유할 수 없다는 Pauli의 배타 원리(exclusion principle)에서부터 유래한 것이기 때문에 Pauli 항이라고 불리기도 한다.

In-scattering과 마찬가지로 out-scattering에 대한 식도 찾아볼 수 있다. 이번에는 $\mathbf{k}$에서 $\mathbf{k}'$으로 이동하는 것이 다르므로, 이 부분만 바꾸면 될 것이다.

$$\hat{S}^{out} = \frac{1}{\Omega_{\mathbf{k}}} \int d\mathbf{k}' (1 - f(\mathbf{k}')) S(\mathbf{k}'|\mathbf{k}) f(\mathbf{k}) \tag{4.5.3}$$

식 (4.5.1)처럼 in-scattering과 out-scattering은 계수의 부호가 서로 다름을 유의하자.

그러므로 이제 우리가 해야 하는 일은 scattering 기작에 따라 구체적으로 transition rate가 어떻게 나타나는지를 알아보는 것이다. Transition rate인 $S(\mathbf{k}'|\mathbf{k})$는 $\mathbf{k}$에서 $\mathbf{k}'$로의 단위 시간

당 이동을 나타내는데, Fermi golden rule을 통해서 계산된다. Fermi golden rule은 서로 다른 두 개의 상태들 사이의 이동이 얼마나 자주 일어나는지 나타낸다.

$$S(\mathbf{k}'|\mathbf{k}) = \frac{2\pi}{\hbar} |M(\mathbf{k}'|\mathbf{k})|^2 \delta(E(\mathbf{k}') - E(\mathbf{k}) - E^{trans}(\mathbf{k}'|\mathbf{k})) \tag{4.5.4}$$

여기서 M은 scattering을 일으키는 상호작용에 해당하는 matrix element이다. Matrix element 라는 표현은 생소할 수 있으나, 밴드 구조나 서브밴드 구조에서 고려된 Hamiltonian 연산자 말고 scattering과 관련된 Hamiltonian 연산자의 추가적인 요소라고 이해하면 될 것이다. Dirac delta 함수를 통하여 초기 상태의 에너지와 최종 상태의 에너지 사이의 관계가 드러난다. $E^{trans}(\mathbf{k}'|\mathbf{k})$은 scattering에 의한 에너지 변화이다. 이러한 부분들이 scattering 기작에 따라서 달라지는 것이다.

Scattering의 종류는 여러 가지가 있을 것이다. 포논에 의한 phonon scattering, 불순물에 의한 impurity scattering, 표면의 거칠기에 의한 surface roughness scattering 등이 있을 것이다. 만약 고려하는 반도체가 단순한 실리콘이 아닌 SiGe과 같은 합금이라면 조성비의 요동에 따라서도 scattering이 일어날 것이다. 이렇게 다양한 scattering은 각자의 matrix element가 다를 것이므로 모두 설명해야 할 것이나, 이 책에서는 오직 phonon scattering만을 고려한다. 이렇게 phonon scattering만 고려하는 것은 공학적인 고려로부터 나온 것은 아니다. 현실의 MOSFET에서 가장 큰 영향을 미치는 scattering은 surface roughness scattering이다. 그러나 이 책에서는 가장 간단한 phonon scattering의 꼴을 소개하는 것만으로 만족하도록 한다. 실제로 이러한 식이 어떻게 유도되는지를 다루는 것은 이 책의 범위를 벗어난다. 관심 있는 독자들은 참고문헌을 참고하길 바란다.

Phonon scattering은 전자와 포논 사이의 상호작용을 다룬다. 전자가 에너지를 잃으며 포논이 하나 생성되거나(포논 방출, phonon emission), 전자가 에너지를 얻으며 포논이 하나 없어진다(포논 흡수, phonon absorption). 실리콘 안에는 다양한 운동량과 에너지를 가진 포논들의 상태들이 존재할 것이다. 이들 각각과 전자들 사이의 matrix element를 모두 고려하는 것은 매우 복잡한 일들이지만 많은 계산량을 투자한다면 불가능한 일은 아닐 것이다. 그러나 이러한 일들은 투자된 계산량에 비하여 얻는 이익이 매우 작을 것이다. 역사적으로 지금보다 계산 능력이 매우 작았던 때에, 포논에 대한 적절한 간략화를 통하여 이러한 복잡성을 줄여보고자 많은 연구자들이 노력하였다. 그리고 그 물리적인 정확성과는 별다른 상관없이, 괜찮은 결과를 만들어낼 수 있는 포논들의 모델을 만들어냈다. 이후에 소개되는 포논들의 모델은 이러한 과정을 통해 도출된 것들이다.

이러한 간략화 중에서 가장 중요한 것은 포논의 에너지에 대한 간략화이다. 포논의 운동량과 에너지는 복잡한 관계를 가지겠지만, 이 간략화된 모델에서는 1) 포논 에너지를 상수로 놓거나 2) 포논 운동량과 포논 에너지와 비례한다고 가정한다. 첫 번째 경우에서 상수인 포논 에너지를 $\hbar\omega$로 표현해보자. 현재 우리의 관점에서는 전자의 상태 변화가 관심사이며 포논은 이러한 변화를 일으키는 매개체이다. 따라서 이러한 변화를 일으키는 포논의 숫자가 많으면 많을수록 transition rate가 커질 것임을 알 수 있다. 주어진 온도에서 포논의 분포는 Bose-Einstein 분포를 따를 것이다.

$$N_{phonon}(\hbar\omega) = \frac{1}{\exp\left(\frac{\hbar\omega}{k_B T}\right) - 1} \tag{4.5.5}$$

이러한 생각을 가지고 phonon scattering을 다룰 때, 포논을 방출하는 경우와 흡수하는 경우를 나누어서 생각해야 한다. 먼저 포논을 방출하는 경우, 즉 전자 입장에서는 에너지를 잃어버리는 경우는, 다음과 같이 주어진다.

$$S_{emi}(\mathbf{k}'|\mathbf{k}) = \frac{\pi(D_t K_\eta)^2}{\Omega_s \rho\omega}(N_{phonon}(\hbar\omega) + 1)\delta(E(\mathbf{k}') - E(\mathbf{k}) + \hbar\omega) \tag{4.5.6}$$

여기서 ρ는 실리콘의 질량 밀도이며 $D_t K_\eta$는 결합 상수이다. 또한 Ω_s는 주어진 시스템의 부피인데, 이것은 4.6절에서 보듯이 이후 과정에서 사라지게 된다. 앞에서 기술한 것처럼, 이 결합 상수의 결정은 올바른 결과를 주기 위한 최적화 과정을 통해 얻어진 것이다. 또한 포논을 흡수하는 경우, 즉 전자 입장에서는 에너지를 얻는 경우는, 다음과 같이 주어진다.

$$S_{abs}(\mathbf{k}'|\mathbf{k}) = \frac{\pi(D_t K_\eta)^2}{\Omega_s \rho\omega}N_{phonon}(\hbar\omega)\delta(E(\mathbf{k}') - E(\mathbf{k}) - \hbar\omega) \tag{4.5.7}$$

이 식과 위의 식 (4.5.6)은 매우 유사하지만, 초기 에너지와 최종 에너지 사이의 차이가 $+\hbar\omega$ 또는 $-\hbar\omega$로 다르다. 또한 $N_{phonon}(\hbar\omega)$와 $N_{phonon}(\hbar\omega)+1$과 같은 차이도 존재한다. 에너지의 부호가 다른 것은 포논이 사라지는지 생기는지에 따라 쉽게 이해가 갈 것이다. 또한 포논 분포에서 +1이 붙고 안 붙는 것 또한 포논을 생성하는지 소멸시키는지에 따른 차이이다. 한 가지 재미있는 것은 이 두 가지 수 사이에 다음과 관계가 성립한다는 점이다.

$$N_{phonon}(\hbar\omega)+1=\frac{\exp\left(\frac{\hbar\omega}{k_BT}\right)}{\exp\left(\frac{\hbar\omega}{k_BT}\right)-1}=\exp\left(\frac{\hbar\omega}{k_BT}\right)N_{phonon}(\hbar\omega) \qquad (4.5.8)$$

이를 통해서, 포논을 방출하는 transition rate이 포논을 흡수하는 transition rate보다 늘 크다는 것을 알 수 있다. 평형 상태에서는 어느 특정한 $\mathbf{k}$와 또 다른 특정한 $\mathbf{k}'$ 사이의 phonon scattering에 의한 전자의 이동이 완전히 균형을 맞추고 있어야 한다. 따라서 이러한 조건을 만족하려면 에너지가 높은 상태의 분포 함수가 에너지가 낮은 상태의 분포 함수보다 작아야 한다.

식 (4.5.6)과 식 (4.5.7)을 사용할 때 유의해야 할 사항이 있다. Phonon scattering에 의해서 하나의 밸리 안에서만 전자의 이동이 일어나는 것이 아니라, 다른 밸리로 이동할 수도 있다. 그림 4.5.1은 실리콘 conduction band에서 일어날 수 있는 세 가지 경우에 대해서 나타내고 있다. 먼저 f-type은 하나의 밸리에서 자신과 다른 종류의 밸리들로 움직이는 것이며, 대상이 되는 밸리는 4개가 있을 것이다. 또한 g-type은 하나의 밸리에서 자신과 같은 종류의 밸리로 움직이는 것이며, 대상이 되는 밸리는 오직 하나만 있을 것이다. 마지막으로 출발했던 밸리와 같은 밸리로 이동하는 intravalley scattering이 있을 것이다. 식 (4.5.6)과 식 (4.5.7)을 사용할 때, 위에서 말한 selection rule과 밸리의 degeneracy를 고려해주어야 할 것이다.

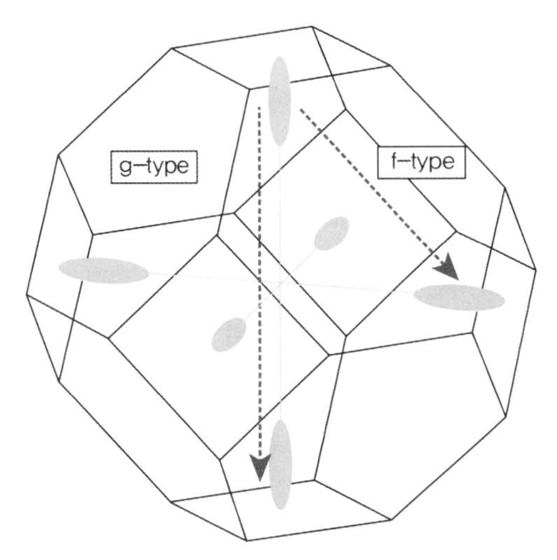

그림 4.5.1 Phonon scattering의 selection rule에 대한 설명. 다른 밸리로 이동하는 경우로 f-type과 g-type이 있다. 이들은 밸리 간에 이동이기 때문에 intervalley scattering이라고 부른다. 그리고 시작하는 밸리 내부에서 움직이는 intravalley scattering이 있다.

지금까지 포논 에너지가 상수인 경우를 다루어보았다. 한편 포논 운동량과 포논 에너지와 비례한다고 가정할 경우에는 약간의 수정이 필요하다. 이 비례 상수는 포논의 속도인 u로 나타난다고 하고, 실리콘에서는 대략 $9.0^5 \times 10^5$ cm/sec 정도의 값을 가진다. 이 경우에는 포논의 운동량과 포논 에너지가 작기 때문에 밸리 사이를 이동하는 것은 가능하지 않을 것이며, intravalley scattering이 될 것이다. 포논 에너지가 작기 때문에, 포논에 따른 에너지 변화는 무시해준다. 이럴 경우, 포논 방출과 포논 흡수를 모두 고려한 transition rate가 다음과 같이 나타난다.

$$S_{ac}(\mathbf{k}'|\mathbf{k}) = \frac{2\pi k_B T \Xi^2}{\Omega_s \hbar \rho u^2} \delta(E(\mathbf{k}') - E(\mathbf{k})) \tag{4.5.9}$$

여기서 Ξ는 deformation potential이라고 불리며 에너지에 해당하는 값이라 eV와 같은 차원을 가지고 있다. 실리콘에서는 9.0 eV가 흔히 사용되는 값이다. 물론 앞서 말한 것과 같이, 이러한 phonon scattering을 모델링하는 데 사용되는 파라미터들은 간략화 과정을 통하여 그 물리적인 의미가 상당 부분 희석된 것이다. 그래서 2차원 전자 기체의 경우에는 동일한 실리콘 conduction band를 다루고 있음에도 9.0 eV보다 큰 값이 적용되기도 한다.

이러한 한계를 인식하면서, 표 4.5.1과 표 4.5.2를 살펴보자. 표 4.5.1은 식 (4.5.6)과 식

(4.5.7)로 나타내어지는 포논들에 대해서 다루고 있다. 이들은 scattering 전후의 에너지 변화가 있기 때문에 inelastic scattering이라고 부른다. 예상보다 많은 포논들을 고려하게 되는데, 이것은 포논의 모드들이 다르기 때문이다. 그러나 이들 중에서 큰 영향을 발휘하는 것은 g-type의 Longitudinal Optical(LO) 모드 포논이다. 이 포논의 D_tK 값이 다른 모드의 포논보다 현저하게 크기 때문에, 실리콘 conduction band의 전자가 phonon scattering에 의해 에너지를 잃어버린다면 62.0 meV를 잃어버리는 경우가 가장 많을 것이다.

표 4.5.1 실리콘 conduction band에서 고려되는 inelastic phonon scattering들의 파라미터들

모드	D_tK(10^8 eV/cm)	$\hbar\omega$(meV)	타입
TA	0.5	12.1	g-type
LA	0.8	18.5	g-type
LO	11.0	62.0	g-type
TA	0.3	19.0	f-type
LA	2.0	47.4	f-type
TO	2.0	58.6	f-type

한편 표 4.5.2는 식 (4.5.9)로 나타내어지는 elastic scattering에 대한 파라미터들을 나타내고 있다. 앞서 기술한 것처럼 deformation potential의 값은 2차원 전자 기체에 대해서는 다른 값이 사용되기도 한다. 대략적으로 보아 300 K에서의 실리콘 샘플의 이동도는 inelastic phonon scattering과 elastic phonon scattering이 유사한 정도로 기여하곤 한다.

표 4.5.2 실리콘 conduction band에서 고려되는 elastic phonon scattering의 파라미터들

ρ(g/cm^3)	2.33
u(cm/sec)	$9.0^5 \times 10^5$
Ξ(eV)	9.0

마지막으로 유의 사항 하나를 다루고 이번 절을 마무리하기로 한다. 이 부분을 처음 읽는 독자들 중에서, in-scattering/out-scattering과 포논 흡수/포논 방출의 뜻을 혼동하는 경우가 생길 수 있다. In-scattering과 out-scattering은 전자가 파수 공간상의 위치를 바꾸는 하나의 현상을 누구 입장에서 보는가의 문제이다. 즉, 포논 흡수에 의해서도, 포논 방출에 의해서도 전자

는 파수 공간 위에서 움직일 것이며, 그 이동의 시작점 입장에서 볼 때는 out-scattering일 것이며, 끝점 입장에서 볼 때는 in-scattering일 것이다. 반면, 포논 흡수와 포논 방출은 물리적으로 서로 다른 현상이다. 그림 4.5.2가 독자들의 이해를 돕기 위한 개념도이다. 그림 4.5.2(a)에는 몇 개의 에너지가 다른 상태들이 포논에 의해서 연결되는 것이 보이고 있다. 실선으로 그려진 화살표는 포논 흡수 상황에서의 전자의 이동 방향이며, 점선으로 그려진 화살표는 포논 방출 상황에서의 전자의 이동 방향이다. 이 그림 자체에서는 무엇이 in-scattering이고 무엇이 out-scattering인지 구분이 없다. $\mathbf{k}_2$와 $\mathbf{k}_3$를 연결하는 scattering들은 이해를 돕기 위해 일부러 굵게 표시해보았다. 이 현상을 $\mathbf{k}_2$ 입장에서 바라보면, 그때는 비로소 $\mathbf{k}_2$ 상태로 전자가 들어오는 scattering이 in-scattering이라고 보이게 된다. 예를 들어 그림 4.5.2(b)에서 굵은 점선 화살표는 in-scattering을 나타낸다. 그러나 동일한 굵은 점선 화살표가 $\mathbf{k}_3$ 입장에서 표시한 그림 4.5.2(c)에서는 out-scattering으로 나타남을 유의하자. In-scattering과 out-scattering을 구분 지을 때에는 그것이 포논 흡수냐 포논 방출이냐 하는 것은 전혀 고려되지 않는다.

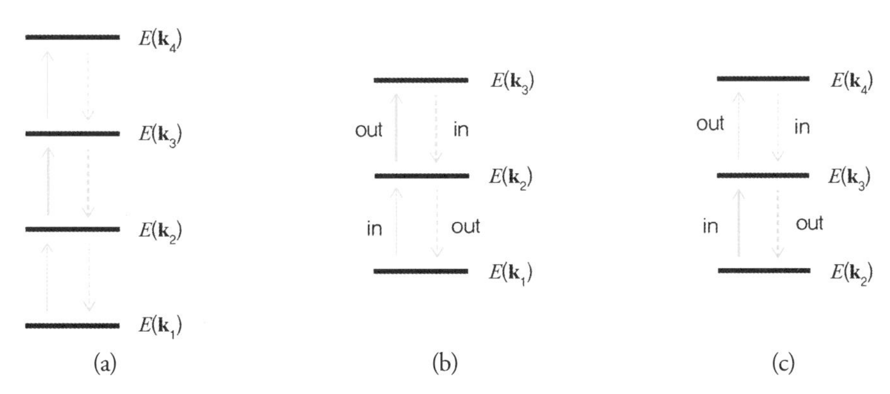

그림 4.5.2 In-scattering/out-scattering 개념과 포논 흡수/포논 방출 개념의 이해를 돕기 위한 개념도. 세로 축은 에너지 축이다.

4.6 이완 시간의 계산

앞의 4.5절을 통하여 scattering의 일반적인 꼴을 다루었고, 그중에서 phonon scattering의 경우에는 transition rate까지 구체적으로 다루어보았다. 이제 transition rate에 대한 정보를 바탕으로 이완 시간(relaxation time)을 구해볼 차례이다.

먼저 이완 시간 근사가 아무 때나 성립하는 것은 아님을 다시 한번 기억해보자. 식 (4.5.1),

식 (4.5.2) 그리고 식 (4.5.3)과 같은 식들로 얻어지는 scattering이 식 (4.4.1)과 같이 간단한 형태로 쉽게 근사될 수는 없을 것이다. 그렇지만 Pauli 항을 무시하고, $S(\mathrm{k}'|\mathrm{k})$이 에너지들에만 관계하고 각도에는 무관하다고 하면 이러한 근사를 하는 것이 가능해진다. Pauli 항을 무시한 out-scattering을 적어보자.

$$\hat{S}^{out} \approx f(\mathrm{k})\frac{1}{\Omega_{\mathrm{k}}}\int d\mathrm{k}' S(\mathrm{k}'|\mathrm{k}) \tag{4.6.1}$$

$f(\mathrm{k})$는 적분 바깥으로 빼줄 수 있다. 만약 $S(\mathrm{k}'|\mathrm{k})$이 에너지들에만 관계가 된다면, $\int d\mathrm{k}' S(\mathrm{k}'|\mathrm{k})$의 결과값이 k 자체에 의존하지 않고 $E(\mathrm{k})$에만 의존하게 될 것이다. 그래서 이완 시간을 다음과 같이 정해줄 수 있다.

$$\frac{1}{\tau(E(\mathrm{k}))} = \frac{1}{\Omega_{\mathrm{k}}}\int d\mathrm{k}' S(\mathrm{k}'|\mathrm{k}) \tag{4.6.2}$$

한편, Pauli 항을 무시한 in-scattering의 경우, 다음과 같이 쓸 수 있다.

$$\hat{S}^{\mathrm{in}} \approx \frac{1}{\Omega_{\mathrm{k}}}\int d\mathrm{k}' S(\mathrm{k}|\mathrm{k}') f(\mathrm{k}') \tag{4.6.3}$$

하지만 $S(\mathrm{k}'|\mathrm{k})$가 방향성을 가지지 않을 경우에는 이 적분이 Fermi-Dirac 분포의 적분으로 바뀌게 된다. 이와 같이 되는 이유는, Fermi-Dirac 분포에서 벗어나는 성분이 식 (4.4.6)과 같이 주어지기 때문이다.

$$\hat{S}^{\mathrm{in}} \approx \frac{1}{\Omega_{\mathrm{k}}}\int d\mathrm{k}' S(\mathrm{k}|\mathrm{k}') f_{FD}(E(\mathrm{k}')) \tag{4.6.4}$$

이것이 Pauli 항을 무시할 수 있는 상황, 즉 Fermi-Dirac 분포가 Maxwell-Boltzmann 분포로 근사될 수 있는 상황에서는 다음과 같이 쓸 수 있다.

$$\hat{S}^{\text{in}} \approx \frac{f_{FD}(E(\mathbf{k}))}{\tau(E(\mathbf{k}))} \tag{4.6.5}$$

이때 $E(\mathbf{k})$가 등장함을 유의해보자. 식 (4.6.5)가 성립하는 것은 독자들이 직접 확인해보기 바란다. 식 (4.5.8)이 도움이 될 것이다.

이제 식 (4.5.6), 식 (4.5.7) 그리고 식 (4.5.9)를 사용하여 이들에 의한 이완 시간을 구해보도록 하자. 먼저 식 (4.5.6)과 같이 포논 방출인 경우를 식 (4.6.2)에 대입해보면 다음과 같다.

$$\frac{1}{\tau(E(\mathbf{k}))} = \frac{1}{\Omega_{\mathbf{k}}} \int d\mathbf{k}' \frac{\pi(D_t K_\eta)^2}{\Omega_s \rho \Omega} (N_{phonon}(\hbar\omega) + 1)\delta(E(\mathbf{k}') - E(\mathbf{k}) + \hbar\omega) \tag{4.6.6}$$

이 식은 일반적이지만, 적분 안에 들어 있는 Dirac 델타 함수를 이용하여서 좀 더 간단하게 만들어볼 수 있을 것이다. 에너지 E에 대한 density-of-states를 $D(E)$로 표기할 때, 다음의 관계가 있음을 생각하자.

$$\frac{1}{\Omega_{\mathbf{k}}} \int d\mathbf{k}' \delta(E(\mathbf{k}') - E_0) = D(E_0)\Omega_s \tag{4.6.7}$$

좌변과 우변 모두 차원이 (1/eV)와 같이 단위 에너지당 숫자의 형태임을 확인해보자. 위의 식 (4.5.7)의 피적분항이 에너지만의 함수를 추가로 포함하게 될 경우, E_0에서 계산된 추가 함숫값이 우변에 곱해질 것이다. 이 점을 생각하면, 식 (4.6.6)의 적분은 매우 간단하게 계산될 수 있다.

$$\frac{1}{\tau(E(\mathbf{k}))} = \frac{\pi(D_t K_\eta)^2}{\rho\omega} (N_{phonon}(\hbar\omega) + 1) D(E(\mathbf{k}) - \hbar\omega) \tag{4.6.8}$$

이것이 포논 방출에 대한 이완 시간을 나타낸다. 4.5절에서 말한 것과 같이 Ω_s는 상쇄되어서 사라진다. 여기서 density-of-states는 phonon scattering에 의해 전자가 이동되는 최종 상태에 해당하는 밸리나 서브밴드가 나타나야 할 것이다. 또한 스핀은 고정되어 있다고 생각하므로 여기서 등장하는 density-of-states는 스핀당 계산된 값이 필요할 것이다. 유사한 방법으로 포논 흡수에 대해서도 이완 시간을 구해볼 수 있다.

$$\frac{1}{\tau(E(\mathbf{k}))} = \frac{\pi(D_t K_\eta)^2}{\rho\omega} N_{phonon}(\hbar\omega) D(E(\mathbf{k}) + \hbar\omega) \tag{4.6.9}$$

물론 elastic scattering인 acoustic phonon에 대해서도 식을 전개할 수 있을 것이다.

$$\frac{1}{\tau(E(\mathbf{k}))} = \frac{2\pi k_B T \Xi^2}{\hbar\rho u^2} D(E(\mathbf{k})) \tag{4.6.10}$$

마지막으로 phonon scattering들이 복수로 존재할 때, 전체 이완 시간의 역수는 이완 시간의 역수들의 합으로 구해질 것이라는 것을 쉽게 이해할 수 있다.

4.7 3차원 전자 기체를 이용한 이동도 계산 검증

트랜지스터에서 사용하는 전자 기체는 3차원 전자 기체가 아닌 2차원 또는 1차원 전자 기체이다. 왜냐하면 강한 표면 전기장을 통해 반전 현상을 일으키려면 자연스럽게 전자들이 속박되는 포텐셜 우물이 생기기 때문이다. 따라서 궁극적으로는 이동도 계산을 2차원 혹은 1차원 전자 기체에 적용하는 것이 중요하게 될 것이다.

그러나 경험으로 미루어볼 때, 이동도 계산을 하는 부분은 대단한 행렬 계산이 필요하지 않음에도 많은 이들에게 어렵게 여겨진다. 아마도 복잡한 식들이 등장하기 때문일 것이다. 이러한 어려움을 극복하기 위하여, 앞에서 다룬 scattering 기작들을 바로 2차원 혹은 1차원 전자 기체에 적용하는 것보다는, 먼저 좀 더 친숙한 3차원 전자 기체를 통하여 이동도 계산을 검증하면서 시작해보도록 하자. 또한 이 과정을 좀 더 작은 실습 과제들로 나누었으므로, 순서에 맞추어 따라가다 보면 이동도 계산을 할 수 있을 것이다.

최종적으로는 Kubo-Greenwood 식은 식 (4.4.19)를 사용하게 될 것이다. 그런데 이를 위해서는 에너지에 따른 이완 시간을 구해야 하므로, 먼저 이 작업부터 해보도록 하자. 이를 위하여 먼저 계수를 구해보는 간단한 작업부터 시작해보자.

실습 4.7.1

이완 시간에 대해서 식 (4.6.8), 식 (4.6.9) 그리고 식 (4.6.10)을 통해 구체적인 표현들을 살펴보았다. 이 식들은 모두 density-of-states들을 포함하고 있는데, 이번 실습에서는 일단 density-of-states를 제외한 나머지 계수들을 직접 계산해보는 간단한 작업을 해보자. Density-of-states가 단위 부피 및 단위 에너지당 상태수가 되기 때문에, 이 값들은 (eV cm^3/sec)과 같은 차원을 가질 것이다. 표 4.5.1에 나온 여섯 개의 모드들에 대해서 포논 방출과 포논 흡수를 모두 계산해보자. 또한 표 4.5.2에 나온 파라미터를 사용하여 acoustic phonon에 대해서도 계수에 해당하는 $\frac{2\pi k_B T \Xi^2}{\hbar \rho u^2}$를 직접 계산해보자.

표 4.7.1 Ineleastic phonon scattering들에 대한 실습 4.7.1의 결과

모드	타입	흡수 방출	Coefficient(eV cm^3/sec)
TA	g-type	Absorption	4.8959e-10
		Emission	7.8336e-10
LA	g-type	Absorption	4.6773e-10
		Emission	9.5963e-10
LO	g-type	Absorption	2.7429e-09
		Emission	3.0493e-08
TA	f-type	Absorption	6.1683e-11
		Emission	1.2903e-10
LA	f-type	Absorption	2.2619e-10
		Emission	1.4261e-09
TO	f-type	Absorption	1.1103e-10
		Emission	1.0816e-09

※ Elastic phonon scattering의 coefficent를 계산하면 약 1.6854e-09가 나온다.

계수를 구하였으므로, 이완 시간을 구하는 일은 density-of-states를 구하는 작업으로 바뀌게 된다. 3차원 전자 기체를 고려하고 있으며, 유효 질량 근사를 사용하고 있음을 기억하자. 어느 밸리에 대해 각 방향으로의 유효 질량이 m_{xx}, m_{yy} 그리고 m_{zz}으로 주어진다고 가정하자. 3.4절에서는 2차원 전자 기체에 대해서 $\tilde{k}_x$나 $\tilde{k}_y$와 같은 값들을 도입했었다. 유사한 방식으로, 역시 다음과 같은 변환을 도입해보자.

$$\tilde{k}_x = \sqrt{\frac{m_d}{m_{xx}}} k_x \tag{4.7.1}$$

$$\tilde{k}_y = \sqrt{\frac{m_d}{m_{yy}}} k_y \tag{4.7.2}$$

$$\tilde{k}_z = \sqrt{\frac{m_d}{m_{zz}}} k_z \tag{4.7.3}$$

그리고 m_d를 식 (3.4.7)과 같이 $(m_{xx}m_{yy}m_{zz})^{\frac{1}{3}}$ 으로 설정해주면, density-of-states는 마치 m_d 라는 등방적인 유효 질량을 가진 경우와 동일하게 얻어질 수 있다. 원래 이 밸리의 에너지와 파수들 간의 관계가 아래와 같다고 하자.

$$E(\mathbf{k}) = \frac{\hbar^2 k_x^2}{2m_{xx}} + \frac{\hbar^2 k_y^2}{2m_{yy}} + \frac{\hbar^2 k_z^2}{2m_{zz}} \tag{4.7.4}$$

그렇다면 도입된 변환에 의해서 다음과 같음을 손쉽게 확인할 수 있다.

$$E(\mathbf{k}) = E(\tilde{\mathbf{k}}) = \frac{\hbar^2 \tilde{k}_x^2}{2m_d} + \frac{\hbar^2 \tilde{k}_y^2}{2m_d} + \frac{\hbar^2 \tilde{k}_z^2}{2m_d} \tag{4.7.5}$$

그리고 m_d를 잘 설정해주었기 때문에, 미소 부피도 그대로 유지가 된다.

$$dk_x dk_y dk_z = d\tilde{k}_x d\tilde{k}_y d\tilde{k}_z \tag{4.7.6}$$

이러한 조건에서 식 (4.6.7)을 직접 계산해보면, 에너지 E_0에서의 density-of-states에 대해서 다음과 같은 결과를 얻을 수 있다.

$$D(E_0) = \frac{1}{2\pi^2}\left(\frac{m_d}{\hbar^2}\right)^{1.5}\sqrt{2E_0} \tag{4.7.7}$$

Density-of-states가 이렇게 에너지의 제곱근에 비례하는 것은 3차원 전자 기체의 특징이다. Density-of-states의 차원이 단위 에너지 및 단위 부피당 숫자의 형태임을 확인하자. 2차원이나

1차원 전자 기체에서는 그에 맞는 식이 필요하다. 이렇게 구해진 density-of-states는 하나의 스핀과 하나의 밸리에 대한 것임을 유의하자.

다음 실습 4.7.2를 통하여 이완 시간을 직접 구해보자.

실습 4.7.2

식 (4.7.7)을 통해 density-of-states를 구할 수 있게 되었다. 앞의 실습 4.7.1의 결과와 이 density-of-states를 활용하여 식 (4.6.8), 식 (4.6.9) 그리고 식 (4.6.10)에 나오는 이완 시간들을 구해보자. 이렇게 구한 이완 시간들을 에너지의 함수로 그려보자. 한 가지 유의해야 할 것은 f-type 포논의 경우에는 전자가 이동할 수 있는 밸리가 4개 존재하므로, 식 (4.6.8)이나 식 (4.6.9)에 추가적으로 이에 해당하는 숫자 4를 곱해주어야 한다는 점이다. 포논 방출과 포논 흡수를 고려하고 acoustic phonon을 고려하므로 모두 13개의 경우를 다루어야 할 것이다.

Density-of-states가 에너지의 제곱근에 비례하기 때문에, 이완 시간 역시 이와 같은 에너지 의존성을 보이게 된다. 전에 다룬 것과 같이 전체 이완 시간의 역수는 각각의 이완 시간들을 역수의 합으로 구해진다.

이제 이완 시간을 계산하는 데 성공하였으므로, 이동도를 구할 때가 되었다. 이번 절에서는 지속적으로 Pauli 항을 무시하는 상황을 고려해왔으므로, 이동도 역시 Pauli 항을 무시하도록 하자. 그럴 경우의 Kubo-Greenwood 식은 다음과 같이 쓸 수 있다.

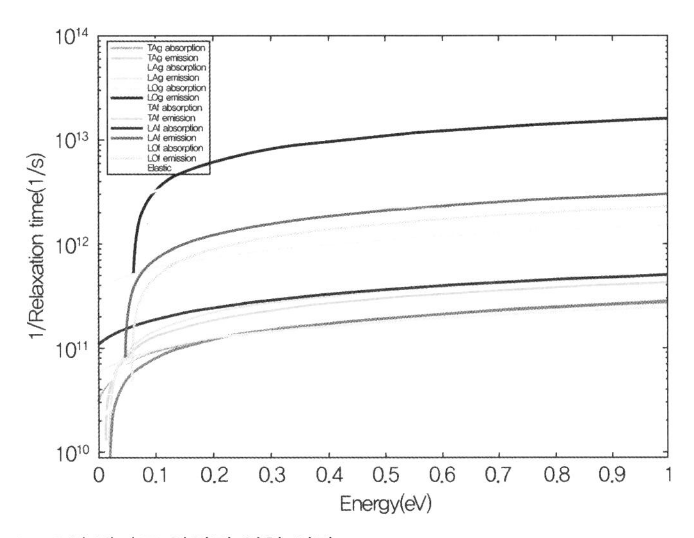

그림 4.7.1 실습 4.7.2의 결과로 얻어진 이완 시간

$$\mu_{ii} = \frac{q}{nk_B T(2\pi)^3} \iiint dk_x dk_y dk_z \;\; \tau(E(\mathbf{k})) v_i(\mathbf{k}) v_i(\mathbf{k}) f_{FD}(E(\mathbf{k})) \tag{4.7.8}$$

전자 농도가 높지 않을 경우에 이 식은 정확하게 성립할 것이다. 전과 같이 $\mathbf{k}$를 $\tilde{\mathbf{k}}$로 변환하고 싶은데, $v_i(\mathbf{k})$가 등장한다. 예를 들어 x 방향이라면

$$v_x(\mathbf{k}) = \frac{1}{\hbar} \frac{\partial E(\mathbf{k})}{\partial k_x} \tag{4.7.9}$$

와 같은 형태가 등장한다. 이것을 $\tilde{\mathbf{k}}$에서 쓰기 위해서는 식 (4.7.1)의 도움을 받게 된다.

$$v_x(\mathbf{k}) = \sqrt{\frac{m_d}{m_{xx}}} \frac{1}{\hbar} \frac{\partial E(\tilde{\mathbf{k}})}{\partial \tilde{k}_x} \tag{4.7.10}$$

이를 이용하여

$$\mu_{xx} = \frac{m_d}{m_{xx}} \frac{q}{nk_B T(2\pi)^3} \iiint d\tilde{k}_x d\tilde{k}_y d\tilde{k}_z \;\; \tau(E(\tilde{\mathbf{k}})) \left(\frac{1}{\hbar} \frac{\partial E(\tilde{\mathbf{k}})}{\partial \tilde{k}_x} \right)^2 f_{FD}(E(\tilde{\mathbf{k}})) \tag{4.7.11}$$

와 같이 정리될 것이다. μ_{yy}나 μ_{zz}도 유사한 식을 가지게 된다. 그럼 식 (4.7.11)과 다른 두 방향에 대한 유사한 식들을 모두 더하면, 식 (4.7.5)의 도움을 고려하면, 다음과 같은 결과가 얻어진다.

$$\mu_{xx} = \frac{m_d}{m_{xx}} \frac{q}{nk_B T(2\pi)^3} \frac{1}{3} \iiint d\tilde{k}_x d\tilde{k}_y d\tilde{k}_z \;\; \tau(E(\tilde{\mathbf{k}})) \frac{2E(\tilde{\mathbf{k}})}{m_d} f_{FD}(E(\tilde{\mathbf{k}})) \tag{4.7.12}$$

위의 식에서 계수 $\frac{1}{3}$이 등장하는 것은 각 방향으로의 기여도가 일정하기 때문이며, 이로부터 각 방향의 이동도는 방향별 유효 질량의 역수에 비례할 것이라는 점을 알 수 있다. $\tilde{\mathbf{k}}$에 대한 적분을 density-of-states를 사용하여 에너지 적분으로 바꾸어서 쓸 수 있다.

$$\mu_{xx} = \frac{m_d}{m_{xx}} \frac{q}{nk_B T} \frac{1}{3} \int_0^\infty dE \ \tau(E) \frac{2E}{m_d} f_{FD}(E) D(E) \tag{4.7.13}$$

이미 이완 시간을 구한 상황이므로, 위의 적분을 어려움 없이 수행할 수 있을 것이다. 이 적분은 에너지에 대한 적분인데, 다음과 같이 이산화할 수 있을 것이다. 일정한 간격 ΔE 간격으로 에너지 공간을 나누어주고, $E_n = \left(n - \frac{1}{2}\right)\Delta E$와 같이 설정해주면, n에 대한 합으로 적분을 근사할 수 있게 된다. 식 (4.7.13)을 이런 방식으로 변환해보면 다음과 같이 될 것이다.

$$\mu_{xx} = \frac{m_d}{m_{xx}} \frac{q}{nk_B T} \frac{1}{3} \sum_{n=1}^{\infty} \Delta E \ \tau(E_n) \frac{2E_n}{m_d} f_{FD}(E_n) D(E_n) \tag{4.7.14}$$

최종적으로 이동도를 구하기 위해서 먼저 전자 농도인 n을 구해보도록 하자. 실습 4.7.3이 이러한 작업을 위한 것이다. 물론 n은 밸리당 스핀당 값임을 유의하자. 다음의 식이 도움이 될 것이다.

$$N_{elec} = \frac{1}{\Omega_{\mathbf{k}}} \int d\mathbf{k} \ f_{FD}(E(\mathbf{k})) \tag{4.7.15}$$

구체적으로 3차원 전자 기체에 적용하여 n을 구하는 것은 독자들이 손쉽게 할 수 있을 것으로 기대한다. 역시나 에너지에 대한 적분이 나올텐데, 식 (4.7.13)을 식 (4.7.14)로 바꾸는 것과 같은 방식으로 적용이 가능할 것이다. 다음 실습 4.7.3으로 이러한 작업을 해보자.

실습 4.7.3

Kubo-Greenwood 식의 분모에는 전자 농도 n이 필요하다. 이 실습에서는 Fermi level과 밸리의 최소 에너지 사이가 0.5 eV만큼 차이가 난다고 생각하자. $m_{xx} = 0.91m_0$, $m_{yy} = 0.19m_0$, $m_{zz} = 0.19m_0$인 밸리를 고려하여서, 이 밸리가 전자 농도에 기여하는 양을 계산해보자. 온도는 300 K이라고 가정하자. 동일한 작업을 Fermi level과 밸리의 최소 에너지 사이 간격을 바꾸어가며 계산해보자.

이제 전자 농도도 구했으므로 이동도를 구할 수 있다. 다음 실습 4.7.4를 통해서 이동도를 구해보도록 한다.

실습 4.7.4

식 (4.7.14)는 Kubo-Greenwood 식을 실리콘 conduction band의 밸리에 적용한 식이다. 실습 4.7.3에서 구한 것과 같이 $m_{xx}=0.91m_0$, $m_{yy}=0.19m_0$, $m_{zz}=0.19m_0$인 밸리를 고려하여서, 이 밸리의 이동도를 구해보자. 이때, μ_{xx}와 μ_{yy} 그리고 μ_{zz}를 모두 구해보자. 온도는 300 K이라고 가정하자.

이 실습을 성공적으로 수행하면, 약 $\mu_{xx}=463\ \mathrm{cm}^2/V\ \mathrm{sec}$, $\mu_{yy}=\mu_{zz}=2219\ \mathrm{cm}^2/V\ \mathrm{sec}$을 얻게 될 것이다.

위의 실습은 x 방향 유효 질량이 무거운 경우일 것이며, 다른 방향의 유효 질량이 무거운 밸리는 그 방향으로의 이동도가 작을 것이다. 물론 이런 세 가지 종류의 밸리들은 똑같은 정도로 점유되어 있을 것이므로 실리콘 conduction band의 이동도는 이 세 값의 평균으로 주어질 것이다.

4.8 2차원 전자 기체의 이동도 계산

앞의 4.7절에서 3차원 전자 기체의 이동도를 계산하였다. 실습 과정을 통해 알 수 있는 것처럼, 이동도 계산은 복잡한 행렬 연산은 없음에도 불구하고 계산에서 세심한 주의를 기울여야 한다. 따라서 처음 접하는 독자들에게 어렵게 느껴질 수도 있었을 것이다. 그러나 이동도는 계산전자공학에서 매우 중요한 물리량이기 때문에, 올바르게 이해할 수 있도록 노력해보자. 제4장의 마지막 절인 이번 절에서는 2차원 전자 기체의 이동도를 계산해보자. 2차원 전자 기체에서는 서브밴드가 밸리의 역할을 수행할 것이다.

먼저 double-gate MOS 구조에 대한 지난 실습 코드를 되돌려보자. 서브밴드의 최소 에너지 및 파동 함수가 중요하게 사용되므로, 다음 실습 3.7.1에서는 각 밸리의 서브밴드 에너지들과 z 방향 파동 함수를 구하는 것으로 시작한다. 세 개의 밸리에서 몇 개씩 서브밴드를 고려하게 되므로, 실제로 고려되는 서브밴드의 숫자는 4.7절에서의 밸리의 숫자보다 크게 될 것이다.

실습 4.8.1

실습 3.7.1을 통해 self-consistent 슈뢰딩거–포아송 solver를 완성해보았다. 이렇게 얻어진 수렴해를 바탕으로, 각 밸리별로 서브밴드 에너지들을 기입해보자. 그리고 이렇게 얻어진 서브밴드 에너지에 대해서 Fermi-Dirac 분포 함수를 계산해보자. 물론 우리의 규약에 따라서 Fermi level은 0 eV에 위치할 것이다. 서브밴드 에너지에 덧붙여, z 방향 파동 함수인 $\psi_z(z)$ 함수도 서브밴드별로 그려보자. 이 함수들이 정규화 조건인 식 (3.5.4)를 만족하는지 확인해보자. 게이트 전압에 0 V가 인가된 경우를 먼저 고려한다.

Kubo-Greenwood 식 자체는 최대한 일반적으로 쓰기 위해서 노력하였으므로, 2차원 전자 기체의 특정 서브밴드에 대해서 적는 것도 그다지 어렵지는 않을 것이다. 2차원 전자 기체에 대해 적용한 식은 다음과 같다.

$$\mu_{ii} = \frac{q}{n_{2D} k_B T (2\pi)^2} \iint dk_x dk_y \ \tau(E(\mathbf{k})) v_i(\mathbf{k}) v_i(\mathbf{k}) f_{FD}(E(\mathbf{k}))(1 - f_{FD}(E(\mathbf{k}))) \quad (4.8.1)$$

모두 2차원 전자 기체에 맞추어서 적절하게 차원이 변경되었으며, 전자 농도도 3차원 전자 농도가 아닌 2차원 전자 농도 n_{2D}임을 유의하자. 전체 이동도를 구할 때에는 서브밴드 각각의 이동도에다 그 서브밴드의 2차원 전자 농도를 곱해서 전부 더한 후, 전체 2차원 전자 농도로 나누어주어야 할 것이다.

실리콘 conduction band의 유효 질량 근사를 도입할 경우에, 2차원 파수 공간인 $\mathbf{k}$를 $\tilde{\mathbf{k}}$로 변환하는 것은 식 (3.4.1)과 식 (3.4.2)에서 다룬 것과 동일하다. 3차원 전자 기체에서의 식 (4.7.11)에 해당하는 식 역시 손쉽게 얻어질 것이다.

$$\mu_{xx} = \frac{m_d}{m_{xx}} \frac{q}{n_{2D} k_B T (2\pi)^2} \iint d\tilde{k}_x d\tilde{k}_y \ \tau(E(\tilde{\mathbf{k}})) \left(\frac{1}{\hbar} \frac{\partial E(\tilde{\mathbf{k}})}{\partial \tilde{k}_x} \right)^2 f_{FD}(E(\tilde{\mathbf{k}}))(1 - f_{FD}(E(\tilde{\mathbf{k}}))) \quad (4.8.2)$$

물론 여기서 m_d는 3차원 전자 기체의 경우와 다르게 $\sqrt{m_{xx}m_{yy}}$ 임을 기억하자. 그리고 여기서는 Pauli 항을 생략하지 않았다. 2차원 전자 기체의 경우에는 낮은 서브밴드들의 최소 에너지 근처의 상태들에서 분포 함수가 꽤 큰 값을 가지는 일이 흔하게 일어나기 때문이다. 식 (4.8.2)에 등장하는 적분은 오직 에너지만의 함수를 $\tilde{\mathrm{k}}$에 대해서 적분하는 것이다. 이것을 수행하는 것은 역시 3차원 전자 기체와 유사한 방법으로 가능할 것이다.

다음 실습은 3차원 전자 기체에서의 식을 2차원 전자 기체에 적용하는 것으로 하자. 코드를 작성하는 것이 아닌 식을 전개하는 것이다.

실습 4.8.2

식 (4.7.7)은 3차원 전자 기체의 density-of-states에 대한 식이다. 이 실습에서는 2차원 전자 기체에 대해서 유사한 식을 유도해본다. 결과를 구하고 나면, density-of-states가 에너지에 무관한 상수가 나옴을 알 수 있을 것이다. 이렇게 얻어진 density-of-states를 사용하여, 식 (4.7.12), 식 (4.7.13) 그리고 식 (4.7.14)에 해당하는 식들을 2차원 전자 기체에 대해서 적어 보자.

여기까지 2차원 전자 기체에 적용하는 과정은 그다지 어렵지 않았을 것이다. 마지막 남은 과정은 이완 시간을 구하는 것이다. 이완 시간을 구할 때 한 가지 생각해보아야 할 것은 Ω_s의 처리이다. 3차원 전자 기체에서는 한 변의 길이가 L인 상자를 생각하여, $\Omega_s = L^3$였다. 또한 $\Omega_{\mathrm{k}} = \frac{(2\pi)^3}{\Omega_s}$의 관계가 성립했다. 그런데 2차원 전자 기체에서는 한 변의 길이가 L인 판을 생각하게 되며, $\Omega_s = L^2$이다. 또한 $\Omega_{\mathrm{k}} = \frac{(2\pi)^2}{\Omega_s}$으로 주어진다. 그러므로 4.5절과 4.6절에 나타난 식들을 적용할 때 주의가 필요할 것이다. 일관성을 위하여 문제에 따라서 Ω_s의 차원을 바꾸는 것은 유지하려 한다. 이럴 경우, Ω_s가 더 이상 부피가 아니므로, transition rate의 식에서 (1/cm)의 차원을 가진 물리량이 하나 추가되어야 한다. 이것은 z 방향으로의 전자 기체의 '두께' 분의 1에 해당하는 값이 될 것이므로, 다음과 같이 변형하여 사용한다.

$$\frac{1}{\Omega_{s,3D}} = \frac{1}{L^3} \rightarrow \frac{1}{\Omega_{s,2D}} \int dz |\psi_{z,n}(z)|^2 |\psi_{z,m}(z)|^2 \tag{4.8.3}$$

위의 화살표 왼쪽은 3차원 전자 기체에서의 상황을 나타내며, 화살표 오른쪽은 이것이 2차원 전자 기체에서 어떻게 다르게 반영되는지 나타낸다. 그리고 n과 m은 '어느 밸리의 몇 번째 서브밴드인지'를 나타내는 인덱스로 해석되어야 한다.

예를 들어, 포논 방출에 대한 이완 시간을 나타내는 식 (4.6.8)은 다음과 같이 바뀌게 된다.

$$\frac{1}{\tau(E(\mathbf{k}))} = \frac{\pi(D_t K_\eta)^2}{\rho\omega}(N_{phonon}(\hbar\omega)+1)D(E(\mathbf{k})-\hbar\omega)\int dz|\psi_{z,n}(z)|^2|\psi_{z,m}(z)|^2 \tag{4.8.4}$$

다시 한번 강조하지만, 우변의 적분은 scattering 전후의 서브밴드 조합에 따라서 바뀌는 값이다. 만약 두 서브밴드들이 비슷한 ψ_z 함수를 가지고 있다면 이 적분은 큰 값을 줄 것이고, 비슷하지 않는다면 값이 작아질 것이다. 또한 이 식은 각자 파동 함수를 제곱하여 적분한 값이므로, 식 (3.5.4)와는 차원이 다름을 유의하자.

다음 실습 4.8.3을 통해 흔히 overlap form-factor라 불리는 적분을 구해보자. 이 값은 (1/cm)와 같은 길이 분의 1의 차원을 가지게 된다.

실습 4.8.3

실습 4.8.1에서 구해놓은 파동 함수들을 사용하여, 두 개의 서브밴드들로 이루어진 쌍들에 대해서 식 (4.8.4)의 우변에 등장하는 적분, overlap form-factor를 구해보자.

정리하면, Kubo-Greenwood 식을 2차원 전자 기체에 적용하는 것은 단지 파수 공간의 차원만 낮추어주면서 그에 따라 적절한 변환을 수행하면 손쉽게 달성할 수 있다. 이완 시간의 경우에는 부피에서 면적으로 바뀌는 Ω_s의 의미에 따라서 추가적인 항이 필요하게 되는데, 이것은 z 방향 파동 함수를 사용하여 overlap form-factor를 고려하는 것으로 해결한다.

Selection rule을 다룰 때에는 비록 서로 다른 서브밴드에 속해 있더라도 밸리가 동일하면 intravalley scattering이 일어날 수 있다고 본다. 예를 들어, f-type scattering이라고 한다면, 원래의 밸리와 다른 종류의 4개의 밸리에 속한 모든 서브밴드들로 이동이 가능하다고 본다. 이것은 g-type도 마찬가지이다. 그러므로 이들은 흔히 intersubband scattering이라고 불린다. 그러나 acoustic phonon의 경우에는 관련된 포논의 운동량이 매우 작다고 생각하기 때문에 자기 자신의 서브밴드로만 움직인다고 계산하며, 따라서 intrasubband scattering으로 취급된다. 실제 계산에 있어서 유의를 요한다.

한 가지 실수하기 쉬운 부분으로, 2차원 전자 기체의 density-of-states가 상수라는 사실이다. 이것은 계산을 상당히 간단히 만들어주는데, 유효한 범위가 있다. 바로 운동 에너지가 0 eV 이상이어야지만 density-of-states가 상수가 된다. 매우 당연한 이야기지만, 실제 코드 작성에서는 간과하기 쉬운 부분이다.

제4장의 마지막 실습인 실습 4.8.4를 통해 2차원 전자 기체의 이동도를 구해보도록 하자.

실습 4.8.4

실습 4.8.3에서 구해놓은 overlap form-factor와 파동 함수들을 사용하여, double-gate MOS에 존재하는 2차원 전자 기체의 이동도를 구해보자. 게이트 전압을 바꾸어가며 이동도를 그려보자.

올바른 결과를 얻기 위해서는 세심한 코드 작성이 요구될 것이다. 이 결과를 얻게 되면, 이제 독자들은 double-gate MOS 구조의 2차원 전자 기체의 phonon-limited mobility를 구할 수 있게 된 것이다. 여기에 추가적으로 surface roughness scattering 등과 같은 scattering을 더 고려한다면 더욱 측정값에 가까운 결과를 얻을 수 있을 것이다.

CHAPTER

5

준고전적 수송 이론

준고전적 수송 이론

5.1 들어가며

제4장에서 이동도를 계산하는 법을 다루었다. 이동도는 균일한 샘플에 작은 전기장이 인가되었을 때의 전자 속도의 응답을 나타내며, 준고전적 수송 이론의 핵심적인 물리량이다. 이러한 중요성을 감안하여, 제4장에서 이동도 계산과 관련된 중간 과정들을 되도록 자세하게 설명해보았다.

이렇게 이동도를 계산할 수 있게 되었으나, 이것이 전자 수송 현상의 전부를 나타낼 수는 없다. 위에서 적은 것처럼 '균일한' 샘플과 '작은' 전기장을 가정하기 때문에, 물리량들이 '불균일한' 소자에 '높은' 전기장이 인가된 상황을 나타내기에는 적합하지 않다. 그래서 자연스럽게 반도체 소자에 임의의 단자 전압이 인가된 경우를 다룰 수 있는 방법이 무엇인지 찾게 된다.

제4장에서 이동도를 구하기 위하여 균일한 샘플에서 전자 분포를 기술하는 지배 방정식을 먼저 찾았던 것처럼, 제5장에서는 일반적인 경우에 전자 분포를 기술하는 지배 방정식을 찾게 된다. 이 결과, 준고전적인 수송 이론에서는 볼츠만 수송 방정식이 중요함을 파악하게 된다. 그리고 이 볼츠만 수송 방정식을 풀기 위한 수치해석적인 기법을 배우게 된다. 전통적으로 전자 기체에 대한 볼츠만 수송 방정식은 무작위수를 사용한 Monte Carlo 기법을 사용하여 해석되어왔으나, 최근에는 무작위수를 사용하지 않는 방법이 많이 적용이 되고 있다. 제5장에서는 이를 위한 기법들을 배우도록 한다.

5.2 준고전적 수송의 지배 방정식

준고전적 수송의 지배 방정식은 볼츠만 수송 방정식(Boltzmann transport equation)이다. 제4장에서는 파수 공간에서만 쓰인 간략화된 Boltzmann 방정식을 배웠다. 균일한 샘플이기 때문에 실공간에 대한 미분항은 생략되었다. 또한 steady-state를 생각한다고 가정하여, $\frac{\partial f}{\partial t}$와 같은 전자 분포의 시간에 따른 변화항도 생략하도록 하자. 이 경우의 Boltzmann 방정식은 다음과 같이 간략화된 형태로 나타났었다.

$$\frac{\mathrm{F}}{\hbar} \cdot \nabla_{\mathrm{k}} f(\mathrm{k}) = \hat{S} \tag{5.2.1}$$

이 방정식은 좌변과 우변은 (1/sec)의 차원을 가지고 있다.

이제 실공간상으로 불균일하고 시간에 따른 변화도 있는 일반적인 경우를 고려해보자. 이 경우에는 실공간과 파수 공간에 모두 의존하는 전자 분포 함수인 $f(\mathrm{r}, \mathrm{k})$가 고려되어야 할 것이다. 여전히 $f(\mathrm{r}, \mathrm{k})$는 차원이 없는 수이다. 이렇게 실공간과 파수 공간의 조합인 (r, k)으로 나타난 공간을 위상 공간(phase space)라고 부른다. 이 위상 공간에서 볼츠만 방정식을 쓰면 다음과 같다.

$$\frac{\partial f(\mathrm{r}, \mathrm{k})}{\partial t} + \mathrm{v}(\mathrm{k}) \cdot \nabla_{\mathrm{r}} f(\mathrm{r}, \mathrm{k}) + \frac{\mathrm{F}}{\hbar} \cdot \nabla_{\mathrm{k}} f(\mathrm{r}, \mathrm{k}) = \hat{S} \tag{5.2.2}$$

여전히 이 방정식의 좌변과 우변은 (1/sec)의 차원을 가지고 있다. 제4장과 마찬가지로 힘인 F는 식 (4.4.15)와 같이 전기장에 의한 것만을 고려하기로 한다. 자기장이 인가되었을 때 Lorentz 힘이 작용하는데, 이것도 고려할 수 있으나 이 책에서는 고려하지 않기로 한다.

이 식은 $f(\mathrm{r}, \mathrm{k})$의 시간 변화를 묘사하는 식이다. 전자가 속도를 가지고 있으므로 시간이 지남에 따라서 실공간상에서의 위치가 변화할 것이다. 또한 힘이 가해지고 있으므로 가속도가 발생하여 파수 공간상 위치 역시 변화할 것이다. 이러한 예측 가능한 형태의 움직임이 좌변에서 나타나고 있고, scattering에 의하여 파수 공간상 위치가 변화하는 것이 우변에 나타나 있다.

다음 실습을 통해 실공간과 파수 공간이 각각 1차원인 간단한 경우에 대해서 직접 계산을 수행해보도록 하자.

실습 5.2.1

실공간과 파수 공간이 각각 1차원이라고 생각하자. 전자가 가진 유효 질량이 정지 질량인 m_0와 같다고 생각하자. 전기장의 크기가 E_{ext}로 주어지면 가속도는 $-\dfrac{qE_{ext}}{m_0}$가 된다. 초기에 1,000개의 전자들이 실공간에서는 10 nm 범위 내에 균일하게 분포되어 있고, 속도 분포 역시 -5×10^5 cm/sec부터 $+5\times10^5$ cm/sec까지 균일하게 되어 있다고 생각하자. 매우 짧은 시간 간격을 사용해가며, 이 전자들이 시간에 따라 $(x,\ v)$로 나타낸 좌표 위에서 어떻게 움직여 나가는지 계산해보자. 이 공간은 속력이 파수와 비례하기 때문에 위상 공간과 밀접한 관련이 있을 것이다. 이 계산에서는 볼츠만 수송 방정식을 풀어줄 필요는 없다. 대신 주어진 시간에서의 속력과 가속도를 가지고 다음 시간에서의 위치와 속력을 계산해주도록 하자.

그림 5.2.1은 +1 kV/cm의 전기장이 인가되었을 때, 초기 상태 및 1 psec 후에서의 전자들의 분포를 그린 것이다. 하나하나의 점들이 1,000개 중 하나의 전자를 표시한 것이다. 전기장의 방향이 (+) 방향이므로 가속도는 (−) 방향일 것이다. 시간이 지나면 위치와 속력 모두 (−) 값을 가지게 된다. 좀 더 긴 시간이 지났을 때에는 어떻게 변해가는지 독자들이 직접 최종 시간값을 조절해가며 파악해보도록 하자.

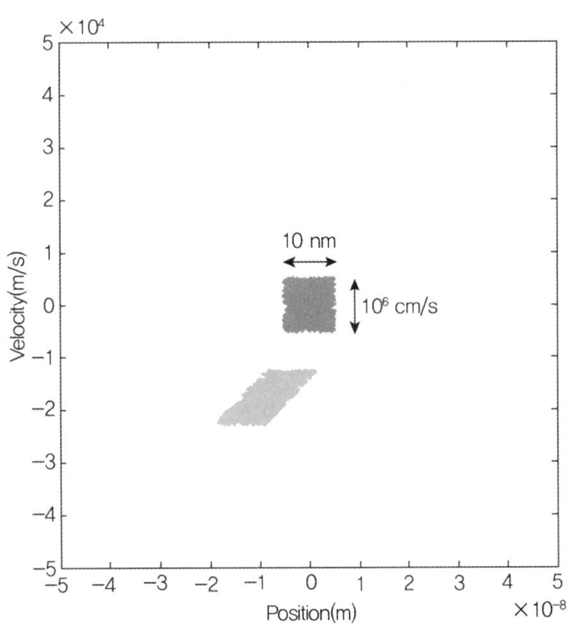

그림 5.2.1 전기장이 1 kV/cm로 인가되었을 때, 실습 5.2.1을 수행한 결과. 시간 간격은 1 fsec이 사용되었다.

이 실습은 실공간과 파수 공간이 모두 1차원이었기 때문에, 위상 공간의 차원이 2차원일 것이다. Nanowire MOSFET처럼 단면이 2차원으로 강하게 속박되어 있고 채널 방향으로만 전자 수송이 이루어지는 경우에는 이러한 기술이 매우 적합할 것이다. 먼저 슈뢰딩거 방정식을 풀어서 서브밴드 구조를 구한 후, 전자들의 수송은 볼츠만 방정식을 풀어서 정보를 얻을 수 있다. 그러나 nanowire가 아니라 nanosheet MOSFET처럼 양자 속박 효과가 거의 한 방향으로만 강할 경우에는 실공간과 파수 공간을 각각 2차원으로 생각하는 것이 적합할 것이다. 물론 planar MOSFET도 2차원 전자 기체를 가지고 있으므로 이 경우에 속한다. 마지막으로, 심지어 양자 속박 효과가 없는 경우라면 실공간과 파수 공간이 각각 3차원이 될 것이다. 요약하자면, 다루는 문제가 어떤 것인가에 따라 볼츠만 방정식이 자리 잡은 위상 공간의 차원이 크게 달라진다는 것이다. 그래서 실공간과 파수 공간이 각각 1차원이 아닌 이상, 계산량이 상당히 커지게 된다.

위에서 기술한 것과 같은 위상 공간의 차원 문제로 인하여, 오랫동안 볼츠만 수송 방정식은 수치해석적인 입장에서 매우 어려운 문제로 여겨져왔다. 컴퓨터의 연산 능력이 지금처럼 발달하지 못했던 시절에는 3차원 전자 기체에 대한 6차원 위상 공간을 다루는 것이 매우 어려운 일이었다. 이를 해결하기 위해서 Monte Carlo 기법이 널리 사용되어왔다. 이러한 사정으로, 요즘도 계산전자공학에서 Monte Carlo라는 단어는 Monte Carlo 기법을 적용한 볼츠만 수송 방정식 solver에 가장 많이 사용되고 있다. 컴퓨터의 연산 능력이 비약적으로 발달한 요즘은, 볼츠만 수송 방정식을 Monte Carlo 기법을 적용하지 않고 풀어주는 것도 가능하게 되었다. 그렇지만 여전히 3차원이 넘어가는 문제는 다루기 어렵다고 여겨지곤 한다. 이러한 측면에서 되도록 볼츠만 수송 방정식의 차원을 낮추어보려는 노력은 여전히 유효할 것이다.

다음 절인 5.3절에서는 2차원 전자 기체를 고려해본다. 1차원 전자 기체는 이산화가 그다지 어렵지 않으므로 2차원 전자 기체를 다룰 수 있다면 오히려 더 간단히 취급되므로 생략하였다. 3차원 전자 기체는 물론 더 복잡한 수식이 필요하지만, 양자 속박 효과를 고려하지 못하는 점 때문에 MOSFET에 적용하기에 부적합한 측면이 있다. 이러한 고려 끝에 2차원 전자 기체를 선정하였다.

5.3 에너지 공간으로의 변환

이 절에서는 2차원 전자 기체에 대한 볼츠만 수송 방정식을 에너지 공간으로 변환하여 나타내는 과정을 소개한다. 단순히 좌표 변환들만이 고려되기 때문에 정확성을 잃어버리지 않으며 변형된다. 이 절은 다음의 5.4절을 위한 준비 과정이라 생각하면 좋을 것이다. 그동안 고려해왔던 double-gate MOS 구조를 염두에 두고 이후 논의를 보면 이해가 쉬울 것이다. 독자들의 이해를 돕기 위해, 최대한 중간 과정을 생략하지 않고 모두 나타내도록 한다.

식 (5.2.2)의 볼츠만 수송 방정식을 2차원 전자 기체에 대해서 적용한다. 그러면 $\mathbf{r}$과 $\mathbf{k}$는 2차원 벡터들이 된다. 그런데 채널 방향인 x 방향으로만 전자 수송이 일어나고 y 방향으로는 물리량들이 바뀌지 않는다고 하자. 그러면 식 (5.2.2)의 $f(\mathbf{r}, \mathbf{k})$를 좀 더 구체적으로 $f(x, k_x, k_y)$로 표시할 수 있을 것이다.

$$\frac{\partial f(x, k_x, k_y)}{\partial t} + \mathbf{v}(k_x, k_y) \cdot \mathbf{a}_x \frac{\partial}{\partial x} f(x, k_x, k_y) + \frac{F}{\hbar} \mathbf{a}_x \cdot \nabla_{\mathbf{k}} f(x, k_x, k_y) = \hat{S} \quad (5.3.1)$$

이 식을 k_x와 k_y을 바탕으로 이산화를 할 수도 있으나, 극좌표를 사용할 수도 있을 것이다. 이 경우에 $\mathbf{k}$의 크기와 각도를 가지고 표시하게 된다. 그러나 이 작업을 하기 전에 서브밴드의 비등방성을 먼저 고려하고자 한다. 원래의 $\mathbf{k}$ 좌표로 쓰게 되면 x 방향 속력은 식 (4.7.9)에서 나타낸 것과 같이

$$\mathbf{v}(\mathbf{k}) \cdot \mathbf{a}_x = \frac{1}{\hbar} \frac{\partial E(\mathbf{k})}{\partial k_x} \quad (5.3.2)$$

로 주어진다. 그러나 식 (4.7.10)에서 나타낸 것과 같이 좌표 변환된 $\tilde{\mathbf{k}}$에서 쓰면 다음과 같이 쓸 수 있다.

$$v_x(\mathbf{k}) = \sqrt{\frac{m_d}{m_{xx}}} \frac{1}{\hbar} \frac{\partial E(\tilde{\mathbf{k}})}{\partial \tilde{k}_x} = \sqrt{\frac{m_d}{m_{xx}}} \frac{1}{\hbar} \frac{\partial E(\tilde{k})}{\partial \tilde{k}_x} \quad (5.3.3)$$

두 번째 등식은 동어 반복 같지만 $\tilde{\mathbf{k}}$으로 쓸 경우, 서브밴드의 에너지가 등방성을 가진다

는 점을 명확하게 보이고 있다. 이 성질 덕분에, 극좌표의 도입에서 유리함이 생긴다. 다음과 같이 변형하여 써보자.

$$\frac{\partial f(x,\tilde{k}_x,\tilde{k}_y)}{\partial t}+\sqrt{\frac{m_d}{m_{xx}}}\frac{1}{\hbar}\frac{\partial E(\tilde{k})}{\partial \tilde{k}_x}\frac{\partial}{\partial x}f(x,\tilde{k}_x,\tilde{k}_y)+\frac{F}{\hbar}\sqrt{\frac{m_d}{m_{xx}}}\frac{\partial}{\partial \tilde{k}_x}f(x,\tilde{k}_x,\tilde{k}_y)=\hat{S} \qquad (5.3.4)$$

이와 같은 $\mathbf{k}$로부터 $\tilde{\mathbf{k}}$의 변환은 비등방성을 효율적으로 다루기 위한 불가피한 선택임을 이해하도록 하자. 계속 물결 표시가 나오는 것이 식을 복잡하게 만들 수 있으나, 표기의 일관성을 위해 모두 유지하도록 한다.

앞의 단락에서 같은 $\mathbf{k}$로부터 $\tilde{\mathbf{k}}$의 변환을 다루었으므로, 이번 단락에서는 극좌표를 도입하자. 극좌표는 다음과 같은 형태로 도입하자.

$$\tilde{k}=\sqrt{\tilde{k}_x^2+\tilde{k}_y^2} \qquad (5.3.5)$$

$$\tan\theta=\frac{\tilde{k}_y}{\tilde{k}_x} \qquad (5.3.6)$$

극좌표로 쓰기 위해서는 $\frac{\partial}{\partial \tilde{k}_x}$를 극좌표에서 표시해주어야 하는 과정이 남아 있다. 식 (5.3.4)의 좌변 두 번째 및 세 번째 항들이 모두 $\frac{\partial}{\partial \tilde{k}_x}$를 포함하고 있기 때문이다. Chain rule을 사용하면 다음과 같이 쓰는 것이 가능하다.

$$\frac{\partial}{\partial \tilde{k}_x}=\frac{\partial \tilde{k}}{\partial \tilde{k}_x}\frac{\partial}{\partial \tilde{k}}+\frac{\partial \theta}{\partial \tilde{k}_x}\frac{\partial}{\partial \theta} \qquad (5.3.7)$$

물론 우변의 항들의 계수들을 계산하는 과정이 필요하다. 식 (5.3.5)와 식 (5.3.6)을 $\tilde{k}_x$로 편미분해주면 다음의 관계식들이 얻어진다.

$$\frac{\partial \tilde{k}}{\partial \tilde{k}_x} = \cos\theta \tag{5.3.8}$$

$$\frac{\partial \theta}{\partial \tilde{k}_x} = -\frac{\sin\theta}{k} \tag{5.3.9}$$

위의 결과들을 활용하여, 파수 공간을 $\tilde{\mathbf{k}}$으로 변형한 볼츠만 수송 방정식을 극좌표에서 써 보면 다음과 같이 된다.

$$\frac{\partial f(x, \tilde{k}, \theta)}{\partial t} + \sqrt{\frac{m_d}{m_{xx}}} \frac{\hbar \tilde{k}}{m_d} \cos\theta \frac{\partial}{\partial x} f(x, \tilde{k}, \theta) \tag{5.3.10}$$

에너지와 $\tilde{k}$ 사이의 관계를 명시적으로 고려해주었다. 비등방성을 고려해주었기 때문에, m_{xx}와 m_{yy}가 다른 경우라도 적용이 가능하다. 이들은 m_d에 고려되어 있다.

$\tilde{\mathbf{k}}$으로 변형된 경우, 식 (3.4.3)과 같이 에너지와 $\tilde{k}$ 사이에는 서로 직접적인 연관이 생긴다. 즉, $\tilde{k}$에 해당하는 에너지가 유일하게 하나 결정된다. 이를 사용하여 $(x, \tilde{k}, \theta)$ 대신 (x, ϵ, θ)에 대해서 식을 적어보자. 물론 여기서 도입된 ϵ은 $E(\tilde{k})$로 주어진다.

$$\epsilon = E(\tilde{k}) \tag{5.3.11}$$

일단 좌표만 바꾸어 써보면 아래 식과 같다. 표기만 바꾼 것이므로 손쉽게 이해가 될 것이다.

$$\begin{aligned} &\frac{\partial f(x, \epsilon, \theta)}{\partial t} + \sqrt{\frac{m_d}{m_{xx}}} \frac{\hbar \tilde{k}}{m_d} \cos\theta \frac{\partial}{\partial x} f(x, \epsilon, \theta) \\ &\qquad + \frac{F}{\hbar} \sqrt{\frac{m_d}{m_{xx}}} \left[\cos\theta \frac{\partial}{\partial \tilde{k}} - \sin\theta \frac{1}{\tilde{k}} \frac{\partial}{\partial \theta} \right] f(x, \epsilon, \theta) = \hat{S} \end{aligned} \tag{5.3.12}$$

그렇지만 ϵ이 도입되었으므로, $\tilde{k}$에 대한 편미분도 ϵ에 대한 편미분으로 바꿀 수 있다면 좋을 것이다. 이 과정은 이전의 변환들과 같이 수행해줄 수 있다.

$$\frac{\partial f(x,\epsilon,\theta)}{\partial t}+\sqrt{\frac{m_d}{m_{xx}}}\frac{\hbar\tilde{k}}{m_d}\cos\theta\frac{\partial}{\partial x}f(x,\epsilon,\theta)$$
$$+F\sqrt{\frac{m_d}{m_{xx}}}\left[\frac{\hbar\tilde{k}}{m_d}\cos\theta\frac{\partial}{\partial\epsilon}-\sin\theta\frac{1}{\hbar\tilde{k}}\frac{\partial}{\partial\theta}\right]f(x,\epsilon,\theta)=\hat{S} \qquad (5.3.13)$$

이것이 에너지 공간에서 기술한 볼츠만 수송 방정식이다.

정리하면, 이번 5.3절에서는 몇 개의 변환들을 연속하여 다루었다. 먼저 유효 질량의 비등방성을 고려하여 k로부터 $\tilde{k}$의 변환을 수행했다. 이 결과식은 식 (5.3.4)이다. 다음으로 데카르트 좌표계 대신 극좌표계를 도입하였고, 이 결과식이 식 (5.3.10)이다. 마지막으로 에너지와 $\tilde{k}$ 사이의 직접적인 대응 관계에 착안하여 파수 공간 대신 에너지 공간으로 변환하게 된다. 이 결과식이 식 (5.3.13)이다. 이상의 변환 과정은 비등방적인 유효 질량 근사가 적용된다면 일반적으로 성립할 것이다.

5.4 Fourier harmonics를 사용한 전개

앞 절에서는 몇 번의 연속된 변환을 통해 에너지 공간에서의 볼츠만 수송 방정식을 쓰는데 성공하였다. 이 절에서는 2차원 전자 기체에 대한 볼츠만 수송 방정식을 Fourier harmonics를 사용하여 전개하는 과정을 소개한다. 이를 통해서 파수 공간에 의한 차원 증가를 줄일 수 있다.

식 (5.3.13)을 모든 서브밴드에서 풀 수 있다면 볼츠만 수송 방정식을 푸는 것이다. 그런데 (x,ϵ,θ)를 곧이곧대로 이산화를 하게 되면 3차원이 필요하며, 거기에 고려되는 서브밴드의 숫자가 클 경우에는 문제의 크기가 꽤 커지게 될 것이다. 이것은 바람직한 상황이 아니므로, $f(x,\epsilon,\theta)$의 θ 의존성을 미리 정해진 함수를 통해서 근사해보고자 한다.

이것은 마치 Fourier 시리즈 전개와 같다. 주기 함수가 있을 때, 이 주기 함수를 코사인 및 사인 함수들의 선형 결합으로 나타내는 것이 Fourier 시리즈 전개이다. $f(x,\epsilon,\theta)$ 역시 주어진 x와 ϵ에서는 2π 주기를 가진 주기 함수이므로 Fourier 시리즈 전개를 적용할 수 있다. 다만 별도의 계수가 곱해지지 않은 코사인이나 사인 함수들은 θ에 대한 적분을 수행할 때 0이나 1이 아닌 결과들이 나와서 결과식이 복잡해지게 된다. 이를 위해 Fourier harmonics로 불리는 계수가 곱해진 삼각 함수들을 도입하자.[5-1] 정수 m에 다음과 같은 Fourier harmonics

를 도입한다.

$$Y_m(\theta) = c_m \cos(m\theta + \vartheta_m) \tag{5.4.1}$$

여기서 계수 c_m은 m이 0일 때와 0이 아닐 때가 다르다.

$$c_m = \sqrt{\frac{1}{(1+\delta_{m,0})\pi}} \tag{5.4.2}$$

$\delta_{m,0}$은 Kronecker 델타를 나타내므로, m이 0일 때에는 c_m이 $\sqrt{\frac{1}{2\pi}}$이고 그렇지 않으면 $\sqrt{\frac{1}{\pi}}$이다. 또한 ϑ_m은 음의 m에 대해서 $\frac{\pi}{2}$가 되어, 해당하는 Fourier harmonic이 사인 함수가 되게 한다. 결국 대부분의 경우 Fourier harmonics란 $\sqrt{\frac{1}{\pi}}$이 곱해진 삼각 함수이며, $m=0$만 특별히 취급해주는 것이다. 이 Fourier harmonics는 다음과 같은 성질을 가지도록 고안된 것이다.

$$\int_0^{2\pi} d\theta\, Y_m(\theta)\, Y_n(\theta) = \delta_{m,n} \tag{5.4.3}$$

따라서 Fourier harmonics로 전개하는 현재의 논의를 특별한 것으로 생각하기보다는 Fourier 시리즈 전개의 일종이라고 생각하면 될 것이다.

앞에서 기술한 것과 같이 $f(x, \epsilon, \theta)$이 θ의 주기 함수이므로 다음과 같은 전개가 가능할 것이다.

$$f(x, \epsilon, \theta) = \sum_{m'=-\infty}^{\infty} f_{m'}(x, \epsilon)\, Y_{m'}(\theta) \tag{5.4.4}$$

물론 실제로는 위의 m'에 대한 합은 일정한 범위 내에서만 수행될 것이다. 또한 Fourier 시리즈 계수에 해당하는 $f_{m'}(x, \epsilon)$ 역시 원래의 전자 분포 함수를 적분하여 쉽게 구해질 수 있다. 식 (5.4.4)의 양변에 임의의 정수 m에 해당하는 $Y_m(\theta)$를 곱한 후 θ에 대해서 적분해주면, 식 (5.4.3)의 조건에 따라 다음처럼 손쉽게 $f_m(x, \epsilon)$을 알게 된다.

$$f_m(x, \epsilon) = \int_0^{2\pi} d\theta \; f(x, \epsilon, \theta) Y_m(\theta) \tag{5.4.5}$$

이렇게 $Y_m(\theta)$를 곱한 후 θ에 대해서 적분해주는 일을 전체 볼츠만 수송 방정식인 식 (5.3.13)에도 적용할 수 있을 것이다. 각 항별로 확인해보자. 시간 미분과 θ에 대한 적분이 서로 연관이 없음에 유의한다면 첫 번째 시간 미분항은 매우 간단하게 처리가 될 것이다.

$$\int_0^{2\pi} d\theta \; \frac{\partial f(x, \epsilon, \theta)}{\partial t} Y_m(\theta) = \frac{\partial}{\partial t} \int_0^{2\pi} d\theta \; f(x, \epsilon, \theta) Y_m(\theta) = \frac{\partial}{\partial t} f_m(x, \epsilon) \tag{5.4.6}$$

이러한 과정은 두 번째 항에 대해서도 적용이 가능할 것이다.

$$\int_0^{2\pi} d\theta \sqrt{\frac{m_d}{m_{xx}}} \frac{\hbar \tilde{k}}{m_d} \cos\theta \frac{\partial}{\partial x} f(x, \epsilon, \theta) Y_m(\theta) = \sqrt{\frac{m_d}{m_{xx}}} \frac{\hbar \tilde{k}}{m_d} \frac{\partial}{\partial x} \int_0^{2\pi} d\theta \cos\theta f(x, \epsilon, \theta) Y_m(\theta) \tag{5.4.7}$$

역시 실공간에 대한 미분과 θ에 대한 적분이 서로 연관이 없어서 이와 같은 변형이 가능하다. 식 (5.4.6)과 다르게 단순히 $f_m(x, \epsilon)$으로 나타나지는 않는다. 왜냐면 피적분항에 $\cos\theta$가 포함되어 있기 때문이다. 다만 $\cos\theta = \frac{1}{c_1} Y_1(\theta)$임을 기억한다면, 식 (5.4.7)의 우변의 적분은 다음과 같이 표기될 수 있겠다.

$$\int_0^{2\pi} d\theta \cos\theta f(x, \epsilon, \theta) Y_m(\theta) = \sum_{m'=-\infty}^{\infty} \int_0^{2\pi} d\theta \frac{1}{c_1} Y_1(\theta) f_{m'}(x, \epsilon) Y_{m'}(\theta) Y_m(\theta) \tag{5.4.8}$$

그럼 θ에 관계되는 Fourier harmonics가 세 개가 연달아서 등장하는 것을 알 수 있다. 두 개의 Fourier harmonics가 곱해진 함수를 적분하는 것은 식 (5.4.3)으로 구할 수가 있으나 세 개가 곱해진 경우에는 현재까지는 정보가 없다. 이러한 삼중곱의 적분을 별도의 기호로 나타내보자.

$$\Upsilon_{m,\,m',\,m''} = \int_0^{2\pi} d\theta\, Y_m(\theta)\, Y_{m'}(\theta)\, Y_{m''}(\theta) \tag{5.4.9}$$

식 (5.4.3)과 달리 이 값들은 매우 간단한 표현식을 찾기는 어려울 것이다. 미리 주어진 m, m' 그리고 m''의 조합에 대해서 계산하여 컴퓨터 메모리에 저장시킨 후, 필요할 때마다 추가적인 계산없이 가져다 쓰는 것이 편리할 것이다. 이때, $\Upsilon_{m,\,m',\,m''}$이 m, m' 그리고 m''의 등장 순서에는 무관하다는 것이 저장 공간을 줄일 수 있도록 해준다.

다음의 간단한 실습에서 $\Upsilon_{m,\,m',\,m''}$을 직접 구해보도록 하자. 이 실습을 통해서 $\Upsilon_{m,\,m',\,m''}$이 0이 아니기 위해서는 특정한 조건이 있다는 것을 파악하게 될 것이다.

실습 5.4.1

식 (5.4.9)에서 정의된 $\Upsilon_{m,\,m',\,m''}$을 m, m' 그리고 m''이 각각 −3에서부터 +3까지 바뀌는 여러 가지 경우들에 대해서 계산해보자. 0이 아닌 값이 나오는 경우들을 모아보자. 이들로부터 0이 아닌 $\Upsilon_{m,\,m',\,m''}$이 얻어지기 위한 조건을 생각해보자.

이렇게 삼중곱의 적분을 정의해주고 나면, 식 (5.4.8)의 우변이 $\Upsilon_{m',\,m,\,1}$임을 쉽게 파악할 수 있을 것이다.

$$\sum_{m'=-\infty}^{\infty} \int_0^{2\pi} d\theta \frac{1}{c_1} Y_1(\theta) f_{m'}(x,\epsilon)\, Y_{m'}(\theta)\, Y_m(\theta) = \sum_{m'=-\infty}^{\infty} \frac{1}{c_1} f_{m'}(x,\,\epsilon) \Upsilon_{m',\,m,\,1} \tag{5.4.10}$$

그래서 식 (5.3.13)의 두 번째 항을 전개한 결과는 다음과 같다.

$$\int_0^{2\pi} d\theta \sqrt{\frac{m_d}{m_{xx}}} \frac{\hbar \tilde{k}}{m_d} \cos\theta \frac{\partial}{\partial x} f(x, \epsilon, \theta) Y_m(\theta) = \sqrt{\frac{m_d}{m_{xx}}} \frac{\hbar \tilde{k}}{m_d} \frac{\partial}{\partial x} \sum_{m'=-\infty}^{\infty} \frac{1}{c_1} f_{m'}(x, \epsilon) \Upsilon_{m', m, 1}$$

(5.4.11)

이제 세 번째 항을 살펴보자. 식 (5.3.13)의 세 번째 항은 대괄호를 포함하고 있으므로, 이들 각각에 대해서 정리해본다. 에너지에 대한 미분과 관련된 항은 다음과 같이 변형된

$$\int_0^{2\pi} d\theta F \sqrt{\frac{m_d}{m_{xx}}} \frac{\hbar \tilde{k}}{m_d} \cos\theta \frac{\partial}{\partial \epsilon} f(x, \epsilon, \theta) Y_m(\theta)$$
$$= F \sqrt{\frac{m_d}{m_{xx}}} \frac{\hbar \tilde{k}}{m_d} \frac{\partial}{\partial \epsilon} \sum_{m'=-\infty}^{\infty} \frac{1}{c_1} f_{m'}(x, \epsilon) \Upsilon_{m', m, 1} \quad (5.4.12)$$

θ에 대한 미분과 관련된 항은 다음과 같이 나타난다. $\sin\theta = \frac{1}{c_{-1}} Y_{-1}(\theta)$임이 사용된다.

$$-\int_0^{2\pi} d\theta F \sqrt{\frac{m_d}{m_{xx}}} \sin\theta \frac{1}{\hbar \tilde{k}} \left[\frac{\partial}{\partial \theta} f(x, \epsilon, \theta) \right] Y_m(\theta)$$
$$= -F \sqrt{\frac{m_d}{m_{xx}}} \frac{1}{\hbar \tilde{k}} \int_0^{2\pi} d\theta \frac{1}{c_{-1}} Y_{-1}(\theta) \left[\frac{\partial}{\partial \theta} f(x, \epsilon, \theta) \right] Y_m(\theta) \quad (5.4.13)$$

전자 분포를 θ에 대해 미분하기 위해서는 Fourier harmonics의 미분을 알아야 할 것이다. 삼각 함수이기 때문에 다음 관계식이 손쉽게 얻어진다.

$$\frac{d}{d\theta} Y_m(\theta) = (-m) Y_{-m}(\theta) \quad (5.4.14)$$

이 식을 사용하면, 다음의 결과가 얻어진다.

$$-\int_0^{2\pi} d\theta F \sqrt{\frac{m_d}{m_{xx}}} \sin\theta \frac{1}{\hbar \tilde{k}} \left[\frac{\partial}{\partial \theta} f(x, \epsilon, \theta) \right] Y_m(\theta)$$

$$=-F\sqrt{\frac{m_d}{m_{xx}}}\frac{1}{\hbar\tilde{k}}\sum_{m'=-\infty}^{\infty}\frac{-m'}{c_{-1}}f_{m'}(x,\ \epsilon)\Upsilon_{-m',\ m,\ -1} \tag{5.4.15}$$

정리하면 볼츠만 수송 방정식의 좌변을 Fourier harmonics로 전개하면 각 항들이 식 (5.4.6), 식 (5.4.11), 식 (5.4.12) 그리고 식 (5.4.15)로 변형된다.

위에서 다룬 전개가 임의의 m에 대해서 성립함을 기억해보자. 예를 들어, m에 0을 대입하였을 때 얻어지는 식들과 1을 대입했을 때 얻어지는 식들은 전혀 다른 정보를 담고 있을 것이다. m에 0을 대입하였을 때에는 $f_0(x,\ \epsilon)$의 시간 미분에 대한 정보를 알게 되며, 1을 대입하였을 때에는 $f_1(x,\ \epsilon)$에 대한 정보가 얻어진다. 이들은 표기에 있어서는 아래 첨자만 다른 것이지만, 전자 분포의 서로 다른 θ 의존성을 나타내고 있으므로 물리적인 의미는 완전히 다르게 된다. 그래서 이런 서로 다른 정보들을 취합하기 위해서는 불가피하게 여러 개의 m 값들에 대해서 식을 구해야 한다. 물론 음의 무한대부터 양의 무한대까지 모든 정수들을 고려해주면 가장 정확한 결과를 얻을 수 있을 것이지만, 이것은 현실적으로 불가능하다. 그러므로 고려되는 m의 범위를 제한해주어야 한다. 지금처럼 수송 현상이 x 방향으로만 일어나는 경우에는 음의 m은 고려해주지 않아도 된다. 왜냐면 이것은 y 방향으로의 수송 현상과 연관이 있기 때문이다. 이러한 이유로 시작하는 가장 작은 m의 값은 통상적으로 0이 되며, 고려되는 가장 큰 m의 값이 이 전개의 정확성을 결정하게 될 것이다. 가능한 가장 간단한 전개는 오직 0과 1만을 고려하는 것이다.

다음 실습에서는 이 절에서 배운 Fourier harmonics 전개를 직접 전자 분포에 적용해보도록 하자. 이를 위해 극단적으로 치우쳐진 전자 분포를 도입해보았다.

실습 5.4.2

특정한 실공간 위의 한 점($x=x_0$)과 에너지 값($\epsilon=E_0$)에서 전자 분포 함수를 생각해보자. 이때 $f(x_0,\ E_0,\ \theta)$가 $-\frac{\pi}{2}<\theta<\frac{\pi}{2}$이면 1이고 $\frac{\pi}{2}<\theta<\frac{3\pi}{2}$이면 0이라고 해보자. 이 상황에 대해서 $f(x_0,\ E_0,\ \theta)$을 구해보도록 하자. 이것은 컴퓨터를 가지고 구할 필요는 없고 수식을 통해 구해보도록 하자. 이 계수를 m의 함수로 그려보자. 그리고 0부터 $m_{\max}$까지 전개된 전자 분포 함수의 계수를 사용하여 원래의 $f(x_0,\ E_0,\ \theta)$를 θ의 함수로 다시 그려보자. $m_{\max}$의 값이 1부터, 2 간격으로 3, 5, 7 그리고 9가 될 때까지를 그려보도록 하자.

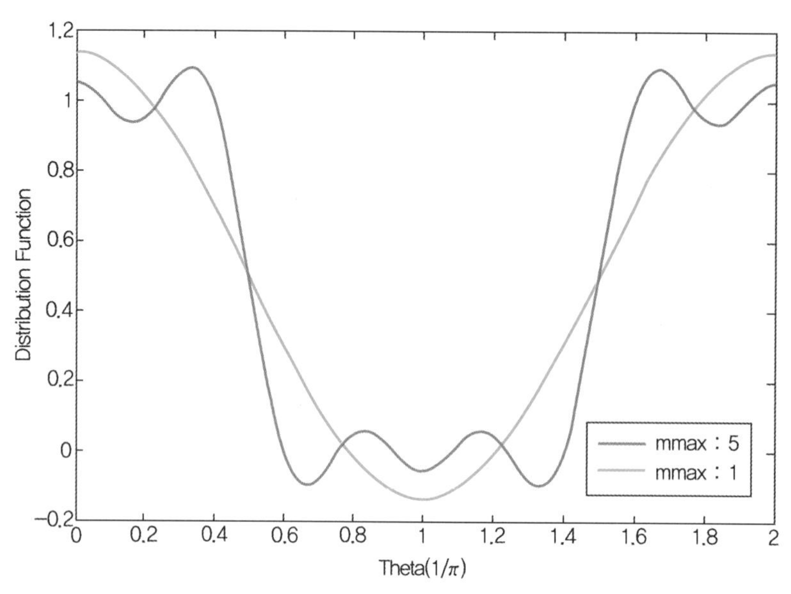

그림 5.4.1 실습 5.4.2의 결과. 초록색 선은 $m_{\max}$가 1일 때의 그래프, 회색 선은 $m_{\max}$가 5일 때의 그래프이다.

실습을 통해, 더 많은 Fourier harmonics를 사용할 때, 즉 더 큰 $m_{\max}$를 사용할 때, 정확한 전자 분포에 더 가까운 결과를 얻는다는 것을 알 수 있다. 물론 이것은 기대했던 당연한 결과이다. 중요한 것은 그렇게 크지 않은 $m_{\max}$를 사용하더라도, 전자 분포를 어느 정도 근사하게 나타낼 수 있다는 점일 것이다. 즉, 무한히 큰 $m_{\max}$를 사용하지 않더라도 물리적으로 중요한 성질들을 처음 몇 개의 Fourier harmonics를 통해 포착할 수 있다는 점이 중요하다.

지금까지 볼츠만 수송 방정식의 좌변을 Fourier harmonics 전개하는 법을 다루었는데, scattering으로 나타나는 우변도 동일한 방식으로 다루어주어야 한다. 이 부분은 5.6절에서 다루자. 그저 이렇게 전개된 scattering 항을 $\hat{S}_m$ 라고 표기하기로만 약속하자. 다음 절인 5.5절에서는 좌변의 수치해석적인 안정성을 높이기 위한 기법을 먼저 다루어보자.

5.5 전체 에너지 공간으로의 변환

5.3절과 5.4절의 복잡한 과정들을 통해, 볼츠만 수송 방정식을 에너지 공간에서 Fourier harmonics 전개하여 표시할 수 있었다. 이 내용을 정리하여 하나의 식으로 나타내보면 다음과 같다.

$$\frac{\partial}{\partial t}f_m(x,\epsilon)+\sqrt{\frac{m_d}{m_{xx}}}\frac{\hbar\tilde{k}}{m_d}\frac{\partial}{\partial x}\sum_{m'=-\infty}^{\infty}\frac{1}{c_1}f_{m'}(x,\epsilon)\Upsilon_{m',m,1}$$
$$+F\sqrt{\frac{m_d}{m_{xx}}}\frac{\hbar\tilde{k}}{m_d}\frac{\partial}{\partial \epsilon}\sum_{m'=-\infty}^{\infty}\frac{1}{c_1}f_{m'}(x,\epsilon)\Upsilon_{m',m,1} \tag{5.5.1}$$
$$-F\sqrt{\frac{m_d}{m_{xx}}}\frac{1}{\hbar\tilde{k}}\sum_{m'=-\infty}^{\infty}\frac{-m'}{c_{-1}}f_{m'}(x,\epsilon)\Upsilon_{-m',m,-1}=\hat{S}_m$$

위의 식 (5.5.1)은 (x, ϵ)에만 의존하기 때문에 이미 차원이 2차원으로 줄어든 것이다. 물론 여러 개의 m 값이 숨겨진 파수 공간의 나머지 1차원을 나타내고 있다. 만약 m의 최댓값인 $m_{\max}$ 값이 너무 크지 않아도 물리적으로 올바른 결과가 얻어진다면, 수치해석적으로 큰 이득을 보게 될 것이다. 5.6절에서는 scattering을 다룰 예정인데, 그보다 먼저 살펴볼 중요한 문제가 있다. 이 절에서는 식 (5.5.1)의 좌변 첫 번째 항과 같은 시간 미분항은 고려하지 않는 것으로 한다.

이후의 논의를 좀 더 명확하게 만들기 위해서, 명시적으로 $m=0$인 경우와 $m=1$인 경우를 적어보자. 이때 m이 1보다 큰 항들이 나타난다면 무시하도록 한다. 즉, $f_0(x, \epsilon)$과 $f_1(x, \epsilon)$만을 고려하는 가장 단순한 경우를 살펴보는 것이다. 먼저 $m=0$일 때의 식은 다음과 같을 것이다.

$$\sqrt{\frac{m_d}{m_{xx}}}\frac{\hbar\tilde{k}}{m_d}\frac{\partial}{\partial x}\frac{1}{c_1}f_1(x,\epsilon)\Upsilon_{1,0,1}$$
$$+F\sqrt{\frac{m_d}{m_{xx}}}\frac{\hbar\tilde{k}}{m_d}\frac{\partial}{\partial \epsilon}\frac{1}{c_1}f_1(x,\epsilon)\Upsilon_{1,0,1} \tag{5.5.2}$$
$$+F\sqrt{\frac{m_d}{m_{xx}}}\frac{1}{\hbar\tilde{k}}\frac{1}{c_{-1}}f_1(x,\epsilon)\Upsilon_{-1,0,-1}=\hat{S}_0$$

이 식을 이처럼 표현하기 위해 $\Upsilon_{m',0,1}$이 오직 m'이 1일 때만 0이 아니라는 사실을 적용하였다. 재미있는 것은 좌변에 등장하는 전자 분포 함수가 $f_0(x, \epsilon)$가 아니라 $f_1(x, \epsilon)$라는 점이다. 비록 steady-state를 가정하여 무시되었지만, 원래 이 식이 $f_0(x, \epsilon)$의 시간 변화를 나타내는 식임을 고려하면, $f_0(x, \epsilon)$에 대한 정보를 위해 $f_1(x, \epsilon)$이 필요함을 알게 된다.

다음으로 $m=1$일 때의 식은 다음과 같을 것이다.

$$\sqrt{\frac{m_d}{m_{xx}}}\frac{\hbar\tilde{k}}{m_d}\frac{\partial}{\partial x}\frac{1}{c_1}f_0(x,\,\epsilon)\Upsilon_{0,\,1,\,1}$$

$$+F\sqrt{\frac{m_d}{m_{xx}}}\frac{\hbar\tilde{k}}{m_d}\frac{\partial}{\partial \epsilon}\frac{1}{c_1}f_0(x,\,\epsilon)\Upsilon_{0,\,1,\,1}=\hat{S}_1 \tag{5.5.3}$$

이 식을 이처럼 표현하기 위해 $\Upsilon_{m',\,1,\,1}$이 오직 m'이 0일 때만 0이 아니라는 사실을 적용하였다. 또한 $\Upsilon_{-m',\,1,\,-1}$이 0이 아니기 위해선 조건을 m'이 0이나 1인 제약 아래에서는 찾을 수 없음도 이용하였다. 게다가 계속적으로 등장하는 삼중곱의 적분들은 쉽게 계산이 된다.

$$\Upsilon_{1,\,0,\,1}=\Upsilon_{-1,\,0,\,-1}=\Upsilon_{0,\,1,\,1}=c_0=\frac{1}{\sqrt{2\pi}} \tag{5.5.4}$$

앞서 식 (5.5.2)에 대한 논의에서와 마찬가지로, $f_1(x,\,\epsilon)$의 시간 변화를 나타내는 식임에도 $f_0(x,\,\epsilon)$가 필요하다. 그래서 결국 식 (5.5.2)와 식 (5.5.3)은 서로 결합된 형태로 해석이 되어야 한다.

이러한 식 (5.5.2)와 식 (5.5.3)을 그대로 이산화에 적용을 하게 되면 그 결과는 만족스럽지 못하다. 만족스럽지 못한 결과는 특히 전기장의 크기에 비례하는 F 값이 커질 때 나타나곤 한다. 다시 식 (5.5.2)나 식 (5.5.3)을 살펴보면 전기장의 크기가 커서 F 값이 크다면 $\frac{\partial}{\partial \epsilon}$ 연산자의 영향이 점차 커질 것이다. $\frac{\partial}{\partial x}$ 연산자와 $\frac{\partial}{\partial \epsilon}$ 연산자가 하나의 식에 함께 등장하며 또한 식 (5.5.2)와 식 (5.5.3)에 동시에 나타나게 된다. 이럴 경우에 수치해석한 결과에서 $f_0(x,\epsilon)$ 성분들이 실공간상에서 올바른 물리량 위아래로 번갈아가며 나타나는 현상들이 보이게 된다. 이것은 볼츠만 수송 방정식을 풀기 때문에 생기는 복잡한 물리적인 현상이 아니며, 단지 수치해석적인 불안정성(instability)에 의한 허구적인 결과이다.

이러한 어려움이 $\frac{\partial}{\partial x}$ 연산자와 $\frac{\partial}{\partial \epsilon}$ 연산자가 하나의 식에 함께 등장하여 생기기 때문에, 또 다른 변환을 통해서 이 두 개의 연산자들을 통합하려 한다. 물론 임의의 연산자들이 하나로 합쳐지지는 않을 것이지만, 볼츠만 수송 방정식의 좌변에 등장하는 연산자들은 운동 에너지와 위치 에너지의 합인 전체 역학적 에너지의 보존을 나타내고 있다. 따라서 운동 에너지에 해당하는 ϵ 대신 전체 역학적 에너지에 해당하는 H를 에너지 변수로 도입한다면, 볼츠만 방정식의 좌변이 상당히 간략하게 바뀔 것이라 짐작할 수 있다. 이와 같은 생각에서 다음과 같이 전체 운동 에너지 H를 도입한다.

$$H = \epsilon + E(x,\ \mathrm{k} = 0) \tag{5.5.5}$$

여기서 $E(x,\, \mathrm{k} = 0)$은 주어진 실공간의 한 점에서 서브밴드의 최저 에너지를 뜻하는 것이다. 만약 3차원 전자 기체를 다룬다면 식 (3.6.1)에서 도입한 potential 에너지 V를 가지고 $H = \epsilon + V$와 같이 쓰였을 것이다. 여기서는 2차원 전자 기체를 다루고 있으므로 식 (5.5.5)를 사용하는 것이 적합하다. 이때의 힘은 서브밴드의 최저 에너지를 낮추는 방향으로 작용할 것이다. x 방향 성분인 F는 다음과 같을 것이다.

$$F = -\frac{\partial}{\partial x} E(x,\ \mathrm{k} = 0) \tag{5.5.6}$$

이제 H를 에너지 변수로 쓰게 되면, 기존의 $\frac{\partial}{\partial \epsilon}$ 연산자는 $\frac{\partial}{\partial H}$와 같이 바뀌게 된다. 기존의 $\frac{\partial}{\partial x}$ 연산자는 $\frac{\partial}{\partial x} + \frac{\partial H}{\partial x}\frac{\partial}{\partial H}$로 바뀐다. 이때, 식 (5.5.5)와 식 (5.5.6)을 감안하면, $\frac{\partial}{\partial x}$ 연산자가 $\frac{\partial}{\partial x} - F\frac{\partial}{\partial H}$로 바뀌게 된다. 이것의 결과는 다음과 같다. 식 (5.5.1)의 두 번째 항이 H를 에너지 변수로 사용하는 경우 어떤 형태를 가지는지 살펴보자.

$$\begin{aligned} &\sqrt{\frac{m_d}{m_{xx}}}\frac{\hbar \tilde{k}}{m_d}\frac{\partial}{\partial x}\sum_{m'=-\infty}^{\infty}\frac{1}{c_1}f_{m'}(x,\ \epsilon)\Upsilon_{m',\, m,\, 1} \\ &\quad = \sqrt{\frac{m_d}{m_{xx}}}\frac{\hbar \tilde{k}}{m_d}\frac{\partial}{\partial x}\sum_{m'=-\infty}^{\infty}\frac{1}{c_1}f_{m'}(x,\ H)\Upsilon_{m',\, m,\, 1} \\ &\quad - F\sqrt{\frac{m_d}{m_{xx}}}\frac{\hbar \tilde{k}}{m_d}\frac{\partial}{\partial H}\sum_{m'=-\infty}^{\infty}\frac{1}{c_1}f_{m'}(x,\ H)\Upsilon_{m',\, m,\, 1} \end{aligned} \tag{5.5.7}$$

여기서 주목할 것은 우변의 두 번째 항이 식 (5.5.1)의 세 번째 항과 일치하고 다만 부호가 다르다는 점이다. 그래서 steady-state에서 볼츠만 수송 방정식의 에너지를 전체 역학적 에너지인 H를 기준으로 나타내면 다음과 같은 상대적으로 간단한 식이 얻어진다.

$$\sqrt{\frac{m_d}{m_{xx}}}\frac{\hbar\tilde{k}}{m_d}\frac{\partial}{\partial x}\sum_{m'=-\infty}^{\infty}\frac{1}{c_1}f_{m'}(x,\ H)\Upsilon_{m',\ m,\ 1}$$
$$-F\sqrt{\frac{m_d}{m_{xx}}}\frac{1}{\hbar\tilde{k}}\sum_{m'=-\infty}^{\infty}\frac{-m'}{c_{-1}}f_{m'}(x,\ H)\Upsilon_{-m',\ m,\ -1}=\hat{S}_m \tag{5.5.8}$$

이와 같은 과정을 통해서 에너지 변수에 대한 미분항이 사라졌으며, 실공간상에 대한 미분만이 존재하게 된다. 이러한 변화는 수치해석적인 안정성을 높이는 데 크게 도움이 된다. 물론 이 모든 것이 아무런 대가 없이 이루어지지는 않는다. 예를 들어 $\tilde{k}$ 같은 경우, 예선에는 ϵ으로부터 바로 계산이 가능하였지만, 이제는 H로부터 ϵ을 구해내는 과정이 필요할 것이다. 또한 H를 고정한 상태에서 실공간의 위치를 바꾸면 $\tilde{k}$ 역시 위치 에너지의 변화에 의해서 바뀌게 될 것이다. 이러한 점들에도 불구하고, 전체 역학적 에너지로 볼츠만 수송 방정식을 나타내는 것은 그 장점이 명확하기 때문에 널리 사용되는 기법이다.

식 (5.5.8)의 첫 번째 항은 x에 대한 미분 앞에 $\sqrt{\frac{m_d}{m_{xx}}}\frac{\hbar\tilde{k}}{m_d}$가 계수로 들어간다. H를 도입하면서 이 계수는 실공간에 따라서 바뀌는 값이 되었다. 실공간에 대한 미분을 가장 앞으로 위치를 옮기면 식 (5.5.9)의 첫 번째 항은 다음과 같이 쓸 수도 있을 것이다.

$$\sqrt{\frac{m_d}{m_{xx}}}\frac{\hbar\tilde{k}}{m_d}\frac{\partial}{\partial x}\sum_{m'=-\infty}^{\infty}\frac{1}{c_1}f_{m'}(x,\ H)\Upsilon_{m',\ m,\ 1}$$
$$=\frac{\partial}{\partial x}\left[\sqrt{\frac{m_d}{m_{xx}}}\frac{\hbar\tilde{k}}{m_d}\sum_{m'=-\infty}^{\infty}\frac{1}{c_1}f_{m'}(x,\ H)\Upsilon_{m',\ m,\ 1}\right] \tag{5.5.9}$$
$$-\frac{\partial}{\partial x}\left[\sqrt{\frac{m_d}{m_{xx}}}\frac{\hbar\tilde{k}}{m_d}\right]\sum_{m'=-\infty}^{\infty}\frac{1}{c_1}f_{m'}(x,\ H)\Upsilon_{m',\ m,\ 1}$$

이때 식 (5.5.9)와 식 (5.5.8)의 두 번째 항이 하나의 항으로 묶일 수 있다. 이 과정은 독자들이 직접 유도해볼 수 있을 것이다. 결과를 적어보면 식 (5.5.8)과 동등한 다른 형태의 식이 주어진다.

$$\frac{\partial}{\partial x}\left[\sqrt{\frac{m_d}{m_{xx}}}\frac{\hbar\tilde{k}}{m_d}\sum_{m'=-\infty}^{\infty}\frac{1}{c_1}f_{m'}(x,\ H)\Upsilon_{m',\ m,\ 1}\right]$$

$$+F\sqrt{\frac{m_d}{m_{xx}}}\frac{1}{\hbar\tilde{k}}\sum_{m'=-\infty}^{\infty}\frac{-m}{c_1}f_{m'}(x,\ H)\Upsilon_{-m,\ m',\ -1}=\hat{S}_m \tag{5.5.10}$$

원래 식인 식 (5.5.8)과 상당히 유사해 보이지만, 두 번째 항의 부호 및 m과 m'의 위치들이 다름을 유의하자.

정리하면, 전체 역학적 에너지인 H를 도입하여 에너지 변수에 대한 미분항을 제거한 식 (5.5.8)을 얻을 수 있었다. 그리고 이와 동등한 식 (5.5.10)을 유도하였다. 식 (5.5.2)와 식 (5.5.3)의 경우와 같이 $m_{\max}$를 1로 설정하여 $f_0(x,\ \epsilon)$과 $f_1(x,\ \epsilon)$만을 고려하도록 하자. 먼저 $m=0$일 때의 식은 식 (5.5.10)을 사용하면 다음과 같을 것이다.

$$\frac{\partial}{\partial x}\left[\sqrt{\frac{m_d}{m_{xx}}}\frac{\hbar\tilde{k}}{m_d}\frac{1}{c_1}f_1(x,\ H)\Upsilon_{1,\ 0,\ 1}\right]=\hat{S}_0 \tag{5.5.11}$$

또한 $m=1$일 때의 식은 식 (5.5.8)을 사용하면 다음과 같을 것이다.

$$\sqrt{\frac{m_d}{m_{xx}}}\frac{\hbar\tilde{k}}{m_d}\frac{\partial}{\partial x}\frac{1}{c_1}f_0(x,\ H)\Upsilon_{0,\ 1,\ 1}=\hat{S}_1 \tag{5.5.12}$$

식 (5.5.2)와 식 (5.5.3)에 비교해 매우 간단한 형태가 되었음을 알 수 있다.

이 두 개의 식들을 적절한 $\hat{S}_0$ 및 $\hat{S}_1$를 고려하여 함께 풀어준다면 볼츠만 수송 방정식을 가장 간단한 Fourier harmonics 전개인 $m_{\max}=1$인 경우에 대해 푼 것이 된다. 물론 우리가 $m_{\max}=1$에서 만족하지 않고 3, 5, 7 등과 같은 더 큰 $m_{\max}$ 값을 택한다면, 그에 알맞은 식들을 추가하여 풀어주면 될 것이다.

5.6 Scattering의 전개

이번 절에서는 scattering의 Fourier harmonics 전개꼴인 $\hat{S}_m$를 다루어본다. Scattering은 실공간상의 한 위치에서 국소적으로 일어난다고 생각하므로 지금까지 적용해온 H로의 변환에 의해서 큰 영향을 받지는 않을 것이다. 따라서 이 절에서 에너지는 ϵ으로 표기된다. 최종식에서 단지 표기만 H로 바꾸어주면 적절한 결과를 얻는다. 다만 Fourier harmonics 전개에 따라서 scattering을 구성하는 각각의 피적분 항들의 θ 의존성이 잘 고려되어야 하는 문제가 있을 뿐이다.

식 (4.5.1)과 같이 scattering 항은 in-scattering에서 out-scattering을 빼준 것으로 나타난다. 그리고 구체적인 식들의 형태는 식 (4.5.2) 및 식 (4.5.3)과 같을 것이다. 이 식들을 파수 공간을 극좌표계에서 써서 나타내도록 하자. 이때, 원래의 k 대신 $\tilde{\mathrm{k}}$를 고려하도록 하자. 우리가 고려하는 scattering들이 등방적인 식으로 주어지므로 에너지를 같게 유지하는 $\tilde{\mathrm{k}}$으로의 변환은 transition rate에 영향을 미치지 않을 것이다. 이러한 조건을 생각하며, in-scattering에 대한 식 (4.5.2)를 극좌표계에서 써주면 다음과 같다.

$$\hat{S}^{\mathrm{in}} = \frac{1}{\Omega_{\mathrm{k}}} \int_0^{2\pi} d\theta' \int d\tilde{k}' \tilde{k}' (1 - f(x, \tilde{k}, \theta)) S(\tilde{k}|\tilde{k}') f(x, \tilde{k}', \theta') \tag{5.6.1}$$

여기서 θ'에 대한 적분을 수행해주면, 다음과 같이 된다.

$$\hat{S}^{\mathrm{in}} = \frac{1}{\Omega_{\mathrm{k}}} \int d\tilde{k}' \tilde{k}' (1 - f(x, \tilde{k}, \theta)) S(\tilde{k}|\tilde{k}') \frac{1}{c_0} f_0(x, \tilde{k}') \tag{5.6.2}$$

Fourier harmonics 전개는 여기에 $Y_m(\theta)$를 곱해주고 θ에 대해 적분해주는 형태로 주어진다. 이 작업을 수행해주면 다음과 같다.

$$\hat{S}_m^{in} = \frac{1}{\Omega_{\mathrm{k}}} \int d\tilde{k}' \tilde{k}' \left(\frac{\delta_{m,0}}{c_0} - f_m(x, \tilde{k}) \right) S(\tilde{k}|\tilde{k}') \frac{1}{c_0} f_0(x, \tilde{k}') \tag{5.6.3}$$

한편 Fermi golden rule에 의해서 $S(\tilde{k}|\tilde{k}')$는 에너지에 대한 Dirac 델타 함수를 포함하고 있음을 알 수 있다. 식 (4.5.6), 식 (4.5.7) 그리고 식 (4.5.9)로 쓸 수 있는 phonon scattering의 경우,

다음과 같이 Dirac 델타 함수와 상수의 곱으로 나타낼 수가 있다.

$$S(\tilde{k}'|\tilde{k}) = S_{phonon}\delta(E(\tilde{k}') - E(\tilde{k}) - \Delta E) \tag{5.6.4}$$

여기서 S_{phonon}은 각각의 phonon에 따른 상수이다. Scattering에 의해서 에너지가 ΔE만큼 바뀐다고 생각하며, 이 값은 $\hbar\omega$일 수도 있고 혹은 $-\hbar\omega$일 수도 있다. 이러한 관계를 식 (5.6.3)에 넣어서 적분을 수행하면 다음과 같은 결과를 얻게 된다.

$$\hat{S}_m^{in} = \frac{1}{\Omega_{\mathrm{k}}}\frac{m_d}{\hbar^2}\left(\frac{\delta_{m,0}}{c_0} - f_m(x,\epsilon)\right)S_{phonon}\frac{1}{c_0}f_0(x,\epsilon - \Delta E) \tag{5.6.5}$$

이 식을 유도하는 데, $\tilde{k}d\tilde{k} = \dfrac{m_d}{\hbar^2}dE$의 관계식이 쓰였다. 이렇게 해서 in-scattering을 Fourier harmonics 전개하는 데 성공하였다. 이로부터 알 수 있는 것은 전자 분포가 1에 가깝지 않은 상황이라면 in-scattering이 큰 영향을 미치는 것은 오직 $\hat{S}_0^{in}$ 뿐이라는 점이다. 이 경우가 아니라면 식 (5.6.5)의 Kronecker 델타 함수가 0이 되어서 결과값이 작게 된다.

동일한 과정을 out-scattering에 대한 식 (4.5.3)에도 적용할 수 있다. 그럼 모두 동일한 과정을 거쳐서, 다음의 결과를 얻게 될 것이다.

$$\hat{S}_m^{out} = \frac{1}{\Omega_{\mathrm{k}}}\frac{m_d}{\hbar^2}\left(\frac{1}{c_0} - f_0(x,\,\epsilon + \Delta E)\right)S_{phonon}\frac{1}{c_0}f_m(x,\,\epsilon) \tag{5.6.6}$$

구체적인 유도 과정은 독자들이 직접 수행해보기를 권한다.

지난 5.5절에서 우리는 m_{max}가 1인 경우를 명시적으로 다루었다. 완결성을 위해서 scattering에 대해서도 명시적으로 결과를 적어보자. m이 0과 1인 경우에 대한 in-scattering의 결과는 다음과 같다.

$$\hat{S}_0^{in} = \frac{1}{\Omega_{\mathrm{k}}}\frac{m_d}{\hbar^2}\left(\frac{1}{c_0} - f_0(x,\,\epsilon)\right)S_{phonon}\frac{1}{c_0}f_0(x,\,\epsilon - \Delta E) \tag{5.6.7}$$

$$\hat{S}_1^{in} = -\frac{1}{\Omega_{\mathrm{k}}}\frac{m_d}{\hbar^2} f_1(x, \epsilon) S_{phonon} \frac{1}{c_0} f_0(x, \epsilon - \Delta E) \tag{5.6.8}$$

또한 out-scattering의 결과는 다음과 같다.

$$\hat{S}_0^{out} = \frac{1}{\Omega_{\mathrm{k}}}\frac{m_d}{\hbar^2}\left(\frac{1}{c_0} - f_0(x, \epsilon + \Delta E)\right) S_{phonon} \frac{1}{c_0} f_0(x, \epsilon) \tag{5.6.9}$$

$$\hat{S}_1^{out} = \frac{1}{\Omega_{\mathrm{k}}}\frac{m_d}{\hbar^2}\left(\frac{1}{c_0} - f_0(x, \epsilon + \Delta E)\right) S_{phonon} \frac{1}{c_0} f_1(x, \epsilon) \tag{5.6.10}$$

이제 필요한 식들을 모두 소개하였다. 간단한 모델 시스템에 대한 실제 구현을 다음 절에서 다루도록 하자.

5.7 간단한 모델 시스템에 대한 구현 실습

지금까지 2차원 전자 기체에 대한 볼츠만 수송 방정식을 Fourier harmonics로 전개하고 전체 에너지 공간에서 쓰는 법을 배웠다. 이 절에서는 간단한 모델 시스템 및 실습 결과를 제시하여, 독자들이 직접 구현하는 데 도움을 주고자 한다.

먼저 물리적인 모델을 간략화하자. 오직 하나의 subband만을 다루자. 전처럼 m_{max}가 1인 경우를 명시적으로 다룬다. 그럼 scattering은 식 (5.6.7)부터 식 (5.6.10)까지로 전개되는데, 이 간단한 시스템에서는 Pauli의 배타원리를 고려하지 않는다. 즉, 식 (4.5.2)의 $(1 - f(\mathbf{k}))$ 항과 식 (4.5.3)의 $(1 - f(\mathbf{k}'))$ 항을 무시하는 것이다. 그러면, 다음과 같이 간략한 식들이 얻어진다.

$$\hat{S}_0^{in} = \frac{1}{\Omega_{\mathrm{k}}}\frac{m_d}{\hbar^2}\frac{1}{c_0} S_{phonon} \frac{1}{c_0} f_0(x, \epsilon - \Delta E) \tag{5.7.1}$$

$$\hat{S}_1^{in} = 0 \tag{5.7.2}$$

$$\hat{S}_0^{out} = \frac{1}{\Omega_{\mathrm{k}}}\frac{m_d}{\hbar^2}\frac{1}{c_0} S_{phonon} \frac{1}{c_0} f_0(x, \epsilon) \tag{5.7.3}$$

$$\hat{S}_1^{out} = \frac{1}{\Omega_{\mathrm{k}}}\frac{m_d}{\hbar^2}\frac{1}{c_0} S_{phonon} \frac{1}{c_0} f_1(x, \epsilon) \tag{5.7.4}$$

마지막으로 elastic scattering만을 고려하여 ΔE를 0으로 놓고 식 (4.5.1)을 사용하면, 다음과 같은 식들이 얻어진다.

$$\hat{S}_0 = 0 \tag{5.7.5}$$

$$\hat{S}_1 = -\frac{1}{\Omega_{\mathrm{k}}}\frac{m_d}{\hbar^2}\frac{1}{c_0}S_{phonon}\frac{1}{c_0}f_1(x,\,\epsilon) \tag{5.7.6}$$

Elastic scattering이므로, scattering 전후의 전자의 에너지가 바뀌지 않고, 따라서 전자의 숫자와 관계되는 f_0 성분은 변함이 없는 것이다. 식 (5.7.6)의 우변의 f_1의 계수는 상수이므로, 다음과 같이 표시하도록 하자.

$$\hat{S}_1 = -\frac{1}{\tau}f_1(x,\,\epsilon) \tag{5.7.7}$$

여기서 이완 시간 τ는 식 (5.7.6)으로부터 바로 구해낼 수 있다. 일반적으로는 이완 시간은 지금까지 논의한 간단한 모델 시스템에 대해서 볼츠만 방정식을 써보면 다음과 같이 된다.

$$\frac{\partial}{\partial x}\left[\sqrt{\frac{m_d}{m_{xx}}}\frac{\hbar\tilde{k}}{m_d}\frac{1}{c_1}f_1(x,\,H)\Upsilon_{1,\,0,\,1}\right] = 0 \tag{5.7.8}$$

$$\sqrt{\frac{m_d}{m_{xx}}}\frac{\hbar\tilde{k}}{m_d}\frac{\partial}{\partial x}\frac{1}{c_1}f_0(x,\,H)\Upsilon_{0,\,1,\,1} = -\frac{1}{\tau}f_1(x,\,H) \tag{5.7.9}$$

이제 식 (5.7.9)로부터 f_1의 식으로 나타내고 식 (5.7.8)에 대입하자. 계수는 원래 매우 복잡할 것이나, 상수항들을 모두 제외할 수 있으므로, 결과적으로 다음과 같이 매우 간단한 식이 얻어진다.

$$\frac{\partial}{\partial x}\left[\left(\frac{\hbar\tilde{k}}{m_d}\right)^2\frac{\partial}{\partial x}f_0(x,\,H)\right] = 0 \tag{5.7.10}$$

일반적으로는 서로 다른 H 값을 가진 f_0들은 inelastic scattering들을 통해서 연관되어 있다.

그러나 이 모델 시스템에서는 elastic scattering만을 고려하여, 서로 다른 H 값을 가진 f_0들 사이의 연관 관계가 없도록 만들어주었다. 따라서, 하나하나의 H 값에 대해서 식 (5.7.10)을 풀어주면 되어서 계산이 크게 간단해진다.

Self-consistent한 계산을 하면 더욱 좋겠으나, 이 경우에는 코드의 복잡성이 커지므로, subband minimum의 공간에 따른 변화는 이미 결정되어 있다고 생각하자. 다음 실습 5.7.1을 통해 고려하는 구조를 살펴보도록 하자.

실습 5.7.1

30 nm의 길이를 가지는 1차원 구조를 생각하자. 위치가 0 nm부터 10 nm까지는 소스에 해당한다고 생각하여 $E(x,\ \mathrm{k}=0)$는 0.1 eV라고 생각하자. 소스에는 0 V가 인가되었다고 하자. 10 nm부터 20 nm까지는 $E(x,\ \mathrm{k}=0)$가 선형적으로 증가하며, 20 nm부터 30 nm까지는 드레인에 해당한다고 생각하여 $E(x,\ \mathrm{k}=0)$가 $-qV_D$ +0.1 eV로 일정하다고 하자. 여기서 V_D는 드레인에 인가된 전압이다. 다양한 V_D에 대해서 $E(x,\ \mathrm{k}=0)$를 위치의 함수로 그려보자.

실습 5.7.1의 $E(x,\ \mathrm{k}=0)$를 V_D가 0.3 V인 경우에 대해서 그린 결과가 그림 5.7.1에 나타나 있다. 0.1 eV보다 작은 H 값에 대해서는 소스 쪽 영역에서는 적합한 density-of-states가 발견되지 않는다. 즉, H가 0.1 eV보다 작은 경우에는 오직 드레인만이 연결된 전극이 된다.

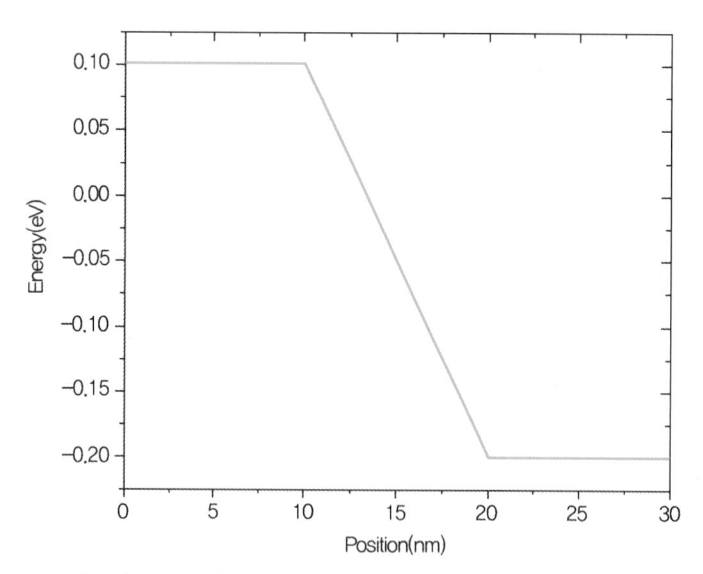

그림 5.7.1 실습 5.7.1의 $E(x,\ \mathrm{k}=0)$를 V_D가 0.3 V인 경우에 대해서 그린 결과

이제 경계 조건을 고려할 차례이다. 소스와 드레인에서의 f_0을 구해주어야 한다. 양쪽 전극에서, 각자의 전압에 의해서 Fermi level이 결정된다고 하고, 전자 분포 함수가 이렇게 결정된 Fermi level에 따른 Maxwell-Boltzmann 분포를 가진다고 하자. Fermi-Dirac 분포가 좀 더 올바른 분포 함수일 것이나, 여기서는 이미 scattering에서 Pauli 배타 원리를 고려하지 않았으므로, 이에 맞추어서 경계 조건에서도 Maxwell-Boltzmann 분포로 가정하였다. 그럼 Fermi level이 0 eV인 소스 쪽에서의 경계 조건은 다음과 같다.

$$f_0(x=0,\ H) = \sqrt{2\pi}\,\mathrm{exp}\left(-\frac{H}{k_B T}\right) \tag{5.7.11}$$

또한 드레인 쪽에서는 Fermi level이 $-qV_D$이므로 경계 조건이 다음과 같다.

$$f_0(x=30\,\mathrm{nm},\ H) = \sqrt{2\pi}\,\mathrm{exp}\left(-\frac{H+qV_D}{k_B T}\right) \tag{5.7.12}$$

이 모델 시스템에서는 H 값이 0.1 eV보다 작을 경우에는 소스 전극은 아무 연결이 되지 않으므로, 모든 유효한 x에서의 f_0 값은 식 (5.7.12)를 따를 것이다. 문제는 H 값이 0.1 eV보다 크거나 같을 경우이다. 이 경우에는 소스와 드레인 전극 모두가 연결되어 있으므로, 식 (5.7.10)을 경계 조건인 식 (5.7.11)과 식 (5.7.12)와 함께 풀어주어야 한다. 실습 5.7.2를 통해 실제로 계산해보도록 하자.

실습 5.7.2

실습 5.7.1의 모델 시스템에 대해서, 0.1 eV보다 더 큰 H를 고려하자. 이 H에 대해서 식 (5.7.10)을 풀어서, $f_0(x,\ H)$를 구해보도록 하자. 이를 위해서는 식 (5.7.10)에 등장하는 계수인 $\left(\frac{\hbar\tilde{k}}{m_d}\right)^2$를 H와 $E(x,\ \mathrm{k}=0)$의 함수로 표현해야 한다. 다양한 V_D와 H의 조합을 고려해보자.

그림 5.7.2에 실습 5.7.2의 결과가 나타나 있다. H 값이 고정되었을 때, 경계 조건들에 의해서 $f_0(x=30\mathrm{nm},\ H)$가 $f_0(x=0,\ H)$보다 작은 값을 가지고 있으며, 소자 내부에서는 이 두 개의 경곗값 사이의 값으로 나타남을 확인할 수 있다. 그림 5.7.2에서는 H가 0.1 eV보다 작은 경우도 함께 그렸는데, 이 경우에는 오직 하나의 전극만이 채널 영역에 영향을 미치게 된다. 결국 전극들 사이의 경합은 없게 되므로 이러한 H에 대해서는 연결된 전극의 평형 상태 분포 함수가 전체 채널 영역에 적용된다.

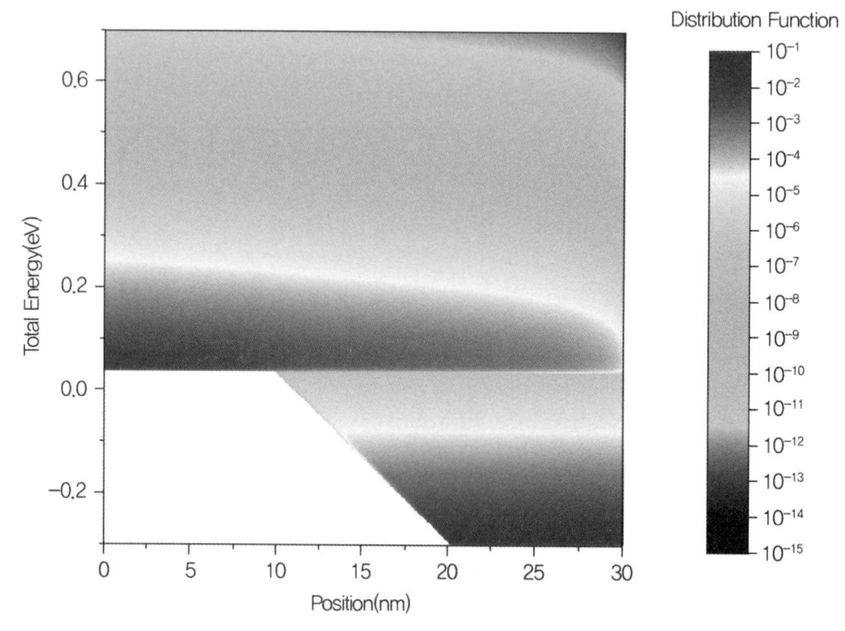

그림 5.7.2 V_D가 0.3 V인 경우에 대한 실습 5.7.2의 결과. 여기서는 H가 0.1 eV보다 작은 경우도 추가로 나타내었다.

물론 그림 5.7.2와 같은 결과가 나타나는 이유는, 우리가 inelastic scattering들을 무시했기 때문이다. 구현의 복잡성 때문에 다루지는 않지만, inelastic scattering들을 고려할 경우, 서로 다른 H값들이 연결되게 되면, 그림 5.7.2와 같이 명확히 구분되는 경계보다 좀 더 섞여 있는 결과가 얻어지게 될 것이다. 이렇게 보다 어려운 경우에 대한 구현은 관심 있는 독자들의 연습 문제로 남겨놓기로 한다.

CHAPTER

6

준고전적 수송 이론의 근사적인 해

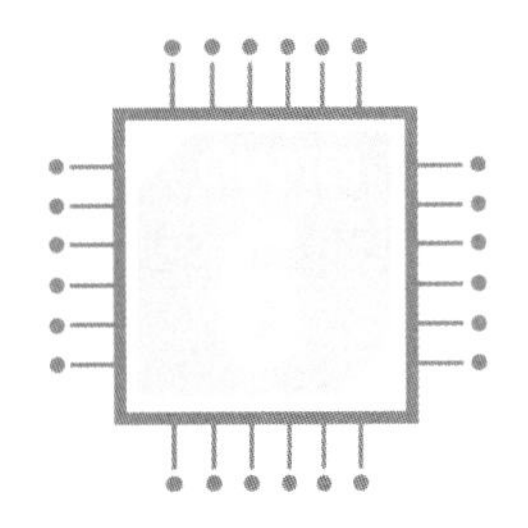

준고전적 수송 이론의 근사적인 해

6.1 들어가며

지금까지 우리는 볼츠만 수송 방정식의 수치해석적인 해를 구하는 데 집중하였다. 볼츠만 수송 방정식의 차원을 낮추는 방법에 대해서 다루었고, 그것을 실제로 구현해보았다. 이 과정을 통하여 볼츠만 수송 방정식의 원래의 형태보다 상당히 간단한 식으로 주어진다는 것을 알게 되었다.

그럼에도 불구하고, 볼츠만 방정식은 에너지에 대한 차원을 유지하고 있기 때문에, 통상적인 반도체 소자 시뮬레이션에서 사용하기에는 여전히 부담스럽다. 통상적으로는 이보다 더 간단히, 에너지에 대한 차원을 제거한 Drift-Diffusion 식을 풀어주게 된다. 이 Drift-Diffusion 식은 연속 방정식과 전류 밀도에 대한 식들로 이루어진다.

이번 6장에서는 이 두 가지 식들에 대해서 유도하고, 특히 전류 밀도를 이산화하는 방법에 대해서 배운다. 이 과정을 통하여, 계산전자공학의 가장 큰 목표 중의 하나인, '주어진 소자 구조에 대해서 특정 전압 조건에서의 단자 전류의 계산'을 이룰 수 있게 된다. 설명과 실습의 편의를 위해서, 전자만 수송 현상에 참여하는 상황을 고려하였으나, 홀에 대한 고려도 유사한 방법으로 이루어질 수 있다.

6.2 연속 방정식의 유도

먼저 연속 방정식을 유도해보자. 볼츠만 방정식은 다음과 같다.

$$\frac{\partial f(\mathrm{r},\mathrm{k})}{\partial t}+\mathrm{v}(\mathrm{k})\cdot\nabla_{\mathrm{r}}f(\mathrm{r},\mathrm{k})+\frac{\mathrm{F}}{\hbar}\cdot\nabla_{\mathrm{k}}f(\mathrm{r},\mathrm{k})=\hat{S} \quad (6.2.1)$$

이 방정식을 파수 공간에 대해서 적분하고자 한다. 이 식을 적분한 형태를 써보면 다음과 같다.

$$\frac{\partial}{\partial t}\frac{1}{(2\pi)^3}\int_{BZ}fd\mathrm{k}+\frac{1}{(2\pi)^3}\int_{BZ}\mathrm{v}\cdot\nabla_{\mathrm{r}}fd\mathrm{k}+\frac{1}{(2\pi)^3}\int_{BZ}\frac{\mathrm{F}}{\hbar}\cdot\nabla_{\mathrm{k}}fd\mathrm{k}=\frac{1}{(2\pi)^3}\int_{BZ}\hat{S}d\mathrm{k} \quad (6.2.2)$$

이 식의 앞에 등장하는 계수는 적분을 전자의 숫자를 세는 것으로 변환하기 위하여 도입되었다.

먼저 전자 농도가 다음과 같이 주어짐을 기억하자.

$$n=\frac{1}{(2\pi)^3}\int_{BZ}fd\mathrm{k} \quad (6.2.3)$$

그래서 좌변의 첫 번째 항은 전자 농도의 시간 미분으로 손쉽게 표현될 수 있다. 좌변의 세 번째 항은 공간에 대해서 밴드 구조가 바뀌지 않을 경우 사라지게 된다. 또한 우변의 scattering은 전체 전자수를 보존하므로 파수 공간 전체에 대해서 적분한 결과는 늘 0이 된다. 이와 같은 논의를 통해, 식 (6.2.2)를 간략화하는 것이 가능함을 알 수 있다.

좌변의 두 번째 항을 위해, 전자 플럭스는 다음과 같이 정의된다.

$$\mathrm{F}_n=\frac{1}{(2\pi)^3}\int_{BZ}\mathrm{v}fd\mathrm{k} \quad (6.2.4)$$

이렇게 정의한 전자 플럭스를 통해, 다음과 같은 연속 방정식이 얻어진다.

$$\frac{\partial n}{\partial t}+\nabla_{\mathrm{r}}\cdot\mathbf{F}_{\mathrm{n}}=0 \tag{6.2.5}$$

6.3 전류밀도 방정식의 유도

6.2절에서는 연속 방정식을 유도하였다. 볼츠만 수송 방정식을 파수 공간에 대해 적분하는 것이 핵심 과정이었다. 이렇게 적분을 수행할 때, 별도의 weighting factor를 도입하지 않았는데, 만약 볼츠만 수송 방정식에 어떤 함수를 곱한 후 적분하게 되면, 또 다른 식이 얻어질 것이다.

유사한 예로, 전 국민을 대상으로 각자 가지고 있는 어떤 숫자들의 합을 구한다고 생각해보자. 모든 사람에게 1이라는 숫자를 부여하고 합을 구하면, 이렇게 얻어지는 총합은 전체 인구수에 해당할 것이다. 그런데 1이라는 숫자 대신에 각자의 나이를 부여하고 동일한 방식으로 합을 구하면, 이번에 얻어지는 총합은 평균 나이 곱하기 인구수에 해당할 것이다. 즉, 곱하는 함수에 대한 평균값에 대한 정보를 얻어낼 수 있는 것이다.

볼츠만 방정식에 대해서 우리가 하고자 하는 것도 이와 유사하다. 6.2절에서 우리가 한 일은 1을 곱하고 적분을 수행한 것인데, 이 적분은 사실 모든 전자들에 대한 합과 같은 역할을 한다. 그래서 연속 방정식은 전자수의 변화에 대한 정보를 주는 것이다. 만약 우리가 각 전자가 가지고 있는 에너지를 곱하고 동일한 적분을 수행한다면, 평균 에너지에 대한 식을 얻을 수 있을 것이다.

이렇게 생각해보면, 1이 아닌 어떤 물리량을 곱하여 볼츠만 수송 방정식을 적분할 것인가 하는 질문이 자연스럽게 떠오른다. 원칙상으로는 임의의 물리량들이 가능할 것이나, 제한된 계산 자원을 생각하면, 가장 물리적/공학적으로 의미가 높은 물리량을 생각해야 한다. 물론 앞의 예에서 보인 에너지도 매우 중요한 양이지만, 그보다 더 급하게 필요한 물리량으로 전자의 속도가 있다. 식 (6.2.4)를 통해 전자 농도의 시간에 따른 변화를 알고 싶다면, 결국 전자 플럭스를 알아야 한다는 결론에 다다른다. 그러나 식 (6.2.3)은 전자 플럭스가 $\int_{BZ}\mathrm{v}f\,d\mathbf{k}$에 따라 결정됨을 나타낸다. 이에 따라 볼츠만 수송 방정식에 곱해져야 할 물리량은 전자의 속도인 v가 된다.

볼츠만 방정식에 v를 곱한 후 적분을 수행하면 다음과 같이 된다.

$$\frac{\partial}{\partial t}\frac{1}{(2\pi)^3}\int_{BZ}\mathrm{v}f d\mathrm{k}+\frac{1}{(2\pi)^3}\int_{BZ}\mathrm{v}(\mathrm{v}\cdot\nabla_{\mathrm{r}}f)d\mathrm{k}$$
$$+\frac{1}{(2\pi)^3}\int_{BZ}\mathrm{v}\left(\frac{\mathrm{F}}{\hbar}\cdot\nabla_{\mathrm{k}}f\right)d\mathrm{k}=\frac{1}{(2\pi)^3}\int_{BZ}\mathrm{v}\hat{S}d\mathrm{k} \tag{6.3.1}$$

전자 플럭스에 대한 식 (6.2.3)을 생각하면 첫 번째 항은 손쉽게 바뀔 수 있다.

$$\frac{\partial}{\partial t}\mathrm{F}_{\mathrm{n}}+\frac{1}{(2\pi)^3}\int_{BZ}\mathrm{v}(\mathrm{v}\cdot\nabla_{\mathrm{r}}f)d\mathrm{k}+\frac{1}{(2\pi)^3}\int_{BZ}\mathrm{v}\left(\frac{\mathrm{F}}{\hbar}\cdot\nabla_{\mathrm{k}}f\right)d\mathrm{k}=\frac{1}{(2\pi)^3}\int_{BZ}\mathrm{v}\hat{S}d\mathrm{k} \tag{6.3.2}$$

이 식은 벡터에 대한 식이기 때문에 다루기가 편하지 않다. 그래서 각 방향별로 다루어준 후, 나중에 합쳐서 생각한다. Inverse mass인 $\frac{1}{m^*}$를 도입하면, i 방향에 대한 식은

$$\frac{\partial}{\partial t}F_{n,i}+\sum_j\frac{1}{(2\pi)^3}\frac{\partial}{\partial x_j}\int_{BZ}v_iv_jf d\mathrm{k}-F_i\frac{1}{m^*}n=-\frac{F_{n,i}}{\tau} \tag{6.3.3}$$

과 같이 된다. 여기서는 5장과는 다르게, 이완 시간 τ를 파수 공간에서의 적분을 통해 하나의 파라미터로 나타내었다. 시간 미분항을 무시하는 경우에는 다음과 같이 될 것이다.

$$\sum_j\frac{1}{(2\pi)^3}\frac{\partial}{\partial x_j}\int_{BZ}v_iv_jf d\mathrm{k}-F_i\frac{1}{m^*}n=-\frac{F_{n,i}}{\tau} \tag{6.3.4}$$

여기서 나오는 F_i는 힘의 i 방향 성분이며, $F_{n,i}$는 전자 플럭스의 i 방향 성분이므로 혼동하지 말도록 하자. 이 식에서는 v_iv_jf를 파수 공간에 대해서 적분한 값이 등장하게 된다. 이 적분을 계산하기 위해서는 f를 정확히 아는 것이 필요할 것이지만, 이러한 작업을 하지 않고 역시 하나의 파라미터로 나타내고자 한다.

전자 전류밀도를 전자 플러스와 다음과 같이 연관되어 있다.

$$\mathrm{J}_n=-q\mathrm{F}_n \tag{6.3.5}$$

이렇게 정의된 전자 전류밀도는, 시간 미분항을 무시하는 경우에 다음과 같이 두 항의 합으로 얻어진다.

$$\mathrm{J}_n = q\mu_n n\mathrm{E} + qD_n \nabla n \tag{6.3.6}$$

첫 번째 항은 전기장에 비례하는 항으로 drift 항이라 불리며, 두 번째 항은 전자 농도의 기울기에 비례하는 항으로 diffusion 항이라 불린다. 보통 이동도 μ_n과 확산 상수(diffusion constant) D_n은 Einstein 관계식을 만족한다고 가정한다.

$$D_n = \frac{k_B T}{q}\mu_n = V_T \mu_n \tag{6.3.7}$$

원래 이 식은 평형 상태에서만 정확히 성립하는 식이지만, 비평형 상태에 대해서도 수정없이 사용되고 있다.

식 (6.2.4)와 식 (6.3.6)을 함께 묶어서 Drift-Diffusion 식이라 부르는데, 식 (6.2.4)의 전자 연속 방정식은 늘 성립해야 하는 식이며, 실제로 가정이 들어가서 모델링이 필요한 식은 식 (6.3.6)에서 나타낸 전류 밀도이다. 통상적으로는 식 (6.3.6)을 식 (6.2.4)에 대입한 형태의 식을 다루게 된다. 이러한 결과 식은, 전자 농도와 전기장만으로 표현이 된다. 다음 절인 6.4절과 6.5절에서는 이 전류 밀도의 이산화를 다루어보자.

6.4 Drift-Diffusion 모델

앞 절들에서 전자 연속 방정식과 전류 밀도에 대한 식들을 유도하였다. 여기에 Poisson 방정식까지 합치면, 세 개의 방정식들이 얻어진다. 앞 절에서 언급한 것과 같이 전자 연속 방정식과 전류 밀도식은 하나로 통합되어 전자 농도와 전기장에 대한 식을 만들며, Poisson 방정식은 전자 농도와 전기장에 대한 또 하나의 독립적인 식을 제공한다. 이 둘을 함께 풀게 되면 Drift-Diffusion 모델을 풀게 되는 것이다.

실습 6.4.1을 통해, 모델 시스템에 대한 비선형 Poisson 방정식 해를 구해보자.

실습 6.4.1

길이가 600 nm인 구조를 생각해보자. 양쪽의 높은 도핑 영역(각각의 길이는 100 nm)들은 n-type으로 5×10^{17} cm^{-3}으로 도핑되어 있고, 가운데의 낮은 도핑 영역(길이는 400 nm)은 n-type 도핑 농도가 2×10^{15} cm^{-3}이다. 이 소자에 대해서 평형 상태의 electrostatic potential을 구하여라.

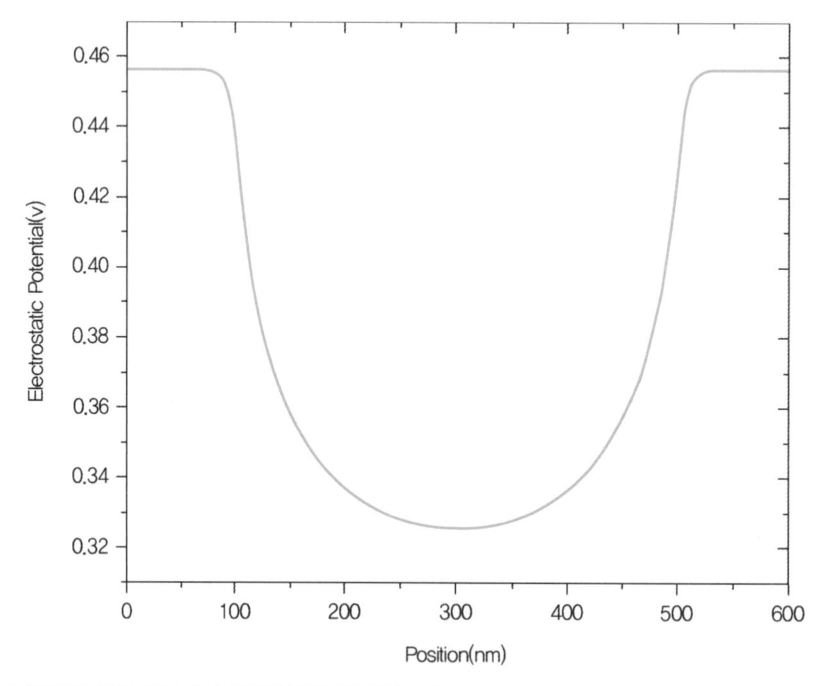

그림 6.4.1 공간에 따른 함수로 나타낸 평형 상태에서의 electrostatic potential

이제 이렇게 얻어진 해가, Drift-Diffusion 식의 해임을 확인해보자. 이를 위해서 Drift-Diffusion 식을 이산화해야 할 것이다. Poisson 방정식의 이산화는 이미 다루었기 때문에, 연속 방정식인 식 (6.2.4)의 이산화가 필요하다. 전류밀도의 식인 식 (6.3.6)을 사용하여, 연속 방정식은 명시적으로 다음과 같이 쓸 수 있다.

$$\frac{\partial n}{\partial t} = -\nabla_{\mathrm{r}} \cdot \mathrm{F_n} = \frac{1}{q}\nabla_{\mathrm{r}} \cdot (q\mu_n n\mathrm{E} + qD_n \nabla_r n) \qquad (6.4.1)$$

Steady-state를 가정하면, 시간에 대한 편미분 항을 무시할 수 있게 되므로, 다음과 같이 쓸 수 있다.

$$0 = \frac{1}{q}\nabla_{\mathrm{r}} \cdot (q\mu_n n\mathrm{E} + qD_n \nabla_r n) \tag{6.4.2}$$

결국 이 문제는 전류밀도의 식인 식 (6.3.6)을 이산화하는 것으로 귀결된다.

이 식 (6.4.2)를 1차원 구조에 대해서 적어보면 다음과 같다.

$$\frac{d}{dx}\left(-q\mu_n n\frac{d\phi}{dx} + qD_n\frac{dn}{dx}\right) = 0 \tag{6.4.3}$$

일반적으로는 이동도와 확산 상수는 공간에 따라 달라질 수 있는 물리량들이다. 예를 들어, 이동도는 도핑 농도나 전기장의 함수로 표시되곤 하므로, 위치에 따라 도핑이나 전기장이 바뀌는 경우라면 이동도 역시 그럴 것이다. 하지만 여기서는 구현의 간단함을 위해 상수로 취급할 것이다. 좀 더 실제적인 경우에는 x_i와 x_{i+1}을 연결하는 각각의 선분마다 이동도와 확산 상수를 구하여 그 값들을 가지고 계산하게 된다.

이 절에서는 식 (6.4.3)에 등장하는 항들을 각각 이산화해보자. 이보다 훨씬 더 좋은 이산화 기법인 Scharfetter-Gummel 방법은 다음 절인 6.5절에서 자세히 다룬다. 그동안 해오던 방식대로, $x_{i-0.5}$부터 $x_{i+0.5}$까지 적분을 수행한다면, 연속 방정식은

$$J_{n,\,i+0.5} - J_{n,\,i-0.5} = 0 \tag{6.4.5}$$

가 될 것이며, 이때 x_i와 x_{i+1}을 연결하는 선분에 정의된 전류밀도 $J_{n,\,i+0.5}$는

$$J_{n,\,i+0.5} = -q\mu_n n_{i+0.5}\left.\frac{d\phi}{dx}\right|_{i+0.5} + qD_n\left.\frac{dn}{dx}\right|_{i+0.5} \tag{6.4.6}$$

이 될 것이다. Einstein 관계식을 사용하면,

$$J_{n,\,i+0.5} = -q\mu_n \left(n_{i+0.5} \frac{d\phi}{dx}\bigg|_{i+0.5} - V_T \frac{dn}{dx}\bigg|_{i+0.5} \right) \tag{6.4.7}$$

과 같이 쓰는 것이 가능하다. 여기서 ϕ나 n의 공간에 대한 미분이 등장하는데, 이들을 평소와 같이

$$\frac{d\phi}{dx}\bigg|_{i+0.5} = \frac{\phi_{i+1} - \phi_i}{\Delta x} \tag{6.4.8}$$

$$\frac{dn}{dx}\bigg|_{i+0.5} = \frac{n_{i+1} - n_i}{\Delta x} \tag{6.4.9}$$

와 같이 이산화해보자. 또한 n_i나 n_{i+1}이 중간 지점에서의 전자 농도인 $n_{i+0.5}$이 등장하는데, 이 항은 단순히 산술 평균으로 나타내보자.

$$n_{i+0.5} = \frac{n_{i+1} + n_i}{2} \tag{6.4.10}$$

식 (6.4.8), 식 (6.4.9) 그리고 식 (6.5.10)을 이용하면, 전류밀도 $J_{n,\,i+0.5}$를 다음과 같이 쓸 수 있을 것이다.

$$J_{n,\,i+0.5} = -q\mu_n \left(\frac{n_{i+1} + n_i}{2} \frac{\phi_{i+1} - \phi_i}{\Delta x} - V_T \frac{n_{i+1} - n_i}{\Delta x} \right) \tag{6.4.11}$$

일단 이번 절에서는 식 (6.4.11)을 바탕으로 실습을 진행해보도록 하자. 먼저 평형 상태에서 비선형 Poisson equation으로 얻어진 해가 Drift-Diffusion 모델의 해이기도 함을 확인해보자. 이 실습은 6.4.2를 통해 이루어진다.

실습 6.4.2

실습 6.4.1의 구조에 대해, 평형 상태에서 연속 방정식을 풀어보자. 즉, 식 (6.4.11)을 식 (6.4.5)에 대입한 식을 푸는 것이다. 실습 6.4.1을 통해 얻어진 electrostatic potential로부터 전자 농도를 구해서 초기해로 설정하자. Electrostatic potential 자체는 비선형 Poisson 방정식의 해를 그대로 사용하자. 이미 좋은 해를 가지고 있는 상황이므로, 계산된 residue 벡터의 성분들이 매우 작은 값을 가지게 될 것이다. 얻어진 결과와 실습 6.4.1의 결과를 비교해보자. 전체 영역을 나누는 점의 숫자를 바꾸어가면서 해를 비교해보자.

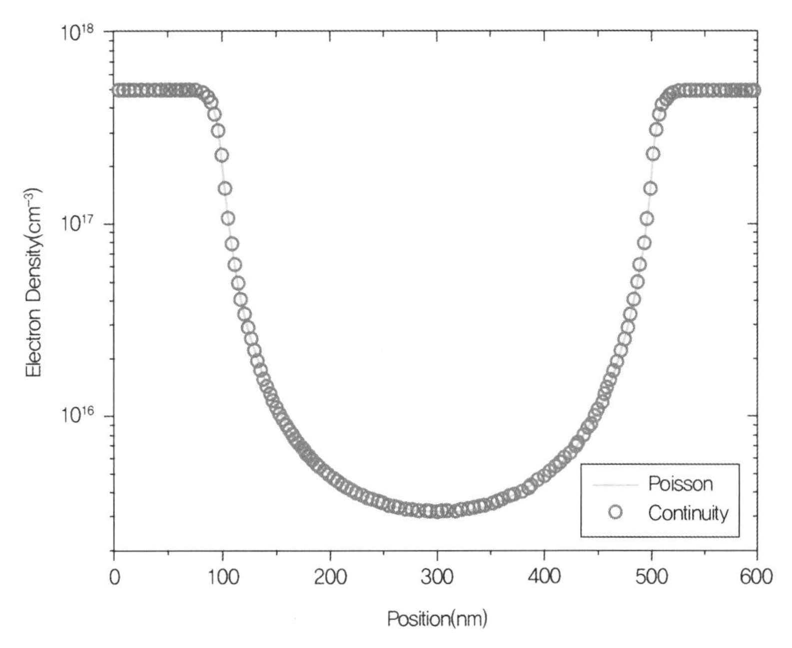

그림 6.4.2 전자 농도에 대한 결과 비교. 안에 초록색 선은 비선형 Poisson 방정식의 결과이고, 회색 원은 연속 방정식을 풀어서 얻은 결과이다.

실습 6.4.2는 연속 방정식과 전류밀도식이 통합된 하나의 식만을 다루었으나, 실습 6.4.3에서는 이것을 Poisson 방정식과 합쳐본다. 그래서 Jacobian 행렬의 크기 역시 두 배가 된다. 비선형 Poisson 방정식에서는 Jacobian의 $(i,\ i)$의 물리적인 의미가 x_i의 위치에서의 비선형 Poisson 방정식이 ϕ_i 값의 변화에 따라서 얼마나 바뀌는지를 나타내는 것이었다. 그러나 Poisson 방정식과 연속 방정식을 합쳐서 고려해야 하는 지금은 동일한 항을 Jacobian에 배치하는 다양한 방법이 존재할 것이다. 예를 들어, 홀수 번째 행 및 열들이 Poisson 방정식과

electrostatic potential에 각각 대응되고, 짝수 번째 행 및 열들이 연속 방정식과 전자 농도에 각각 대응되도록 배치할 수 있을 것이다. 좀 더 구체적으로, $(2i-1)$번째 행은 x_i에서의 Poisson 방정식, $2i$번째 행은 같은 지점에서의 연속 방정식을 나타내며, $(2i-1)$번째 열은 ϕ_i, $2i$번째 열은 n_i를 나타낼 것이다.

또 한 가지, Poisson 방정식과 연속 방정식처럼 서로 다른 방정식들을 함께 풀어줄 때 생길 수 있는 문제로, 물리량들의 크기가 너무 차이가 나서 생기는 수치해석적인 오차가 있을 수 있다. 예를 들어, SI 단위를 사용할 때, electrostatic potential은 기껏해야 수 V를 넘지 않을 것이지만, 전자의 농도는 10^{26}m^{-3}과 같은 큰 값을 가질 수 있다. 이런 경우, 아무리 정확하게 Jacobian을 구성했더라도 사용하는 matrix solver에 따라서 부정확한 해가 얻어질 수 있다. 만약 사용하는 matrix solver가 이러한 경우를 적절하게 다루어주지 못한다면, Jacobian 행렬을 등가적이지만 matrix solver가 좀 더 풀기 좋은 형태로 제공해주어야 한다.

만약 우리가 풀어주어야 하는 행렬방정식이 $\mathrm{Ax=b}$의 꼴을 가지고 있는데, A의 내부 성분들이 너무 크게 차이가 나서 matrix solver가 제대로 계산을 못해주고 있다고 생각해보자. 이럴 경우, 다음과 같은 방식으로 등가적인 행렬방정식을 만들어볼 수 있을 것이다.

$$\mathrm{Ax = ACC^{-1}x = (AC)(C^{-1}x) = b} \tag{6.4.12}$$

물론 여기서 열의 스케일을 맞춰주기 위한 행렬 C는 역행렬이 존재해야 한다. 적절하게 C를 설정할 경우, AC는 A보다 matrix solver가 다루기 쉬운 행렬이 될 것이며, 문제없이 정확한 해인 $\mathrm{C^{-1}x}$를 구할 수 있게 된다. 마지막으로 이렇게 얻어진 해에 행렬 C를 왼쪽에서 곱해준다면, 원래의 해인 x를 구할 수 있게 된다. 물론 C가 복잡한 행렬이라면 AC를 계산하거나 $\mathrm{C^{-1}x}$에 C를 곱해주는 일들이 큰 계산량을 요구하게 될 것이다. 그렇지만 C를 대각행렬로 설정한다면, 대각행렬을 곱하는 일은 그다지 큰 계산량을 사용하지 않고도 쉽게 처리할 수 있게 된다. 앞에서 말한 것처럼, 사용하는 matrix solver가 이러한 처리 없이도 정확한 해를 구할 수 있는 경우라면 식 (6.4.12)와 같은 처리는 필요하지 않을 것이다. MATLAB을 사용하여 실습을 진행하는 경우에는 식 (6.4.12)와 같은 처리가 필요하다.

실습 6.4.3

실습 6.4.1의 구조에 대해, Poisson 방정식과 연속 방정식을 함께 풀어보자. 이미 해를 가지고 있는 상황이다. 중요한 점은, 어떻게 하면 Jacobian 행렬을 알맞게 잘 구성할 수 있는가 하는 점이다. Jacobian 행렬의 성분을 잘못 구성할 경우, 올바른 해를 구할 수 없으므로, 이 점에 특히 유의하며 작업하자.

이제 비평형 상태로 확장할 수 있다. 기본적으로 지금까지 작성한 식들은 비평형 상태에서도 적용되는 식이므로, 지금까지의 실습을 올바르게 수행하였다면 별다른 어려움 없이 결과를 얻을 수 있을 것이다.

반도체 소자 시뮬레이션을 통해 우리가 계산하고자 하는 가장 중요한 물리량은 단자 전류일 것이다. 주어진 전압 조건 아래에서 수렴해가 얻어지면 자연스럽게 전류 밀도들을 구할 수 있다. 단자 전류는 외부에서 소자로 들어오는 방향을 양의 방향으로 설정한다. 따라서 오른쪽에 위치한 전극에서는 $J_{n,x}$에 (-1)을 곱한 것이 적절한 단자 전류를 계산하는데 사용되어야 한다. 반면 왼쪽에 위치한 전극에서는 $J_{n,x}$의 부호를 그대로 사용해주면 될 것이다.

실습 6.4.4

실습 6.4.1의 구조에 대해, 전압을 0 V부터 시작해 0.5 V까지 0.05 V 간격으로 증가시켜가며 Drift-Diffusion 모델을 풀어보자. 새로운 bias 전압 조건을 다룰 때에는, 기존 bias 전압에서 얻어진 해를 그대로 초깃값으로 생각하고, 전극에서의 potential만 바꾸어보자. 예를 들어, 0.1 V에 대해 풀고 싶을 때는 0.05 V에서의 해를 초기해로 사용하는 것이다. 각 전압에서 얻어진 해를 바탕으로 단자 전류를 구하여, IV 곡선을 그려보자.

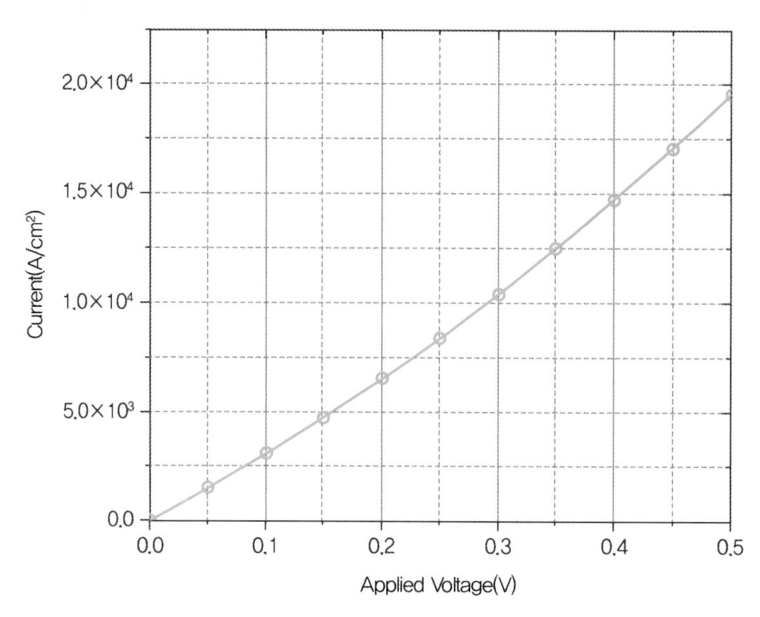

그림 6.4.3 전압에 따른 전류 밀도의 그래프. 전자의 이동도로는 1417 cm^2/Vs을 사용하였다.

실습 6.4.4를 통해서, 주어진 구조에 대해서 Drift-Diffusion 모델을 풀고, 그 결과로 단자 전류를 구하는 것까지 성공할 수 있었다. 식 (6.4.11)이 이번 절에서 사용된 전류밀도의 이산화된 꼴이다. 이를 위해 사용된 식 (6.4.8), 식 (6.4.9) 그리고 식 (6.5.10)은 각각을 고려할 때 그다지 잘못된 부분이 보이지 않는다. 그러나 식 (6.4.11)을 실제적인 경우에 적용하는 것은 어려운데, 이에 대해서는 다음 절에서 좀 더 자세히 다루도록 한다.

6.5 Scharfetter-Gummel 방법

지금까지의 실습을 통해서 우리는 성공적으로 Drift-Diffusion 모델을 풀 수 있게 되었다. 그러나 실제로 반도체 소자 시뮬레이션에 앞 절에서 사용한 방식의 이산화를 적용할 경우, 큰 어려움을 겪게 된다. 이번 절에서 배울 Scharfetter-Gummel 방법은 이러한 어려움을 극복하는 길을 제시해준다.

이 책을 통틀어서, 전통적인 의미에서 가장 중요한 절을 하나 고르라고 한다면 단연 이 절이 뽑힐 것이다. 그만큼 Scharfetter-Gummel 방법은 계산전자공학에서 독보적인 위치를 차지하고 있는 가장 중요한 내용이다.

실습 6.5.1을 통해, 우리가 지난 절에서 만들었던 코드가 좀 더 소형화된 구조에서 문제를 일으킴을 확인해보자.

실습 6.5.1

이번에는 길이가 60 nm인 구조를 생각해보자. 양쪽의 높은 도핑 영역(각각의 길이는 10 nm)들은 n-type으로 5×10^{19} cm^{-3}으로 도핑되어 있고, 가운데의 낮은 도핑 영역(길이는 40 nm)은 n-type 도핑 농도가 2×10^{17} cm^{-3}이다. 이 구조는 실습 6.4.1의 구조의 길이를 10배 짧게 만들고 도핑 농도를 100배 증가시켜서 얻어진 것이다. 이 구조에 대해서 1 V가 인가되었을 경우의 전자 농도를 구해보자. 이때 노드의 수인 N 값을 변화시켜가면서 결과를 비교해보자.

실습 6.5.1의 결과인 그림 6.5.1을 통해, N 값에 따라서 전자 농도가 크게 달라짐을 확인할 수 있다. N 값이 클 경우, 전자 농도는 부드럽게 변화한다. 그러나 N 값이 작아질 경우, 전자 농도가 음수로 계산되는 문제가 발생한다. 전자 농도의 정의를 생각해볼 때, 음의 값을 가질 수 없음은 자명하다. 따라서 이렇게 음의 전자 농도가 얻어지는 이산화 기법은 실제로 적용하기가 어려울 것이다. 만약 어떤 엔지니어가 자신이 설계하고 있는 반도체 소자 내부에 음의 전자 농도가 예측되는 반도체 소자 시뮬레이션 결과를 받아들인다면, 그 결과를 신뢰하지 못할 것이다.

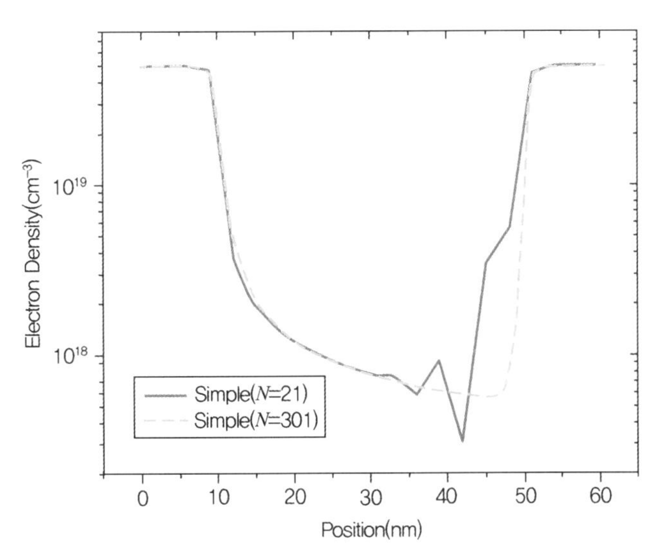

그림 6.5.1 60 nm 길이를 가진 실습 6.5.1의 구조에 1 V를 인가하였을 때의 전자 농도를 이전 6.4절의 방식을 사용한 코드를 가지고 계산한 결과. N을 21까지 줄였을 때, 전자 농도가 음수가 나오는 문제가 발생한다. 위 그래프는 전자 농도에 절댓값을 취하고 로그 스케일로 그린 결과이다.

물론 독자들 중 일부는, '그럼 그냥 많은 노드들을 도입하여 올바른 결과를 확보하면 되는 것이 아닌가?'라고 생각할 수도 있을 것이다. 요즘의 성능이 좋은 컴퓨터를 사용하면, N이 21이나 301이나 상관없이, 짧은 시간 안에 모두 결과를 얻을 수 있을 것이다. 그러나 중요한 것은 다차원 시뮬레이션이다. 비록 이 책에서는 실습의 편의를 위해 오직 1차원 구조만을 다루고 있지만, 현실에서는 2차원 또는 3차원 구조에 대한 시뮬레이션이 필요하다. 이 경우에는 여전히 노드 숫자를 최대한 줄이는 것이 중요한 문제가 되므로, 우리가 적용하는 이산화 기법이 노드들 사이의 간격이 크게 설정된 경우에도 문제없이 동작해야 한다. 이러한 측면에서, 식 (6.4.11)은 개선되어야 한다.

이에 대한 해결책인 Scharfetter-Gummel 방법을 소개하고자 한다. 먼저 결론부터 소개해보자. 식 (6.4.11)을 정리하면,

$$\frac{J_{n,\,i+0.5}}{qD_n}\Delta x = n_{i+1}\left(1-\frac{\phi_{i+1}-\phi_i}{2V_T}\right)-n_i\left(1+\frac{\phi_{i+1}-\phi_i}{2V_T}\right) \tag{6.5.1}$$

와 같이 쓸 수 있다. Scharfetter-Gummel 방법을 적용하면, 위의 식 (6.5.1) 대신 다음과 같은 형태를 사용한다.

$$\frac{J_{n,\,i+0.5}}{qD_n}\Delta x = n_{i+1}B\left(\frac{\phi_{i+1}-\phi_i}{V_T}\right)-n_iB\left(\frac{\phi_i-\phi_{i+1}}{V_T}\right) \tag{6.5.2}$$

여기서 새로운 함수 B가 도입되었는데, Bernoulli 함수라고 불리는 이 함수는 다음과 같은 꼴을 가진다.

$$B(x)=\frac{x}{e^x-1} \tag{6.5.3}$$

이 함수의 몇 가지 극한을 살펴보면 좋을 것이다. 먼저 인수가 양의 무한대로 갈 경우에는, 이 함수는 지수 함수적으로 0으로 수렴한다. 반대로 인수가 음의 무한대로 갈 경우에는, 이 함수는 $-x$의 꼴을 따른다. 또 인수가 0일 때에는, 함숫값은 1이며 미분값은 -0.5가 된다. 인수의 값에 상관없이 함숫값은 항상 양수가 된다. 마지막으로, 한 가지 알아두면 좋을 성질

은 다음과 같다.

$$B(-x) = \frac{-x}{e^{-x}-1} = \frac{e^x x}{e^x - 1} = e^x B(x) \tag{6.5.4}$$

이 성질을 고려해보면, 식 (6.5.2)에서 n_{i+1}의 계수와 n_i의 계수들은 그 절댓값들의 비율이 $\exp\left(\frac{\phi_{i+1}-\phi_i}{V_T}\right)$임을 알게 된다.

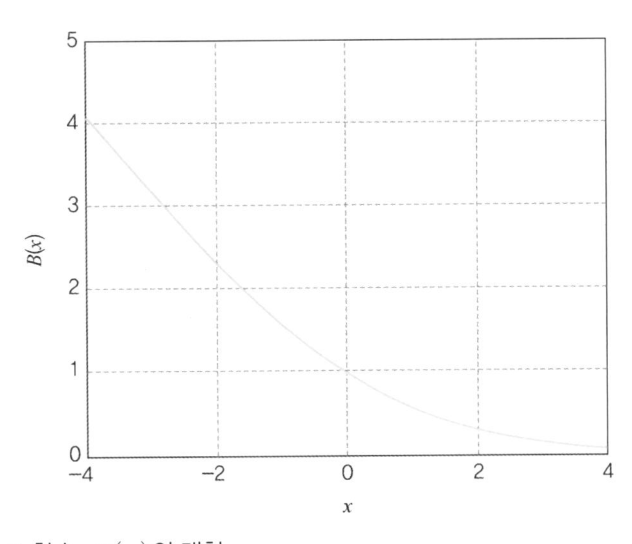

그림 6.5.2 Bernoulli 함수, $B(x)$의 개형

한 가지 구현상에서 조심해야 하는 것은, Bernoulli 함수의 인수가 0에 가까운 경우이다. 이 경우에 Bernoulli 함수의 올바른 값은 1에 매우 가까우며, Bernoulli 함수의 미분값은 -0.5에 가깝다. 그러나 식 (6.5.3)의 정의식 그대로 구현하게 된다면, 0에 매우 가까운 인수에 대해서 $e^x - 1$을 제대로 계산하지 못하여 분모가 0으로 계산되는 일이 생기게 되며, 이에 따라 0으로 나누기 때문에 Bernoulli 함수가 무한대의 값을 가지는 일이 생기게 된다. 정확히 0으로 계산되지는 않더라도 부정확한 값을 가지게 되어서, 올바른 함숫값인 1에서 벗어나는 결과를 얻게 되기도 한다. 따라서 Bernoulli 함수는 인수의 값에 따라서 구간을 나누어 구현하는 것이 좋다.[6-1] 구간들의 경계에서 함숫값이 부드럽게 연결되는 것을 확인하여야 한다.

지금까지 아무런 설명도 없이 Scharfetter-Gummel 방법의 결과만을 소개하였다. 이제 유도

과정을 살펴보자. 이미 여러 번 다룬 것처럼, 1차원 구조에서 전류 밀도의 식은 아래와 같이 되는데,

$$\frac{dn}{dx} - \frac{1}{V_T}\frac{d\phi}{dx}n = \frac{J_n}{qD_n} \tag{6.5.5}$$

Schafetter-Gummel 방법에서는 이 식을 전자 농도 n의 1계 미분 방정식으로 본다. 두 점 x_i와 x_{i+1} 사이의 선분을 생각할 때, $\frac{d\phi}{dx}$는 $\phi_{i+1} - \phi_i$를 Δx로 나눠준 값으로 나타낸다. 또한 소스 항에 등장하는 J_n은 상수로 취급하며, 이것은 $J_{n,i+0.5}$가 될 것이다. 이러한 가정을 통해, 비록 electrostatic potential은 선형적으로 변하더라도 전자 농도는 비선형적으로 변하는 것을 묘사할 수 있게 된다. 또한 J_n을 상수로 취급하였으므로, 두 점을 연결하는 선분에서 전류 밀도의 값이 일정하게 유지되어, 물리적으로도 올바른 형태이다.

위의 가정들 아래에서, 식 (6.5.5)는 전자 농도 n에 대해서 손쉽게 풀 수 있는 형태가 된다. J_n이 0이라고 생각할 때의 해는 $\exp\left(\frac{1}{V_T}\frac{\Delta\phi}{\Delta x}x\right)$에 비례하게 된다. 여기서 $\Delta\phi$는 $\phi_{i+1} - \phi_i$를 간략하게 쓴 것이다. 또한 소스 항이 상수이므로, 식 (6.5.5)의 전체 해는

$$n(x) = C_A \exp\left(\frac{1}{V_T}\frac{\Delta\phi}{\Delta x}x\right) + C_B \tag{6.5.6}$$

가 될 것이다. 물론 미정계수인 C_A와 C_B는 경계 조건을 사용해서 구해내야 한다. 경계 조건은 다음과 같이 명확할 것이다.

$$n(x_i) = n_i \tag{6.5.7}$$

$$n(x_{i+1}) = n_{i+1} \tag{6.5.8}$$

이 두 가지 경계 조건에 대한 식들을 식 (6.5.6)에 넣어서 그 차이를 구하면

$$n_{i+1} - n_i = C_A \exp\left(\frac{1}{V_T}\frac{\Delta\phi}{\Delta x}x_i\right)\left[\exp\left(\frac{\Delta\phi}{V_T}\right) - 1\right] \tag{6.5.9}$$

와 같이 된다. 즉, 이를 통해

$$C_A \exp\left(\frac{1}{V_T}\frac{\Delta\phi}{\Delta x}x_i\right) = \frac{n_{i+1} - n_i}{\exp\left(\frac{\Delta\phi}{V_T}\right) - 1} \tag{6.5.10}$$

임을 알 수 있으며, 식 (6.5.6)에 $x = x_i$를 대입하고 식 (6.5.10)을 사용하여,

$$C_B = n_i - \frac{n_{i+1} - n_i}{\exp\left(\frac{\Delta\phi}{V_T}\right) - 1} \tag{6.5.11}$$

도 얻을 수 있다. 이와 같은 과정을 통해, 미정계수인 C_A와 C_B를 n_i, n_{i+1} 그리고 $\Delta\phi$를 사용하여 나타내는 데 성공하였다.

우리의 목표는 결국 전류 밀도를 나타내는 것이므로, 식 (6.5.6)의 해를 식 (6.5.5)에 대입하면,

$$J_n = -qD_n \frac{1}{V_T}\frac{\Delta\phi}{\Delta x}C_B \tag{6.5.12}$$

와 같은 결과를 얻는다. 즉, 전류 밀도가 C_B에 비례하는 것이다. 식 (6.5.11)을 정리하면

$$C_B = -n_{i+1}\frac{1}{\exp\left(\frac{\Delta\phi}{V_T}\right) - 1} + n_i \frac{\exp\left(\frac{\Delta\phi}{V_T}\right)}{\exp\left(\frac{\Delta\phi}{V_T}\right) - 1} \tag{6.5.13}$$

와 같다. 굳이 이렇게 분리해서 쓰는 이유는 마지막 식을 식 (6.5.2)처럼 쓰고 싶기 때문이다. 이 식 (6.5.13)을 식 (6.5.12)에 대입하면,

$$\frac{J_n}{qD_n}\Delta x = n_{i+1}\frac{\frac{\Delta\phi}{V_T}}{\exp\left(\frac{\Delta\phi}{V_T}\right)-1} - n_i\frac{\frac{\Delta\phi}{V_T}\exp\left(\frac{\Delta\phi}{V_T}\right)}{\exp\left(\frac{\Delta\phi}{V_T}\right)-1} \tag{6.5.14}$$

이 된다. 이제 $\frac{\Delta\phi}{V_T}$를 주목하고 식 (6.5.3)과 식 (6.5.4)를 사용하면, 유도하고자 했던 식 (6.5.2)를 얻을 수 있다.

이전 6.4절에서 사용했던 식 (6.5.1)과 Scharfetter-Gummel 방법의 식 (6.5.2) 사이의 차이는 n_{i+1}과 n_i의 계수이다. $\frac{\Delta\phi}{V_T}$가 0에 가까울 때, 즉, 두 점 사이의 electrostatic potential의 차이가 크지 않을 때에는 두 식은 거의 같은 결과를 줄 것이다. 인수가 0일 때 Bernoulli 함수의 함숫값이 1이고 미분값이 0.5임을 생각하면, 6.4절의 식은 Scharfetter-Gummel 방법에 따른 식을 electrostatic potential의 차이가 작은 경우에 적용한 꼴임을 알게 된다. 그러나 $\frac{\Delta\phi}{V_T}$의 절댓값이 작지 않을 경우에는 두 식들은 차이를 나타내게 된다. Bernoulli 함수는 항상 양의 함숫값을 가진다는 점을 기억해보자.

이제 Scharfetter-Gummel 방법을 적용한 실습을 진행해보자. 가장 먼저 평형 상태부터 확인하는 것이 필요하다. 평형 상태에서 식 (6.5.1)과 식 (6.5.2)를 비교해보면, 두 접근법의 차이가 명확히 보인다. 평형 상태라면 전류 밀도가 0이 되어야 하므로, 이로부터 다음과 같은 관계식들을 얻게 된다.

$$n_{i+1}\left(1-\frac{\phi_{i+1}-\phi_i}{2V_T}\right) = n_i\left(1+\frac{\phi_{i+1}-\phi_i}{2V_T}\right) \tag{6.5.15}$$

$$n_{i+1}B\left(\frac{\phi_{i+1}-\phi_i}{V_T}\right) = n_iB\left(\frac{\phi_i-\phi_{i+1}}{V_T}\right) \tag{6.5.16}$$

그렇지만 평형 상태이므로, 우리는 두 점에서의 전자 농도 사이에 다음의 식이 성립해야 함을 알고 있다.

$$n_{i+1} = n_i\exp\left(\frac{\phi_{i+1}-\phi_i}{V_T}\right) \tag{6.5.17}$$

이 식은 식 (2.9.5)로부터 손쉽게 유도할 수 있다. 식 (6.5.15)는 식 (6.5.17)을 만족시킬 수 없으나, Scharfetter-Gummel 방법의 식 (6.5.16)은 식 (6.5.4)의 도움을 받아 정확히 식 (6.5.17)과 일치한다. 즉, Scharfetter-Gummel 방법을 적용하면 비선형 Poisson 방정식의 해가 정확히 이산화된 Drift-Diffusion 모델의 해가 된다. 6.4절의 방식을 사용하면 이와 같은 정확한 관계는 성립하지 않으며, 많은 점들을 도입하여 두 점 사이의 electrostatic potential 차이를 줄일 경우에만 올바른 관계식에 접근하게 된다.

실습 6.5.2

실습 6.5.1의 구조를 그대로 사용하고, 0 V가 인가되었을 때를 Schafetter-Gummel 방법을 사용하여 풀어본다. Schafetter-Gummel 방법을 사용하여 얻어진 결과를 식 (6.5.1)에 의한 결과와 비교해본다.

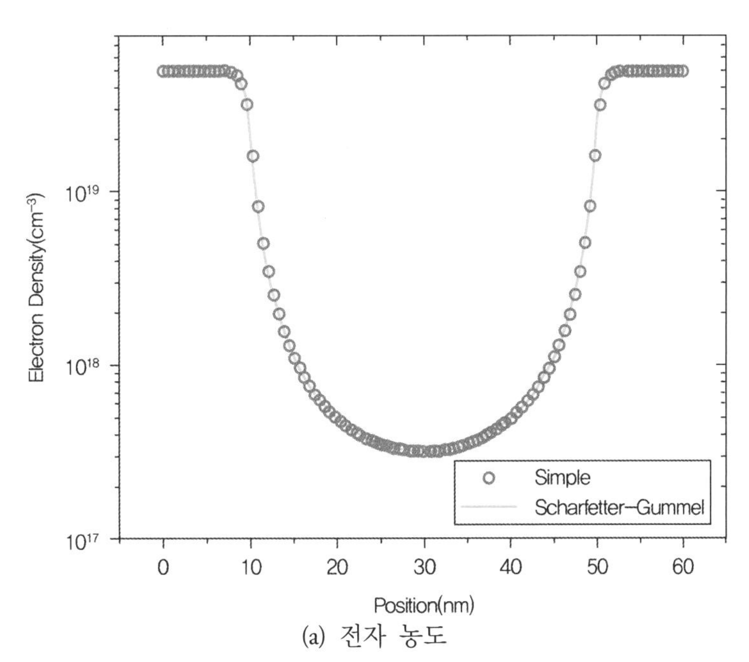

(a) 전자 농도

그림 6.5.3 60 nm 길이를 가진 실습 6.5.1의 구조에 0 V를 인가하였을 때, 이전 6.4절의 방식과 Scharfetter-Gummel 방법을 사용하여 나타낸 전자 농도와 electrostatic potential

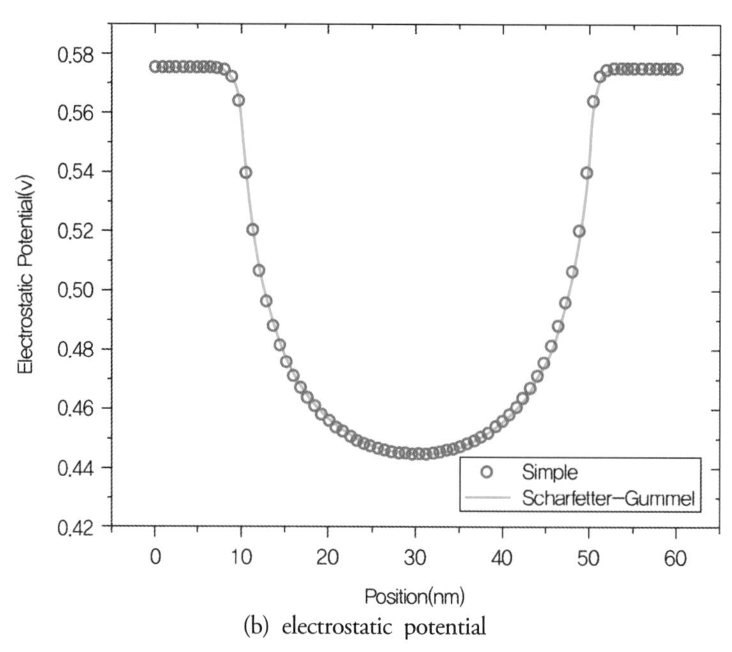

(b) electrostatic potential

그림 6.5.3 60 nm 길이를 가진 실습 6.5.1의 구조에 0 V를 인가하였을 때, 이전 6.4절의 방식과 Scharfetter-Gummel 방법을 사용하여 나타낸 전자 농도와 electrostatic potential(계속)

실습 6.5.2는 비선형 Poisson 방정식으로 해가 이미 알려져 있는 상황이므로 그다지 어렵지 않게 해결할 수 있을 것이다. 그러나 Bernoulli 함수의 구현이 잘못되어 있다면 이 실습도 어려움을 겪을 것이므로, 구현의 올바름을 확인하는 데 유용할 것이다. 또한 구현할 때, Bernoulli 함수만이 아니라, Bernoull 함수의 미분 역시 고려되어야 함을 유의하자. Bernoulli 함수를 구간별로 나누어 구현하였으므로, Bernoulli 함수의 미분도 동일한 구간들에 대해서 구간별로 구현하는 것이 좋을 것이다.

이제 평형 상태를 잘 해석할 수 있는 Scharfetter-Gummel 방법에 기반한 코드를 비형평 상태에도 적용해보자. 코드가 올바르게 작성이 되었다면 실습 6.5.3은 실습 6.5.2의 코드를 가지고 바로 수행이 가능할 것이다. 그러나 실습 6.5.2는 성공적으로 해결한 코드가 실습 6.5.3에서는 수렴성 문제 등을 겪을 수 있다. 일반적인 경우라면, 수렴성 문제에는 다양한 원인이 있을 수 있다. 하지만 독자들이 이미 실습 6.4.4와 실습 6.5.2를 성공적으로 마친 상황이므로, 실습 6.4.4에서는 경험하지 못하였던 수렴성 문제를 실습 6.5.3에서 만나게 된다면, 새로 도입한 Bernoulli 함수와 관련된 부분이 문제를 일으켰을 가능성이 높다. 실습 6.5.3이 이 책을 통틀어서, 전통적인 의미에서 가장 중요한 실습임을 떠올리며, 정확한 코드 구현을 위해 노력해보길 권한다.

실습 6.5.3

실습 6.5.1의 구조를 그대로 사용하고, 전압을 0 V부터 시작해 0.5 V까지 0.05 V 간격으로 증가시켜가며 Drift-Diffusion 모델을 풀어보자. 물론 Scharfetter-Gummel 방법을 사용하여 이산화해야 한다. 실습 6.4.4와 같이, 새로운 bias 전압 조건을 다룰 때에는, 기존 bias 전압에서 얻어진 해를 그대로 초깃값으로 생각하고, 전극에서의 potential만 바꾸어보자. 각 전압에서 얻어진 해를 바탕으로 단자 전류를 구하여, IV 곡선을 그려보자. 이때 실습 6.5.1과 같이 노드의 수인 N 값을 변화시켜가면서 결과를 비교해보자.

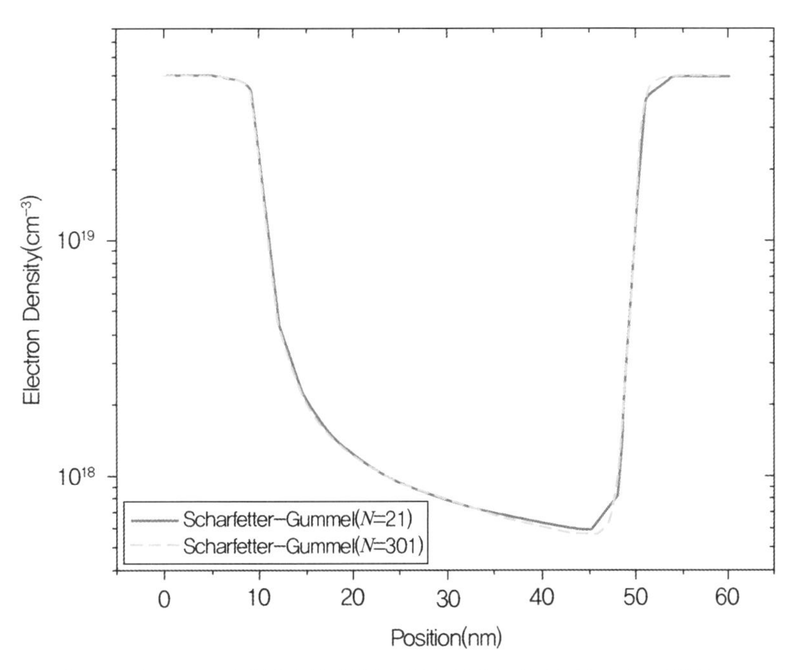

그림 6.5.4 Scharfetter-Gummel 방법을 사용하여 얻은 1 V에서의 전자 농도. 실선은 $N = 21$일 때이고, 점선은 $N = 301$일 때의 결과이다.

그림 6.5.4는 1 V가 인가되었을 때의 전자 농도를 나타내고 있다. 이 그림에서 확인할 수 있듯이, Scharfetter-Gummel 방법을 사용할 경우에는 적은 수의 점들을 사용했을 때에도 많은 수의 점들을 사용했을 때와 매우 유사한 결과를 얻을 수가 있다. 그림 6.5.1과 비교해보면 그 차이가 명확히 보일 것이다. 이와 같은 이유로 Scharfetter-Gummel 방법은 표준적인 방법으로 모든 반도체 소자 시뮬레이터에 채택되고 있다. 약간의 구현상의 복잡성을 감수하면 해의 정확성을 크게 향상시킬 수 있는 것이다.

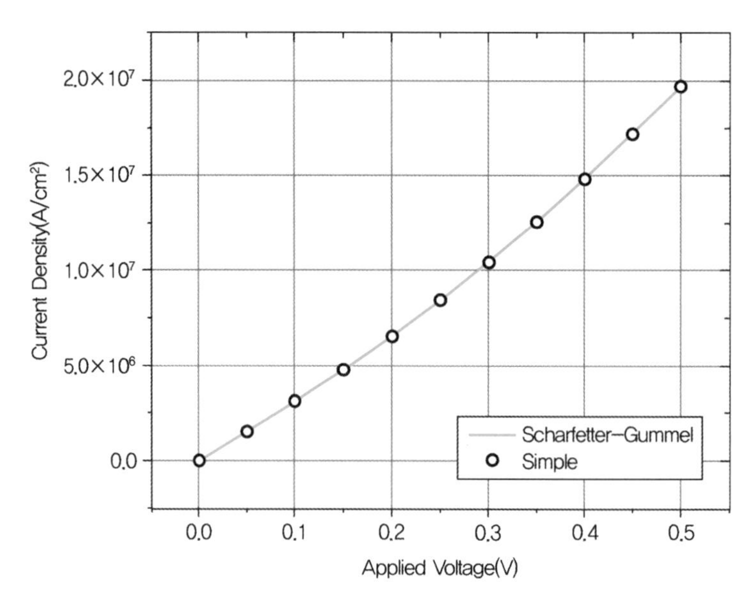

그림 6.5.5 전압에 따른 전류 밀도의 그래프. 이전 6.4절의 방식과 Scharfetter-Gummel 방법을 비교한다. 전자 이동도로는 $1417\mathrm{cm}^2/Vs$을 사용한다.

그림 6.5.5는 두 가지 방법으로 구한 전류 밀도를 나타내고 있다. 이 예제에서는 두드러진 차이는 나타나지 않으나, 실제 적용에 있어서는 음의 전자 농도가 나타날 경우에 많은 문제가 야기된다. 예를 들어서, 실습에서 상수로 가정한 전자 이동도가 전자 농도의 함수로 표현되는 경우들이 있다. 이러한 경후, 흔히 전자 농도에 로그 함수를 취한 값을 바탕으로 계산이 이루어지는데, 음의 전자 농도가 나타나면 로그 함수의 계산이 어렵다. 결론적으로, drift-diffusion 모델을 이산화하는 데 있어 Scharfetter-Gummel 방법을 적용하는 것은 필수적이다.

CHAPTER

7

양자 전송

양자 전송

7.1 들어가며

이 장에서는 양자 전송 시뮬레이션의 기초 이론과 구현에 대해서 설명한다. 어떤 특정한 양자 현상이나 복잡한 개념을 다루기보다는 양자 전송에 익숙하지 않은 독자들이 진입 장벽을 넘을 수 있도록 하는 데 초점을 맞추도록 하겠다. 가능하면 학부 양자역학 수준의 사전 지식을 갖추면 이해할 수 있도록 하겠으며 필요한 경우 참고 문헌을 소개하도록 하겠다.

공학적인 목적의 반도체 소자 수치해석을 위해서는 거의 대부분 Drift-Diffusion 모델 같은 준고전적 전송 이론을 사용한다. 왜냐하면 계산이 쉽고 빠른데다가 어떤 새로운 현상에 대한 모델도 비교적 간단하게 추가할 수 있기 때문이다. 비록 여러 가지 현상들을 다수의 파라미터를 도입하여 모델링하고 기대하는 전송 특성을 모사하는 수준이긴 하지만 공학적인 관점에서 충분히 효율적인 방법이다. 심지어 양자 효과에 대한 모델들도 개발되어서 웬만한 문제는 굳이 어려운 양자 전송 계산을 하지 않고도 충분한 결과를 얻을 수 있다. 하지만 준고전적 모델이 양자 효과까지 고려하더라도 그것은 양자 전송으로 발견된 결과를 모사하는 것이다. 준고전적 모델의 파라미터를 보정해야 하거나 양자 효과를 모사하는 모델이 잘 적용될지 확실치 않은 경우에는 양자 전송을 실제로 수행하여 결과를 검증하는 것이 필요하다. 또한, 양자 효과가 주요한 나노 소자라서 준고전적 모델은 애초에 적용하기 어려운 경우에는 양자 시뮬레이션이 필수이다.

양자 전송을 한 마디로 정의하면 슈뢰딩거 방정식 같은 양자 이론에 기반하여 전송 문제를 푸는 것이다. 양자 효과가 중요하지 않은 소자는 준고전적 이론을 적용하여 직관적이고 효율적으로 전송 특성을 분석하면 충분하겠지만, 아주 작은 나노미터 크기의 반도체 소자에서는 다음과 같은 여러 이유로 양자 효과가 중요하다.

첫째, 소자의 크기가 전자의 파동효과를 고려해야 할 정도로 작다. 전자 파동이 좁은 공간에 갇힘으로 인해서 생기는 양자 속박(quantum confinement) 효과, 전자 파동이 그보다 얇은 장벽을 통과하는 양자 터널링(quantum tunneling) 효과, 전자가 자기 자신의 파동과 상호작용하는 양자 간섭(quantum interference) 효과 등이 있다. 양자 속박이나 터널링 효과는 보통의 반도체 소자에서도 두드러지게 나타나는 현상이며 양자 간섭 효과는 공명 터널 소자(resonance tunneling device) 등에서 중요한 현상이다.

둘째, 전자의 에너지 밴드 구조가 단순하지 않다. 준고전적 이론에서는 전자의 운동을 계산할 때에 흔히 유효 질량 근사법(effective mass approximation 또는 EMA)을 적용하는데, 이것은 반도체에서의 전자를 마치 자유 전자처럼 취급하되 전자의 정지 질량과는 다른 어떤 유효 질량을 갖는다고 근사하는 방법이다. 전자 또는 홀이 에너지 밴드의 포물선 모양 꼭지 근처에 존재할 경우에만 유효한 근사법이다. 나노 소자에서는 양자 효과로 인해서 전자의 밴드 구조가 큰 소자의 경우와 달라져서 직접 계산해보기 전에는 예측하기 어려울 수 있으며, 유효 질량을 보정하더라도 시뮬레이션의 정확성을 기대할 수 없는 경우가 있다. 즉, 소자의 밴드 구조를 근사하지 않고 있는 그대로 고려하면서 전송 문제를 풀어야 하는 것이다.

셋째, 아주 작은 소자에서는 전송 특성이 소자의 크기에 더욱 민감해진다. 예를 들어, 5 nm 두께의 채널에서는 원자의 개수가 불과 15개 내외밖에 되지 않기 때문에 실제 공정에서 발생할 수 있는 한두 개 원자의 차이가 소자 기능에 적지 않은 영향을 미치게 된다. 물질 경계에서의 원자 배열이나 결정면에 따라서 밴드 구조에 큰 변화가 있을 수도 있다. 또한 surface roughness나 ionized impurity scattering 같은 것을 고려할 때에도 원자 레벨에서 계산하는 것이 준고전적 모델보다 더 정확하다. 이 모든 것을 정밀하게 고려하면서 전송 문제를 다루려면 양자역학에 기반한 전송 이론을 적용하는 것이 필요하다.

그림 7.1.1은 삼중 나노선 채널 FET(triple-channel silicon nanowire n-type field effect transistor)에 대해서 양자 전송 시뮬레이션을 한 것이다. 어떤 양자 효과들이 고려되었는지 예를 들어 나열해보면,

1. 두께가 5 nm 정도밖에 되지 않는 나노선에서의 quantum confinement 효과

2. Nonparabolic 밴드 구조와 confinement 효과에 따른 변형
3. 단자(contact)에서의 Schottky barrier tunneling
4. Surface roughness와 ionized impurity에 기인한 scattering, localization, tunneling 효과
5. S/D epi 영역과 channel의 구조적인 차이로 인한 quantum resistance 효과
6. 짧은 채널에서의 tunneling 효과

등등이 있다. 위의 효과들을 보정 파라미터 없이 고려하면서 예측 시뮬레이션을 하는 것은 새로운 소자 구조에 대한 연구를 수행하거나 준고전적 시뮬레이션의 부정확한 결과를 개선하는 데 큰 도움을 줄 수가 있다.

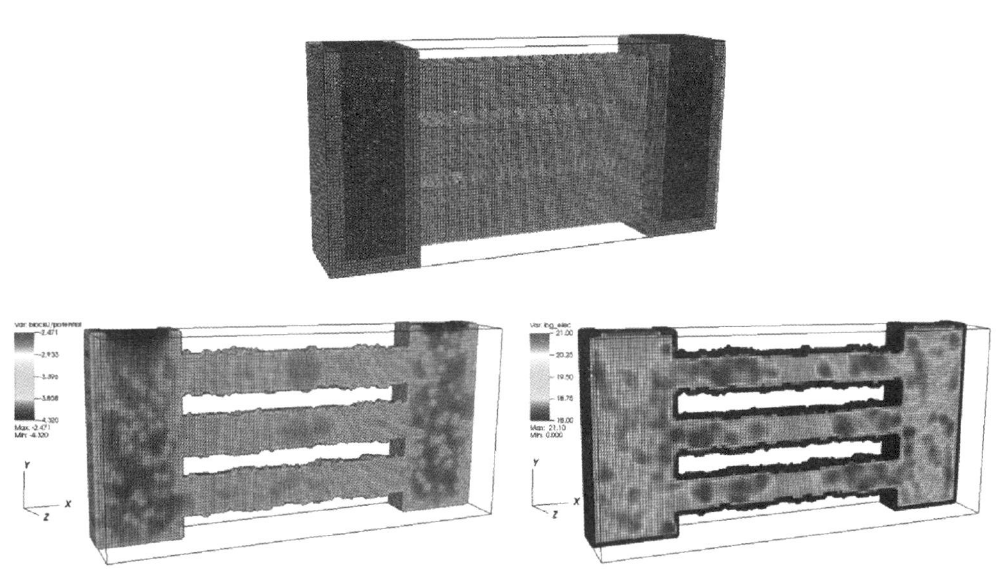

그림 7.1.1 삼중 나노선 채널 FET의 양자 전송 시뮬레이션 결과

여러 가지 양자 전송 이론이 있지만 가장 일반적이고 반도체 소자 해석에 많이 사용되는 비평형 그린 함수(nonequilibrium Green's function 또는 NEGF) 방법을 위주로 설명하겠다. 정상 상태(steady-state) NEGF 이론에 대해서만 다루고 시변(time dependent) 이론은 다루지 않는다. 시변 양자 전송은 가장 일반적이고 정밀한 전송 이론이지만 계산량의 부담 때문에 반도체 소자의 해석에는 아직 널리 쓰이지 않고 있다.

7장의 구성은 다음과 같다. 7.2절에서는 양자 전송을 이해하는 데 필요한 기초 지식을 정리하면서 단입자 슈뢰딩거 방정식의 의미와 전자의 밴드 구조 계산법을 설명하겠다. 7.3절에

서 도체선에서의 전송을 예로 들면서 밴드 구조와 전송의 관계에 대해서 알아보겠다. 7.4절에서 NEGF formalism을 설명하면서 사용되는 여러 함수들을 소개하고 의미와 활용법을 설명하도록 하겠다. 7.5절에서는 간단한 일차원 포텐셜 장벽 문제를 NEGF 방법으로 계산하는 과정을 보이도록 하겠다. 마지막으로 7.6절에서는 실습을 제공한다.

이번 장은 준고전적/양자역학적인 구별에서 볼 때, 다른 장들과 성격이 다르기 때문에, 표기 등에서도 이질적인 부분들이 있을 수 있다. 이 점을 유의하기를 당부한다.

7.2 양자역학 기초 지식의 복습

고전역학이 Newton의 운동법칙에 기반한 이론이라면 양자역학은 슈뢰딩거(Schrödinger) 방정식의 이론이다. 그래서 양자역학 문제를 푼다는 것은 어떤 시스템에서 슈뢰딩거 방정식의 해를 구하고 그것으로부터 시스템의 물리 현상을 분석하는 과정이다. 단일 입자의 슈뢰딩거 방정식은 다음과 같은 미분 방정식이다.

$$i\hbar\frac{\partial}{\partial t}\Psi(\mathrm{r},\ t)=H\Psi(\mathrm{r},\ t) \tag{7.2.1}$$

여기에서 H는 고려하는 시스템에서 입자의 해밀토니안(hamiltonian) 연산자이고 Ψ는 방정식의 해이며 입자의 파동 함수(wavefunction)이다. 해밀토니안 연산자를 제5장에서 나온 전체 에너지를 나타내는 실수 H와 혼동하지 않아야 한다. 또한 i는 허수 단위이다. 방정식을 풀어서 파동 함수를 구하면 입자의 모든 정보를 알 수 있게 된다. 정상 상태 조건이라면 파동 함수는

$$\Psi(\mathrm{r},\ t)=\psi(\mathrm{r})e^{i\frac{E}{\hbar}t} \tag{7.2.2}$$

의 꼴을 갖게 된다고 알려져 있는데, 이 경우 슈뢰딩거 방정식은 다음과 같이 다시 쓸 수 있다.

$$E\psi(\mathrm{r})=H\psi(\mathrm{r}) \tag{7.2.3}$$

이것은 고유치(eigenvalue) 문제인데, 풀게 되면 여러 고유값(E_n)과 각각에 대응하는 고유 함수 ($\psi_n(\mathrm{r})$)를 얻는다. 여기에서 n은 구해진 고유값을 구분하기 위해서 붙이는 색인(index)이다. 단지 색인일 뿐이므로 아무렇게나 이름을 붙여도 무방하지만, 편의상 흔히 에너지가 가장 작은 것을 0으로 해서 순서대로 정수 값을 붙인다. 고유 함수의 절대치의 제곱 ($|\psi(\mathrm{r})|^2$)은 입자의 위치를 측정할 때에 위치 r에서 발견될 확률 밀도 함수에 비례하는 것이 알려져 있다. 수학적 편의상 정규화(normalization)하는 것이 편리한데, 모든 n에 대해서 $\int |\psi_n(\mathrm{r})|^2 d\mathrm{r} = 1$이 되게끔 한다. 그러면 E_n 상태가 전자로 채워졌다고 할 때 어떤 위치 r에서 발견될 확률 밀도 함수를

$$P_n(\mathrm{r}) = |\psi_n(\mathrm{r})|^2 \tag{7.2.4}$$

이라고 정의할 수 있다. 따라서 E_n 상태가 채워질 확률이 f_n으로 주어진다면 전자 밀도 분포는 다음과 같이 얻을 수 있다.

$$\rho(\mathrm{r}) = \sum_n P_n f_n = \sum_n |\psi_n|^2 f_n \tag{7.2.5}$$

만약 어떤 상태에 축퇴(degeneracy)가 있다면 해당하는 축퇴 개수를 곱해주어야 할 것이다. 예를 들어, 스핀 축퇴가 있다고 하면 2를 곱해주어야 한다. 이 전자 밀도 분포는 다른 장에서 전자 농도로 불리던 양과 동일하나, 양자 전송 분야의 표기를 따르기 위해서 그대로 사용하도록 한다.

위에서 보다시피 슈뢰딩거 방정식에서 유일한 입력 조건은 해밀토니안뿐이다. 해밀토니안이 주어지면 나머지는 방정식을 풀고 결과를 도출하는 계산 과정일 뿐이다. 그런데 해밀토니안을 구하는 방법은 정해져 있지 않으며 어떤 시스템에서 어떤 현상을 보고자 하는지에 달린 모델링의 영역이다. 가령 전자의 해밀토니안에 스핀 현상에 대한 모델이 포함되지 않았다면 슈뢰딩거 방정식을 풀어서 파동 함수를 구했더라도 스핀 효과에 관한 것은 알 수가 없다. 예상할 수 있듯이, 해밀토니안을 모델링할 때에는 정확도와 계산량을 고려하여 적절하게 만들어야 한다. 소자 전송에 중요한 효과가 누락되거나 필요 이상으로 정교한 모델을 포함시키는 것은 피해야 한다.

반도체 물질의 특성을 연구할 때에 보통 가장 먼저 하는 것은 전자의 에너지 밴드 구조(band structure)를 계산하는 것이다. 밴드 구조는 어떤 물질에 대해서 슈뢰딩거 방정식을 풀었을 때 나오는 고유값를 도식화한 것이며 전자의 가능한 에너지 상태에 대한 정보를 가지고 있으므로 소자의 전송 특성을 대략적으로 유추할 수 있도록 해준다. 예를 들어, 준고전적 전송 이론에서 사용하는 중요한 파라미터인 밴드갭(band gap)과 유효 질량(effective mass) 같은 물리량을 쉽게 밴드 구조로부터 알 수 있다.

보통 반도체 물질이 격자로 구성되어 있기 때문에 슈뢰딩거 방정식을 풀 때에는 하나의 단위 셀에서만 계산하되 그 셀이 무한히 반복된다고 하는 주기 조건을 적용하는 것이 편리하다. 여기에서 아주 중요한 Bloch 정리를 소개하겠다. 시스템에 R로 정의되는 주기성이 있고 포텐셜이 $U(\mathrm{r})$이라고 하면 $U(\mathrm{r}+\mathrm{R})=U(\mathrm{r})$이 성립한다. 이 경우 Bloch 정리에 의하면 슈뢰딩거 방정식을 풀었을 때 파동 함수가 $\psi_{n\mathrm{k}}(\mathrm{r})=e^{i\mathrm{k}\cdot\mathrm{r}}u_{n\mathrm{k}}(\mathrm{r})$로 주어지며 이때 $u_{n\mathrm{k}}(\mathrm{r}+\mathrm{R})=u_{n\mathrm{k}}(\mathrm{r})$로 주어지는 것이 알려져 있다. 이로부터 단위 셀의 파동 함수가 $\psi_{n\mathrm{k}}(\mathrm{r})$이라고 했을 때 R만큼 떨어진 다른 셀에서의 파동 함수는 원래 단위 셀의 파동 함수에다가 위상 항이 곱해진 $\psi_{n\mathrm{k}}(\mathrm{r})e^{i\mathrm{k}\cdot\mathrm{R}}$가 된다는 결론이 나온다. 주기성이 없는 경우에 비해서 k 변수가 새로이 도입되었는데 파수(wave number 또는 wave vector)라고 한다. 고유치에도 k 색인이 붙어서 $E_{n\mathrm{k}}$가 된다. k와 $E_{n\mathrm{k}}$를 각각 x축과 y축으로 해서 그린 것이 우리가 흔히 보는 밴드 구조 그래프이다. Bloch 정리의 결과를 슈뢰딩거 방정식으로 다시 쓰면 다음과 같다.

$$E_{n\mathrm{k}}\psi_{n\mathrm{k}}(\mathrm{r})=H_{\mathrm{k}}\psi_{n\mathrm{k}}(\mathrm{r}) \tag{7.2.6}$$

$$H_{\mathrm{k}}=\sum_{\mathrm{R}}H_{0,\mathrm{R}}e^{i\mathrm{k}\cdot\mathrm{R}} \tag{7.2.7}$$

여기에서 R은 셀 자신 (R = 0)을 포함하여 이웃하는 셀을 가리키는 벡터이고 $H_{0,\mathrm{R}}$은 원점에 있는 셀과 R에 있는 셀의 중첩 해밀토니안이다.

이제 간단한 응용으로 semi-empirical tight-binding (TB) 모델을 이용하여 bulk GaAs의 밴드 구조를 풀어보자. 여기에서는 원자 구조가 주어졌을 때 해밀토니안을 어떻게 구성하고 사용하는지에 초점을 두겠으며, TB 이론 자체를 자세히 설명하지는 않겠다. TB 이론에 관심 있는 독자들은 [7-1] 논문을 참고하길 바란다. GaAs 구조를 계산하기 위해 그림 7.2.1과 같이 Ga과 As 원자가 하나씩 있는 primitive unit cell을 준비한다. Ga 원자의 위치는 (0, 0, 0) nm이고

As 원자의 위치는 0.1413*(1, 1, 1)에 있으며, 주기 조건으로 다음과 같은 translation 벡터를 가진다. R_1 =0.2826*(1, 1, −1), R_2 =0.2826*(1, −1, 1), R_3 =0.2826*(−1, 1, 1).

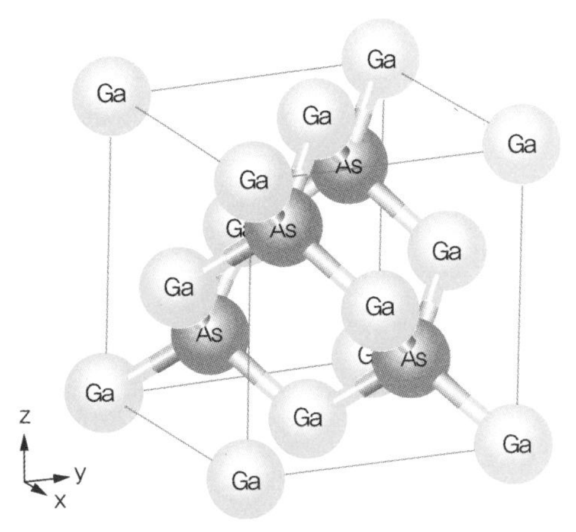

그림 7.2.1 GaAs 크리스탈 구조. 여기에서 고려하는 최소의 primitive cell은 원점에 있는 Ga과 [111] 방향으로 인접한 As 원자이다.

First-nearest neighbor sp3s* basis 모델을 사용하는데 이것은 우리가 관심 있는 에너지 구간인 밴드갭 근처의 전자 에너지를 s, px, py, pz 그리고 가상의 s* 궤도(orbital) 기저(basis)를 이용해서 표현하고, 원자끼리의 상호작용은 인접하는 원자에 국한된다고 가정하는 방법이다. 예를 들어, Ga 원자의 s 오비탈의 에너지는 E_s_Ga, Ga 원자의 s 오비탈과 As 원자의 p 오비탈의 overlap 에너지는 E_sp_σ_Ga_As 등으로 표현하는 것이다. 그리고 이 파라미터들은 실제 밴드 구조를 재현할 수 있도록 semi-empirical 한 방법으로 구해진다.

다섯 개의 베이시스를 사용하므로 각 원자의 해밀토니안과 상호작용하는 커플링 해밀토니안은 각각 5×5 행렬 블록으로 표현된다. 따라서 Ga과 As 원자의 해밀토니안 블락은 각각 H_{Ga}, H_{As}로 표기하겠다. 그리고 Ga과 As 사이의 커플링 해밀토니안은 상대적인 위치의 함수인데 가령 어느 한 Ga 원자에서 111 방향에 인접한 As 원자로의 커플링 해밀토니안을 $H_{GaAs,\,111}$로 표기하겠다. 다시 말하지만 해밀토니안 원소 자체를 어떻게 계산하는지는 여기에서의 관심사가 아니며 자세한 내용은 [7-1]을 참고하길 바란다. 하지만 해밀토니안 블록을 다루는 방법은 다른 어떤 해밀토니안 모델을 다루던지 상관없이 일반적으로 적용할 수 있으므로 잘 이해하길 바란다.

그럼, 우리의 시스템은 원자 두 개로 이루어져 있으므로 해밀토니안은 10×10 행렬로 표현되겠다. 원자와 기저를 어떤 순서로 배치하는지에 따라서 행렬의 모양이 달라지겠지만 결과는 동일하기 때문에 각자 편리한 방법을 쓰면 된다. 여기에서는 전체 행렬을 2×2 블록으로 나누어서 (1, 1) 블록과 (2, 2) 블록을 각각 Ga과 As의 on-site 해밀토니안으로 하고, (1, 2)와 (2, 1) 블록을 Ga과 As의 커플링 해밀토니안으로 하겠다. 두 원자가 있는 시스템의 해밀토니안을 다음과 같이 써보자.

$$H_{0,\,0} = \begin{bmatrix} H_{Ga} & H_{GaAs,\,111} \\ H_{AsGa,\,\bar{1}\bar{1}\bar{1}} & H_{As} \end{bmatrix} \tag{7.2.8}$$

여기에서 H_{Ga}와 H_{As}는 각각 Ga과 As 원자의 on-site 해밀토니안 블록이다. 그리고 $H_{GaAs,\,111}$은 Ga 원자가 111 방향에 있는 As 원자와 상호작용하는 해밀토니안 블록이다. 마찬가지로, $H_{AsGa,\,\bar{1}\bar{1}\bar{1}}$은 As 원자가 $\bar{1}\bar{1}\bar{1}$ 방향에 있는 Ga 원자를 볼 때의 해밀토니안이다. 우리가 고려하는 bulk 시스템은 각 원자가 네 개의 이웃한 원자를 가지고 있는 데 비해서 식 (7.2.8)에서는 한 개씩의 이웃 원자만 고려하고 있으므로 옳은 해밀토니안이 아니다. 올바른 bulk 시스템의 해밀토니안이 되기 위해서는 식 (7.2.7)처럼 주기 조건을 고려하여서 각기 다른 셀과의 중첩된 항들을 더해주어야 한다. 여기에서는 인접된 원자끼리만 상호작용하고 그보다 먼 원자끼리의 중첩이 없다고 가정하였으므로 해밀토니안을 다음과 같이 쓸 수 있다.

$$H(\mathbf{k}) = \sum_{\mathrm{R}} H_{0,\,\mathrm{R}} = H_{0,\,0} + H_{0,\,\mathrm{R}_1} + H_{0,\,\mathrm{R}_2} + H_{0,\,\mathrm{R}_3} + H_{0,\,-\mathrm{R}_1} + H_{0,\,-\mathrm{R}_2} + H_{0,\,-\mathrm{R}_3}$$

$$= \begin{bmatrix} H_{Ga} & \begin{matrix} H_{GaAs,111} + H_{GaAs,\,11\bar{1}} e^{i\mathbf{k}\cdot\mathrm{R}_1} \\ + H_{GaAs,\,1\bar{1}1} e^{i\mathbf{k}\cdot\mathrm{R}_2} + H_{GaAs,\,\bar{1}11} e^{i\mathbf{k}\cdot\mathrm{R}_3} \end{matrix} \\ \begin{matrix} H_{AsGa,\bar{1}\bar{1}\bar{1}} + H_{AsGa,\,\bar{1}\bar{1}1} e^{-i\mathbf{k}\cdot\mathrm{R}_1} \\ + H_{AsGa,\,\bar{1}1\bar{1}} e^{-i\mathbf{k}\cdot\mathrm{R}_2} + H_{AsGa,\,1\bar{1}\bar{1}} e^{-ik\cdot\mathrm{R}_3} \end{matrix} & H_{As} \end{bmatrix} \tag{7.2.9}$$

이 해밀토니안은 주기 조건을 고려함으로 인해서 파수 k의 함수가 되었음을 주목하자. 파수를 바꿔가면서 식 (7.2.3)의 고유치 방정식을 풀면 고유치 $E_{n\mathbf{k}}$와 고유벡터 $\psi_{n\mathbf{k}}$를 얻는데, 여기에서 해밀토니안이 10×10 행렬이므로 n은 0부터 9까지 열 개가 주어진다. 한편, 파수 (k)에 대해서 고유값($E_{n\mathbf{k}}$)을 그래프로 표현하면 그림 7.2.2와 같은 밴드 구조가 그려진다.

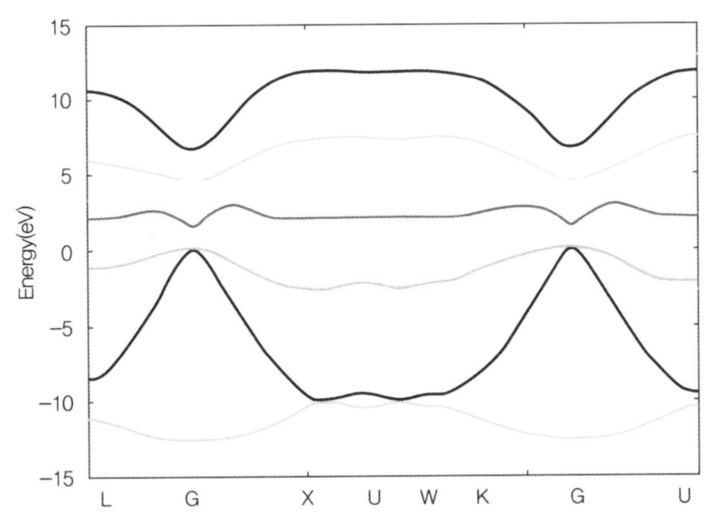

그림 7.2.2 sp3s* tight-binding 모델을 이용해서 계산한 벌크 GaAs 격자의 밴드 구조. 해밀토니안에 스핀 - 궤도 상호작용 효과가 포함되지 않아서 valence band 부분은 다소 부정확하지만, conduction band 부분은 충분히 만족스러운 결과이다.

양자역학 강의을 수강한 독자라면 수소 원자에 속박된 전자의 상태를 풀어서 구해본 경험이 있을 것이다. 수소 원자처럼 전자가 하나 존재하는 경우 단일 입자 슈뢰딩거 방정식을 풀어서 꽤 정확하게 분광 스펙트럼 에너지를 계산할 수 있었다. 고려하는 시스템에 여러 입자가 있는 경우에는 해밀토니안과 파동 함수가 고려하는 모든 입자들의 함수가 된다. 다체계 시스템에 대한 슈뢰딩거 방정식을 푸는 것은 원리적으로는 가능하나 계산량이 너무 크기 때문에 실용적으로 매우 어렵다. 그래서 흔히 단일 입자 슈뢰딩거 방정식을 풀면서도 여러 입자의 효과를 고려하는 근사적인 방법을 사용한다. 여러 가지 방법들이 있지만 반도체 소자 계산에서는 Hartree 근사 또는 Self-Consistent Field(SCF) 방법을 주로 사용하는데 이것은 다체계 전자들이 각각의 분포에 따른 평균적인 전자기장을 통해서 상호작용하고 그 외에는 독립적이라는 가정을 한다. 다음은 SCF 계산 알고리즘이다.

| SCF 알고리즘 |

(i) 포텐셜 분포($V(\mathbf{r})$)를 가정한다. 어떤 임의의 포텐셜 분포를 사용해도 좋지만 더 나은 수렴성을 위해서는 준고전적 전송 또는 더 간단한 모델을 풀어서 그 결과를 사용해도 좋다.

(ii) Single particle 슈뢰딩거 방정식 또는 one particle Green's function을 푼다. 결과로 가능한

전자의 상태(E_n)들과 거기에 대응하는 파동 함수($\psi_n(\mathrm{r})$)를 얻는다.

(iii) 시스템에 있어야 하는 입자의 개수만큼 에너지가 낮은 것부터 state를 채우고 식 (7.2.5)를 이용해서 전자 분포를 계산한다. 결과로서 전자 밀도 함수($\rho(\mathrm{r})$)를 얻는다.

(iv) Poisson 방정식을 통해 새로운 포텐셜 분포를 얻는다.

(v) 포텐셜 또는 전자 분포가 수렴하였으면 계산을 종료하고, 아니면 (ii)부터 반복한다.

7.3 양자 전송 기초

우선 양자 전송의 가장 간단하면서도 중요한 예로 two-terminal 산란 문제를 다뤄보자. 이것은 전기 포텐셜이 일정하고 저항이 없는 도선에서 전자가 전송되는 경우이다. 여러 가지 가정을 통해서 최대한 간단한 상황을 만들어보자. 1차원 구조를 생각하자. 정상 상태 전송을 가정하겠는데 이것은 전자들이 꾸준히 같은 정도로 입사되고 전파되고 또 빠져나가는 것을 뜻한다. 복잡한 시변 효과를 무시할 수 있다. 또한 전자끼리 상호작용하지 않는다고 가정한다. 즉, 어느 한 전자가 다른 전자의 진행을 방해하거나 돕지 않는다는 것을 의미한다.

그럼 이제 전송을 정량적으로 계산해보자. 문제에서 고려하는 도선은 무한히 길지만, 수학적 편의상 길이 L인 어느 구간이 무한 반복되는 것이라고 치환하면, 오른쪽으로 진행하는 자유로운 전자의 파동 함수는 정규화를 고려하여 $\frac{1}{\sqrt{L}}e^{ik_nx}$라고 쓸 수 있는데 주기 조건에 따라서 $k_n = \frac{2\pi n}{L}$ $(n = 1,\ 2,\ \cdots)$의 값을 가질 수 있다. 이 경우, k_n 모드에 해당하는 전자는 에너지가 $E_n = \frac{\hbar^2 k_n^2}{2m}$이며 속도는 $v_n = \frac{\hbar k_n}{m}$이다. 이 전자가 길이 L인 구간을 초당 몇 번 흐를지를 생각하면 전류 기여도는 $i_{k_n} = \frac{e}{L}\frac{\hbar k_n}{m}$가 됨을 알 수 있다. 이제 에너지 구간 $E\sim E+dE$에 존재하는 모드의 전류 기여를 생각해보면,

$$I_{E\sim E+dE} = \sum_{k\in E\sim E+dE} i_k \tag{7.3.1}$$

이다. 이제 L이 아주 긴 극한으로 갈 때

$$\lim_{L\to\infty}\frac{1}{L}\sum_k F(k)=\int\frac{dk}{2\pi}F(k) \tag{7.3.2}$$

로 전환될 수 있는 것을 이용하여,

$$I_{E\sim E+dE}=\frac{L}{2\pi}\int i_k dk=\frac{e}{h}dE \tag{7.3.3}$$

이다. 가운데 항의 적분은 에너지 구간 $E\sim E+dE$에 맞는 k 값의 범위에서 수행해야 한다.

지금까지 여러 가지를 가정하면서 유도했지만 사실 식 (7.3.3)은 에너지당 허용하는 전송 모드가 한 개이고 state에 degeneracy가 없는 경우에 적용되는 일반적인 결과이다. 한 개의 모드에서 허용되는 최대 전류값이 1 meV당 40 nA로 제한된다는 사실이 흥미롭다. 예를 들어, 만일 어떤 시스템에 M개의 모드가 있다고 할 때 허용되는 최대 전류 밀도는 spin degeneracy까지 고려했을 때 $2M\frac{e}{h}\simeq M\times 80\frac{\mathrm{nA}}{\mathrm{meV}}$가 된다.

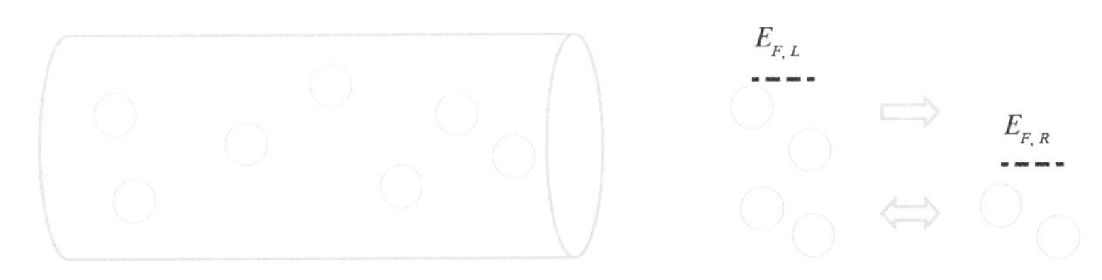

그림 7.3.1 도체선에서의 전자 전송. 양단의 Fermi level의 차이가 있으면 알짜 전류가 흐른다.

이제 도선의 양단에 lead가 붙어 있어서 lead에 인가되는 전압 차이에 의해서 전류가 흐르는 경우를 생각해보자. Lead는 열적 평형 상태에 있는 입자들의 reservoir(저수지)이며 시스템으로 꾸준하게 일정한 정도로 입자를 주입하며 시스템에서 lead 쪽으로 나가는 입자를 자유롭게 흡수하는 역할을 한다. 왼쪽과 오른쪽에 있는 lead의 Fermi level을 각각 $E_{f,L}$과 $E_{f,R}$이라고 하자. 에너지당 단일 모드가 있다는 가정을 일반화해서 모드 개수가 에너지의 함수 $M(E)$로 주어졌다고 하자. 모든 모드에 전자가 주입되면 도선에서 허용하는 최대 전류가 흐르겠지만 lead에서 채널의 모드로 주입되는 전자의 양은 Fermi 분포에 따라 제한된다. 모드의 에너지가 E_f보다 작은 경우에는 전자가 주입될 1에 가까울 것이고 반대로 E_f보다 큰 경우에는 전자가 주입될 확률이 0에 가깝게 될 것이다. 그러면 왼쪽과 오른쪽 lead에서 주입되어 흐르는 전류의 양은 각각 다음과 같다.

$$I^{+} = \frac{2e}{h}\int dEM(E)f(E-E_{f,\,L}) \tag{7.3.4}$$

$$I^{-} = \frac{2e}{h}\int dEM(E)f(E-E_{f,\,R}) \tag{7.3.5}$$

따라서 알짜 전류는

$$I = I^{+} - I^{-} = \frac{2e}{h}\int dEM(E)\left[f(E-E_{f,L})-f(E-E_{f,\,R})\right] \tag{7.3.6}$$

이 된다. 양 단의 lead에 전압차를 인계하여 페르미 레벨이 다른 경우에 알짜 전류가 흐르게 되며 그 양은 도선에서의 모드 개수와 페르미 레벨 차이의 곱에 비례하리라는 것을 알 수 있다. 한편, 이 식을 유도할 때에 저항이 없는 전송 환경을 가정하였다. 즉, 어떤 모드에 전자가 주입이 되면 그 전자는 아무런 방해 없이 전송이 된다고 가정한 것이다. 만약 도선 내부에 전자의 진행을 방해하는 요인이 있을 때에는 전류는 다음과 같이 주어진다.

$$I = \frac{2e}{h}\int dEM(E)T(E)\left[f(E-E_{f,\,L})-f(E-E_{f,\,R})\right] \tag{7.3.7}$$

여기에서 $T(E)$는 전자가 에너지 E인 모드로 주입되었을 때 전송이 될 확률이다. 이 결과는 자기 효과(magnetic effect) 같은 것이 없어서 왼쪽이나 오른쪽으로 가는 모드의 개수가 같고 inelastic scattering 같은 위상 파괴(phase breaking) 현상이 없어서 서로 다른 에너지의 모드들이 혼합되지 않는 two-terminal scattering system에서의 전류 식이다. 비록 여러 가지 조건들을 가정하여 도출하였지만, 이 식은 전송 문제에 대한 이해를 높여준다. 전송 문제를 푼다는 것은 결국 open system에 입자가 얼마만큼 (모드 개수 M) 어떻게 (분포 f) 주입되는지 그리고 주입된 전자가 시스템을 어떻게 지나서 빠져나갈 것인지를 (확률 T) 푸는 것이다. 이러한 원리는 실제 소자의 복잡한 전송에서도 똑같이 적용된다.

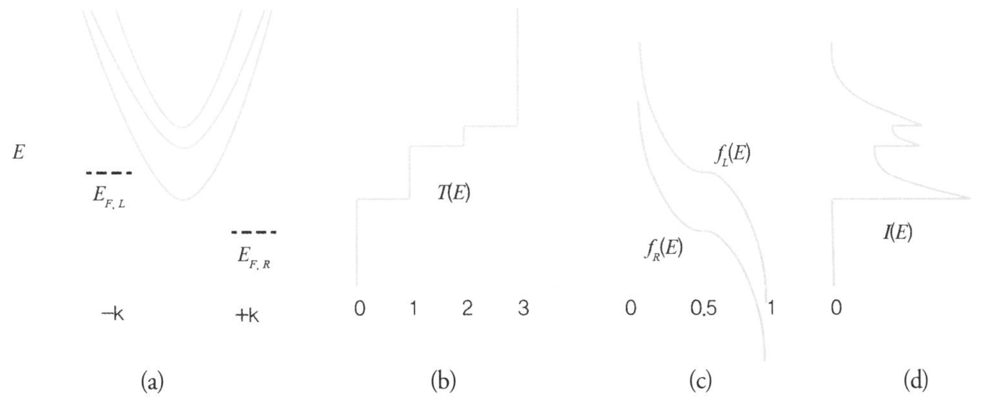

그림 7.3.2 다수의 모드가 있는 도체에서의 전송. 공통의 에너지 축에 대한 (a) 밴드 구조, (b) 전송 함수, (c) 페르미 분포 함수, (d) 전류 밀도

그림 7.3.2는 도체에서의 전송 예이다. 도체의 밴드 구조가 그림 7.3.2(a)와 같고 페르미 레벨이 다른 reservoir가 양단에 붙어 있다고 하자. 도체이기 때문에 electrostatic potential은 일정한데, 이런 경우 전송자의 산란 효과를 무시하면 transmission은 그림 7.3.2(b)와 같이 얻어진다. Transmission은 다름이 아니고 해당 에너지에서의 propagating mode의 개수이다. 따라서, 밴드 구조에서 새로운 밴드가 추가되는 에너지에서 transmission도 증가하는 것을 알 수 있다. 한편, 왼쪽과 오른쪽 lead에서의 Fermi-Dirac 분포는 그림 7.3.2(c)와 같다. 양단에 다른 페르미 레벨을 적용하였기 때문에 어느 한 에너지에서 보면 양 단에서 전자 점유율(occupancy)이 다르게 만들어지는 것을 알 수 있다. 왼쪽에서 주입되는 전자의 개수가 오른쪽에서 주입되는 전자의 개수보다 항상 많게 되어서 도체에는 오른쪽으로 향하는 알짜 전자의 흐름이 있다. 식 (7.3.7)에 따라서 그림 7.3.2(d)와 같은 전류의 에너지 분포를 얻을 수 있다. 전류가 전송 함수와 왼쪽과 오른쪽으로 전송되는 상태의 전자 점유 차이의 곱으로 주어지는 것을 생각하면 왜 전류 분포가 위와 같이 나왔는지 쉽게 이해할 수 있다.

위의 과정을 이해하는 것은 매우 중요하다고 재차 강조하고 싶다. 복잡한 양자 전송 계산도 사실 본질적으로 위의 간단한 예시와 크게 다를 바 없기 때문이다. 단지 좀 더 많은 조건들을 고려해서 더 정확하게 밴드 구조와 전송 함수를 얻어내고 전류를 계산하는 것일 뿐이다.

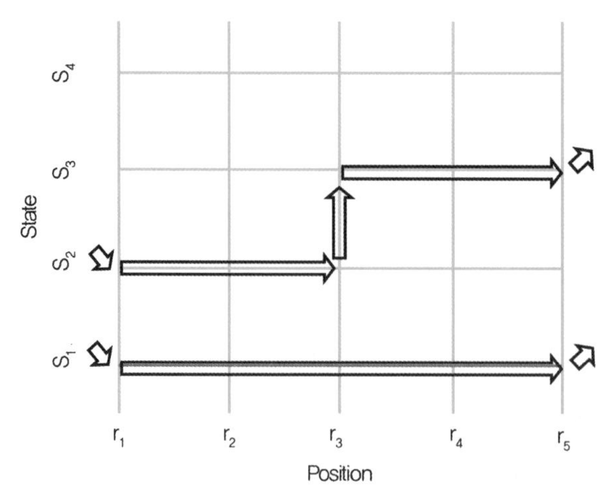

그림 7.3.3 양자 전송의 개념도. 복잡한 전송도 결국은 결맞음 전파와 전이의 반복이다.

좀 더 일반적인 양자 전송의 개념을 도식적으로 이해해보자. 그림 7.3.3에는 어떤 가상의 시스템에서 양자 전송이 이루어지는 예시이다. 시스템에는 r_1부터 r_5까지의 각기 다른 위치와 s_1부터 s_4까지의 각기 다른 상태들의 조합이 있다. 그래서 각 전자들은 위치와 상태의 조합인 $(r,\ s)$로 기술될 수 있다. 여기에서 위치는 연속적인 실공간에서의 위치이거나 띄엄띄엄 떨어져 있는 원자들 중의 하나일 수 있다. 그리고 상태는 에너지, 궤도 양자수, 스핀 양자수 그리고 주기 조건이 있는 시스템에서의 주기 방향으로의 파수(transverse wavenumber) 처럼 전자를 양자역학적으로 구분할 수 있게 하는 것들이다. 그림에서는 r_1으로 주입된 전자가 전파하다가 r_5로 빠져나가는 두 가지 경우의 예시를 보였다. $(r_1,\ s_1)$으로 주입된 전자는 상태가 변하지 않은 채로 전파되어 r_5에 이르러서 빠져나갔다. 이렇게 상태를 바꾸지 않고 전파되는 것을 결맞음 전파(coherent propagation)라고 하자. 반면 $(r_1,\ s_2)$에서 주입된 전자는 r_3까지는 결맞음 전파를 하고나서 s_3로 상태가 전이(transition)되었다. 그 후에 다시 r_5까지 결맞음 전파를 한 후에 시스템을 빠져나갔다. 상태가 전이되는 것은 위의 도체선 문제에서는 소개하지 않은 개념인데 쉽게 말하면 앞서 Boltzmann 수송 방정식을 다루며 배웠던 전자의 산란(scattering)이나, 또는 생성-재결합(generation-recombination) 같은 것이다. 예를 들어 전자가 포논과 상호작용하여 에너지와 운동량이 바뀔 때 원래의 양자역학적 위상이 파괴(phase breaking)되면서 새로운 위상으로 바뀔 때 전이가 일어난다. 그래서 양자역학에서는 전이 현상을 전자가 어떤 상태에서 소멸(annihilation)되고 다른 상태에서 생성(creation)되는 것으로 취급하기도 하는데, 2차 양자화 이론(second quantization theory)의 관점에서 여러 전자를 수월하게 다루기 위함이다. 2차 양자화 이론은 Green's function에 기반한 양자 전송 이론의 토대가 되는 이론이지만 내용이 방대하여 이 책에서는 다루지 않겠다.

위의 그림에서는 전자가 왼쪽에서 오른쪽으로 전파되는 두 가지 경로를 예시로 보였지만, 실제의 경우에서는 임의의 모양의 시스템에서 두 개 이상의 단자들이 있을 수 있고 여러 가능한 양자 상태들을 거쳐서 모든 가능한 경로로 전송이 이루어지게 된다. 여기서 중요한 점을 강조하고 싶다. 어떤 복잡한 양자 전송일지라도 결국 전자의 결맞음 전송, 생성, 소멸이라는 간단한 개념의 조합일 뿐이라는 점이다. 양자 전송 시뮬레이션의 역할이 바로 주어진 시스템 조건에서 모든 가능한 결맞음 전파, 생성, 소멸을 정량적으로 계산하는 것이다. 그러면 전자와 홀 농도를 포함하여 다른 중요한 모든 물리량도 같이 얻어지는데 구체적인 계산법은 다음 7.4절에서 설명하도록 하겠다. 고려해야 하는 변수가 많아졌기 때문에 독자들은 양자 전송이 준고전적 이론보다 어렵다고 느낄 수도 있을 것이다. 여기에서 다시 한번 강조하고 싶은 것은 아무리 복잡한 양자 전송일지라도 어차피 계산은 컴퓨터가 하게 될 터이니 주눅들 필요가 없다고 조언하고 싶다.

그럼 이제 위에서 언급한 개념들을 다음과 같이 정리해보자.

$n(r,\ s)$: 위치 r이고 상태 s에 있는 전자의 농도

$p(r,\ s)$: 위치 r이고 상태 s에 있는 홀의 농도

$C(r_1,\ r_2;\ s)$: 상태 s인 전자가 위치 r_1에서 r_2로 결맞음 전파할 수 있는 크기

$S(r;\ s_1,\ s_2)$: 위치 r에 있는 전자가 상태 s_1에서 s_2로 전이할 수 있는 크기

$I(r,\ s)$: $(r,\ s)$에서 전자를 생성하는 크기

$O(r,\ s)$: $(r,\ s)$에서 전자를 소멸시키는 크기

위의 것들이 양자 전송에서 계산해야 하는 주요한 물리량들이다. 개념적인 설명을 위해서 차원을 정확하게 설명하지 않고 그냥 '크기'라고 표현하였음을 감안하길 바란다. 한편, 위의 함수들이 모두 서로 독립적이지는 않다. 예를 들어,

$$n(r,\ s) \propto \int dr_1 C(r_1,\ r;\ s) I(r_1,\ s) \tag{7.3.8}$$

$$p(r,\ s) \propto \int dr_1 C(r_1,\ r;\ s) O(r_1,\ s) \tag{7.3.9}$$

$$S(r;\ s_1,\ s_2) \propto p(r,\ s_2)I(r,\ s_1) \qquad \text{또는} \qquad n(r, s_1)O(r, s_2) \tag{7.3.10}$$

처럼 쓸 수 있다. 한편, 준고전 이론에서 다루던 전자와 홀 농도 그리고 단자 전류도 다음과 같이 쓸 수 있다.

$$n(r) \propto \int ds\, n(r,\ s) \tag{7.3.11}$$

$$p(r) \propto \int ds\, p(r,\ s) \tag{7.3.12}$$

$$I = I_{in} - I_{out} \propto \int dr_c \iint dr ds\, C(r_c,\ r;\ s)I(r,\ s)O(r_c,\ s) - C(r,\ r_c;\ s)I(r_c,\ s)O(r,\ s) \tag{7.3.13}$$

양자 전송에 익숙하지 않은 독자들은 현 시점에서 위의 표현들이 어떻게 얻어지는지 모두 이해하지 못할지라도 괜찮다. 다만, 식의 의미를 깨닭을 수 있으면 충분하다. 예를 들어, 식 (7.3.8)은 어떤 위치에서의 전자 농도는 다른 모든 공간에서 주입된 후 해당 위치로 전파되어 온 전자들의 합이라고 말하고 있다. 이런 방법으로 개념과 수식들의 규칙에 조금이나마 익숙해지길 바란다. 다음 절에서 NEGF 전송 이론을 설명할 때에 위에서 말했던 개념들과 비교를 하면 더 잘 이해할 수 있을 것이다.

7.4 NEGF 이론 설명

어느 전송 시뮬레이션이든지 결국 주어진 시스템에서 외부 인가 전압(또는 전류) 조건이 주어졌을 때 시스템에 어떻게 전류가 흐르고 전하 분포가 형성될지를 계산하는 것이 목적이다. 전송된 전하에 따라서 포텐셜 분포가 변하고 이것은 다시 전송에 영향을 주기 때문에 전송 방정식과 전자기 방정식을 같이 풀어서 self-consistent 해를 구하는 것이 보통이다. 자기(magnetic) 효과가 중요하지 않은 정상 상태 문제에서는 전자기 방정식이 단순히 정전기 Poisson 방정식으로 대체된다. 예를 들어, 6장에서 다룬 Drift-Diffusion 모델에서는 연속 방정식(continuity equation)과 Poisson 방정식을 같이 푼다. 흔히 전자와 홀에 대한 연속 방정식과 포아송 방정식까지 세 개의 지배 방정식(governing equation)들로 구성되어 있고 각각은 전자,

홀 그리고 전기 포텐셜 변수를 담당한다. 이 세 가지 변수에 대해서 해를 구하게 되면 전류를 포함하여 drfit-diffusion 모델에서 다루는 모든 물리량들에 대한 정보도 같이 얻게 된다.

NEGF 전송 이론에서도 마찬가지인데 다만 조금 더 복잡하다. 우선 NEGF 이론에서는 연속 방정식 대신에 비평형 그린 함수(nonequilibrium Green's function) 방정식을 푼다. 그리고 전자와 홀 변수 대신에 여러 가지 Green's function과 self-energy function을 푸는 점이 다르다. 그것들은 이차 양자화(second quantization) 이론에 기반하여 수학적으로 잘 설명되지만, 실용적인 목적에서는 필요한 몇몇 함수들의 종류, 물리적 의미, 계산 방법을 알면 충분하다. 유의할 점은 함수들이 독립적으로 계산되고 사용되지 않고 서로 얽혀 있는 데다가, 물리적인 의미가 직관적으로 명확하지 않은 경우가 있다. 바로 이 점 때문에 NEGF 이론을 처음 배우는 학생들이 혼동을 겪는 경우를 많이 보아왔다. 일단은 설명하는 내용을 받아들이면서 계산법을 익힌 후에 물리적인 의미를 깨닫는 것도 좋은 접근법이다.

NEGF 이론을 바닥에서부터 설명하는 것은 다체계 이론이나 양자 통계 역학을 기반으로 한 여러 배경 지식이 필요하고, 유도 과정이 지루한 데다가, 결과적으로 실제 반도체 문제를 풀 때 직접적인 도움이 되지는 않는다. 역사적인 배경이나 자세한 유도과정이 궁금한 독자들에게는 [7-2]와 [7-3]을 참고 문헌으로 추천한다. 여기에서는 독자들이 NEGF 이론에 친숙해질 수 있도록 용어와 개념 설명에 주력하도록 하겠다. 그리고 앞서 언급한 것과 같이, 시변(time-dependent) 이론은 다루지 않고 정상 상태(steady-state) 전송만 다루도록 하겠다.

NEGF 전송 이론에서 사용하는 Green's function으로는 advanced (G^a), retarded (G^r), lesser ($G^<$), greater ($G^>$) 함수를 다룰 것이다. 그리고 self-energy function에서는 advanced (Σ^a), retarded (Σ^r), lesser ($\Sigma^<$Σ<), greater ($\Sigma^>$) self-energy 함수를 다룬다. 물리적인 의미를 부각하기 위해서 여러 함수들을 사용하지만 그것들이 모두 독립적이지는 않다. 특히, 이차 양자화 이론에서 함수들의 정의에 따라 자연스럽게 얻어지는 다음과 같은 유용한 관계들이 있다.

$$G^a = G^{r\dagger} \tag{7.4.1}$$

$$G^{</>} = -G^{</>\dagger} \tag{7.4.2}$$

$$G^> - G^< = G^r - G^a \tag{7.4.3}$$

$$\Sigma^a = \Sigma^{r\dagger} \tag{7.4.4}$$

$$\Sigma^{</>} = -\Sigma^{</>\dagger} \tag{7.4.5}$$

$$\Sigma^> - \Sigma^< = \Sigma^r - \Sigma^a \tag{7.4.6}$$

여기서 /는 서로 다른 두 가지 경우를 간략하게 표시하기 위해서 도입된 것이며, 이후 등장하는 ∓ 역시 마찬가지이다.

앞으로도 더 많은 함수들과 수식들을 도입할 텐데 그것들도 많은 경우 새로운 개념들이 아니고 필요에 의해서 표현을 달리한 것들이 많다. 때로는 역사적인 이유나 관례에 따라 여러 다른 이름과 형식을 가지는 경우도 있다. 혼동되지 않으려면 7.3장에서 설명했듯이 입자가 어느 상태에 있고 어느 상태로 변하는지 같은 근본적인 물리에 집중하는 것이 필요하다.

Green's function들은 입자의 상태에 관한 정보를 가지고 있다. 가령 입자가 어떻게 분포할 것인지 그리고 입자들이 어떻게 전송될 것인지에 관한 정보를 가지고 있다. 조금 후에 수식을 통해서 그 의미를 더 구체적으로 이해할 수 있을 것이다. Self-energy function들은 입자의 소멸이나 생성과 관련한 정보를 가지고 있다. 예를 들어, 2-단자 도체 전송 문제에서 보면 양단에서 시스템으로 주입되는 전자가 도체를 지나서 다시 양단으로 빠져나가는데, NEGF 관점에서는 입자가 양단에서 생성되거나 소멸되는 것으로 볼 수 있다. 한편, electron-phonon scattering처럼 전자의 상태가 incoherent하게 변하는 현상을 기술할 때에도 self-energy 함수를 이용할 수 있는데, 산란 현상을 어느 한 상태에 있는 전자를 소멸시키는 동시에 다른 상태에 생성시키는 것으로 취급하는 것이다. 시스템에 열린 경계 조건을 주는 역할을 하는 것을 contact self-energy function이라고 하고 scattering 현상을 기술하는 것을 scattering self-energy function이라고 한다.

함수들을 행렬 함수라고 생각해도 좋다. 모두 크기가 같은 정사각행렬이며 고려하는 시스템의 자유도와 같은 차원을 갖는다. 예를 들어 시스템에 원자가 100개가 있고, 각 원자가 9개의 오비탈을 갖는다고 할 때 스핀 자유도까지 고려하면 행렬의 크기는 1800×1800이 되겠다. 행렬은 또한 고려하는 입자의 에너지(E)의 함수이며 시스템에 주기 경계 조건이 있는 경우에는 횡 방향 파수(transverse wavenumber or k_t)가 함수의 인자로 추가될 수 있다. 전송 방향과 직교하는 것을 강조하기 위해서 아래 첨자 t(transverse)를 붙였다. 따라서, 함수들은 $f(a, b, a', b'; E)$ 또는 $f(a, b, a', b'; E, k_t)$ 꼴을 갖는데 a는 원자의 색인이고 b는 a 원자의 스핀이나 오비탈 같은 기저(basis)의 색인이다. (a, b)와 (a', b')은 각각 행렬의 행과 열의 색인에 해당한다고 볼 수 있다. 이후로 식을 쓸 때에 꼭 필요한 경우가 아니라면 E, k_t 색인을 생략하겠으며, 이 경우 모든 행렬이 동일한 E와 k_t 색인을 갖는다고 여기면 된다. 이후로 기울임체로 H와 같이 써도 이것이 행렬로 생각될 수 있음을 유의하자.

처음으로 소개할 함수는 retarded Green's function (G^r)과 advanced Green's function (G^a)이

다. 식 (7.4.1)에 의해 $G^a = G^{r\dagger}$ 관계가 있으므로 둘 중 하나만 구하면 다른 것은 쉽게 얻어지는데 다음과 같이 계산된다.

$$G^{r/a} = \left[E\mathrm{I} - H - \Sigma^{r/a}\right]^{-1} \tag{7.4.7}$$

여기에서 E는 풀고자 하는 입자의 에너지이며, I는 identity 행렬, H는 고려하는 시스템에서의 고려하는 입자의 해밀토니안, $\Sigma^{r/a}$는 조금 후에 소개할 retarded/advanced self-energy 함수이다. $G^{r/a}$는 시스템에 있는 입자의 분포와 전송에 관한 기본 정보를 가지고 있다. 예를 들어 spectral function (A)를 다음과 같이 정의할 수 있다.

$$A = i\left[G^r - G^a\right] \tag{7.4.8}$$

A의 대각 성분은 반도체 소자나 고체 물리학에서 배웠던 상태 밀도(density of states 또는 DOS)인데 입자가 존재할 수 있는 분포를 나타낸다. 즉, $A(a,a;E)$는 원자 a에 에너지 E를 가지는 입자가 있을 수 있는 최대 개수이다. 실제로 입자가 몇 개 있는지는 아직 알 수 없으며 A는 다만 존재 가능성을 알려줄 뿐이다. 또한 $G^{r/a}$는 입자에 전송에 관한 기본 정보를 가지고 있다. 예를 들어 전송(transmission) 함수를 다음과 같이 쓸 수 있다.

$$T = Tr\left[\Gamma G^r \Gamma G^a\right] \tag{7.4.9}$$

여기에서 $\Gamma = i\left[\Sigma^r - \Sigma^a\right]$는 조금 후에 소개할 gamma function이다. 또한 Tr은 행렬의 대각 성분들에 대한 합을 뜻한다. $T(a,a';E)$는 에너지 E인 입자가 원자 a와 a' 간에 결맞음 전파될 확률이다. 실제로 입자가 몇 개 전송되는지는 아직 알 수 없으며 T는 다만 확률을 줄 뿐이다.

입자의 상태와 전송에 관한 구체적인 정보는 lesser/greater Green's function($G^{</>}$)들이 가지고 있다. 실제 계산에서 $G^{</>}$는 다음과 같이 얻어진다.

$$G^{</>} = G^r \Sigma^{</>} G^a \tag{7.4.10}$$

즉, $G^{</>}$을 구하기 위해서는 $\Sigma^{</>}$과 $G^{r/a}$를 먼저 구해야 한다. 대개 $G^{</>}$를 직접 쓰기보다는 물리적인 의미를 부각시키기 위해서 밀도 행렬(density matrix) 또는 상관 함수(correlation function)로 불리는 G^n과 G^p를 다음과 같이 정의하여 사용하곤 한다.

$$G^{n/p} = \mp iG^{</>} \tag{7.4.11}$$

$G^{</>}$로 쓰던지 아니면 $G^{n/p}$로 쓰던지 상수가 곱해진 차이만 있을 뿐 물리적인 의미가 바뀌는 것이 아니므로 혼동하지 말아야 한다. $G^{n/p}$는 $G^{r/a}$과 $\Sigma^{</>}$로부터 구해져서 입자의 구체적인 상태와 구체적인 전송에 관한 정보를 가지고 있다. $G^{r/a}$에서 얻어진 A가 DOS라면 G^n과 G^p는 각각 DOS의 입자로 채워진 부분과 빈 부분에 해당하는 밀도 함수라고 생각하면 된다. 그러면 spectral function (A)이 두 correlation function의 합으로 정의되는 것은 직관적으로도 당연하다.

$$A = G^n + G^p = -iG^{<} + iG^{>} = i[G^r - G^a] \tag{7.4.12}$$

그러면, 원자 a에 있는 전자와 홀의 개수는 그린 함수의 대각 성분으로부터 다음과 같이 구할 수 있다.

$$n(a) = \frac{1}{2\pi}\int dE \sum_b G^n(a,\ b,\ a,\ b;\ E) \tag{7.4.13}$$

$$p(a) = \frac{1}{2\pi}\int dE \sum_b G^p(a,\ b,\ a,\ b;\ E) \tag{7.4.14}$$

그리고 a 원자에서 a' 원자로 흐르는 전류도 밀도 행렬의 대각 성분으로부터 다음과 같이 구할 수 있다.

$$I_{a\to a'} = \frac{-ie}{\hbar}\int \frac{dE}{2\pi} Tr[H(a,\ a')G^n(a',\ a;\ E) - H(a',\ a)G^n(a,\ a';\ E)] \tag{7.4.15}$$

이 식의 유도는 단자 전류에 대한 셀프 에너지 함수를 소개하면서 보이겠다.

이제 셀프 에너지 함수를 소개하겠는데, 이미 위에서 입자의 생성 및 소멸과 관련된 현상을 기술하는 함수라고 언급했었다. 우선 retarded self-energy function (Σ^r)과 advanced self-energy function (Σ^a)가 있다. 식 (7.4.4)에 의하여 $\Sigma^a = \Sigma^{r\dagger}$ 관계가 있으므로 둘 중 하나만 구하면 다른 것은 쉽게 얻어진다. 이 함수들은 입자의 생성 및 소멸에 대한 기본 정보를 가지고 있다. 예를 들어 다음과 같이 gamma function (Γ)을 정의할 수 있다.

$$\Gamma = i\left[\Sigma^r - \Sigma^a\right] \tag{7.4.16}$$

감마 함수는 total scattering rate과 관련이 있는데 $\Gamma(a, b, a, b; E)/\hbar$는 원자 a의 b 오비탈에서 1초당 생성되거나 소멸될 수 있는 입자의 개수이다. 실제 몇 개의 입자가 관련되는지는 아직 알 수 없으며 Γ 함수는 다만 가능한 개수를 알려줄 뿐이다.

입자 생성 및 소멸의 구체적인 정보는 lesser self-energy function ($\Sigma^<$)과 greater self-energy function ($\Sigma^>$)이 포함하고 있다. $G^{</>}$의 경우와 마찬가지로 물리적인 의미를 부각시키기 위해서 흔히들 in-scattering function (Σ^{in})과 out-scattering function (Σ^{out})을 다음과 같이 정의해서 쓴다.

$$\Sigma^{in/out} = \mp\, i\Sigma^{</>} \tag{7.4.17}$$

$\Sigma^{in/out}$의 대각 성분의 물리적인 의미는 이름 그대로 입자가 산란되는 것과 관련이 있다. 예를 들어, $\Sigma^{in/out}(a, b, a, b; E)/\hbar$는 원자 a의 b 오비탈로 1초당 주입되거나 추출될 수 있는 입자의 개수이다. 예상할 수 있듯이 Γ 함수는 Σ^{in}과 Σ^{out} 함수의 합과 같다.

$$\Gamma = \Sigma^{in} + \Sigma^{out} = i\left[\Sigma^> - \Sigma^<\right] = i\left[\Sigma^r - \Sigma^a\right] \tag{7.4.18}$$

7.5 셀프 에너지

한편, 셀프 에너지 함수를 흔히 두 가지로 분류하는데, 고려하는 시스템이 외부 시스템과 입자를 교환하는 현상을 다룰 때 도입하는 것을 contact self-energy 함수라고 하고, 시스템 내에서 입자가 산란 현상 등으로 상태를 바꾸는 것을 모델링하는 것을 scattering self-energy 함수라고 한다. 무엇이 되었든 간에 전체 셀프 에너지는 개별 셀프 에너지의 합으로 주어진다.

$$\Sigma = \Sigma_{contact} + \Sigma_{scattering} = \sum_i \Sigma_{contact,i} + \sum_i \Sigma_{scattering,i} \tag{7.5.1}$$

셀프 에너지의 계산 방법은 어떤 현상을 모델링하는지에 따라 다르다. Contact self-energy function 같은 경우에는 보통 Σ^r을 먼저 계산하고 난 뒤 식 (7.4.16)을 이용하여 Gamma 함수를 구한 다음에 단자 시스템이 열적 평형 상태(thermal equilibrium)에 있다는 가정을 이용하여 $\Sigma^{in/out}$을 구한다.

$$\Sigma^{in}_{contact}(E,\ k_t) = \Gamma_{contact}(E,\ k_t) f_{contact}(E) \tag{7.5.2}$$

$$\Sigma^{out}_{contact}(E,\ k_t) = \Gamma_{contact}(E,\ k_t)(1 - f_{contact}(E)) \tag{7.5.3}$$

Scattering self-energy function 경우에는 $\Sigma^{in/out}$을 먼저 계산한 후에 식 (7.4.18)을 이용하여 감마 함수를 구하고 나서 Σ^r을 다음과 같이 구한다.

$$\Sigma^r(E) = \frac{1}{\pi} P \int dE' \frac{\Gamma(E')}{E - E'} - i\Gamma(E) \tag{7.5.4}$$

위 식에서 P는 Cauchy principal value integral을 나타낸다. 여기에서 첫 번째 항은 기여도가 작기 때문에 흔히 무시하기도 하지만 나노선 소자 같은 것에서는 기여도가 유의미하게 클 수도 있다. 셀프 에너지는 뒤에서 좀 더 자세히 설명하도록 하겠다.

한편, 단자 c에서의 전류는 다음과 같이 얻어진다.

$$I_c = \frac{-e}{\hbar} \int \frac{dE}{2\pi} Tr\left[\Gamma_c^{in} G^r \Sigma^{out} G^a - \Gamma_c^{out} G^r \Sigma^{in} G^a\right] \tag{7.5.5}$$

앞 절에서 소개했던 개념적인 식 (7.3.13)과 전송 확률에 관한 식 (7.4.8)과 비교해보면 그 의미가 분명히 다가올 것이다. 한편, 위의 표현에서는 단자에 국한되지 않은 함수들이 있기 때문에 실제 구현할 때에는 함수들을 저장했다가 적분할 때 사용하는 과정이 필요하므로 다소 불편기도 하다. 그래서 동등하지만 조금 더 편리한 단자 전류 표현을 소개하니 참고하길 바란다.

$$I_c = \frac{-e}{\hbar} \int \frac{dE}{2\pi} Tr\left[\left(f_c G_c^p - (1-f_c) G_c^n\right) \Gamma_c\right] \tag{7.5.6}$$

앞에서 셀프 에너지 함수가 입자의 생성과 소멸에 관한 것이라고 언급했다. 수학적으로 설명하자면, 식 (7.4.7)을 풀 때에 셀프 에너지 함수에 있는 허수(imaginary number) 성분이 그린 함수를 거리에 따라서 빠르게 감쇄시키면서 결맞음 전파되어야 할 전송자가 마치 도중에 소멸되는 것처럼 보이게 하는 것이다. 또한 셀프 에너지 함수는 식 (7.4.10)에서처럼 전송자를 생성하는 원천처럼 작용하기도 한다. 물론 NEGF 계산을 제대로 수행하면 입자의 생성과 소멸은 균형을 이루어서 보존 법칙을 만족시키게 된다.

고려하는 현상에 따라서 여러 가지 셀프 에너지 함수들을 도입하여 쓸 수 있다. 전송 계산에서는 기본적으로 단자에서의 전송자(carrier) 주입과 추출을 모델링하는 contact self-energy function이 있고, 추가적으로 전자의 산란 현상을 모델링하기 위한 scattering self-energy function도 있다. 서로 다른 self-energy 함수들이지만 수학적으로는 동일한 형식을 가지고 있고 계산할 때에도 비슷하게 취급된다. 여기에서는 흔히 사용되는 대표적인 모델을 위주로 설명하도록 하겠다.

먼저 contact self-energy function을 다룬다. 전송 시뮬레이션에서는 고려하는 시스템에 외부 시스템을 연결했을 때 입자가 어떻게 흐르는지 계산한다. 고려하는 시스템과 외부 시스템의 경계를 단자(contact)라고 부른다. NEGF 관점에서는 외부 시스템까지 직접 고려해서 전송을 계산하기보다는 단자를 입자를 생성하기도 하고 소멸시키기도 하는 경계 조건으로 모델링하는데, 그런 목적으로 만들어진 것이 contact self-energy 함수이다.

가상의 일차원 시스템이 그림 7.5.1과 같이 있다고 하자. 편의상 원자들에 번호를 붙였는데 우리는 원자 1, 2, 3을 관심 영역으로 삼아서 양자 전송 계산을 하려고 한다. 시스템의 왼쪽과 오른쪽은 lead 부분이고 각각의 chemical potential에서 열적 평형 상태에 있는 무한하게 긴 외부 영역이다.

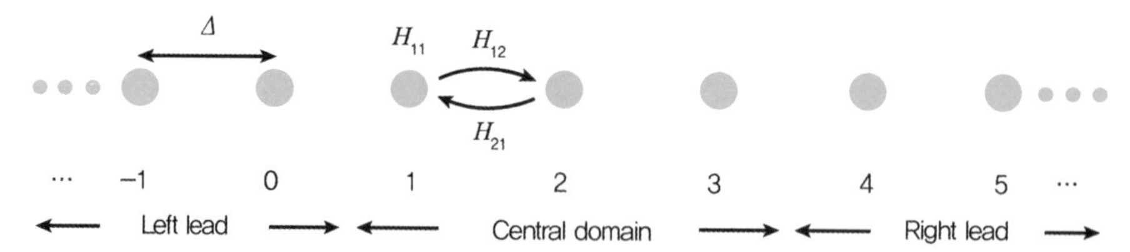

그림 7.5.1 일차원 열린 시스템의 예. 원자 1, 2, 3이 고려하는 시스템이며 왼쪽과 오른쪽에 무한한 길이의 외부 시스템이 붙어 있다.

만약 무한한 영역을 고려한다면 retarded Green's function 식은 다음과 같이 쓸 수 있다.

$$[G^r]^{-1} = \begin{bmatrix} \ddots & \vdots & \ddots \\ \cdots\ EI_{nn} - H_{nn} - \Sigma^r_{scatt,\,nn} & & \cdots \\ \ddots & \vdots & \ddots \end{bmatrix} \tag{7.5.7}$$

이것은 사실 무한차원의 행렬 방정식이라서 풀 수가 없다. 우리의 관심은 오직 중간 영역인데 그 부분만 풀고 싶다고 해서

$$[G^r]^{-1} = \begin{bmatrix} EI_{11} - H_{11} - \Sigma^r_{scatt,\,11} & H_{12} & 0 \\ H_{21} & EI_{22} - H_{22} - \Sigma^r_{scatt,\,22} & H_{23} \\ 0 & H_{32} & EI_{33} - H_{33} - \Sigma^r_{scatt,\,33} \end{bmatrix} \tag{7.5.8}$$

처럼 쓴다면 옳지 않다. 왜냐하면 외부 영역과의 입자 교환을 고려하지 않는 closed system의 경우이기 때문이다. 따라서 외부 영역와의 통로가 되는 1번과 3번 원자 부분에 적절한 경계조건으로써 contact self-energy 함수를 더해주어야 한다. 여러 가지 단자 모델이 있고 여러 계산법이 있지만 가장 간단하면서 물리적으로 직관적인 방법을 소개하겠다. 일단 식 (7.5.7)의 우변의 행렬이 block tri-diagonal이라는 것에 주목하자. 원자의 상호작용 길이가 유한할 경우에 항상 얻어지는 형태의 행렬이다. 한편, 다음의 유용한 수학적인 등식을 소개하겠다.

$$\begin{bmatrix} a & b \\ c & d \end{bmatrix} \begin{bmatrix} A & B \\ C & D \end{bmatrix} = \begin{bmatrix} I & 0 \\ 0 & I \end{bmatrix} \tag{7.5.9}$$

일 때에 a= $[A-BD^{-1}C]^{-1}$이다. a를 얻기 위해서 전체 행렬의 역(inverse)을 구하는 대신에 인접한 성분의 곱과 역수를 이용한 것에 주목하자. 마찬가지 과정을 그린 함수 구하는 과정에 적용할 수 있다. 일단 시스템의 왼쪽을 생각해보자. 사실 외부 시스템은 무한한 크기이지만 일단 $n=-N$에서 시작하는 유한 시스템이라고 하자. 그러면 그 끝단에서부터 위의 수학적인 등식을 적용하면서 가운데의 관심 영역 쪽으로 대각 성분의 그린 함수 해를 구하면서 접근할 수가 있다. 즉,

$$g_{-N}^{L,-N} = \left[EI - H_{-N,-N} - \Sigma^r_{scatt,-N,-N}\right]^{-1} \tag{7.5.10}$$

$$g_{n}^{L,-N} = \left[EI - H_{n,n} - \Sigma^r_{scatt,n,n} - H_{n,n-1}g_{n-1}^{L,-N}H_{n-1,n}\right]^{-1},\ n>-N\text{일 때} \tag{7.5.11}$$

이제 $g_0^L = \lim_{N\to\infty} g_0^{L,-N}$라고 정의하겠는데 이것을 왼쪽 lead의 surface Green's function이라고 한다. N이 무한대로 커져야 한다고 했지만 실제 계산에서는 N을 수십에서 백 내외로 정도로 정하면 수렴하는 결과를 얻을 수 있다. 마찬가지 방법으로 오른쪽 리드의 surface Green's function g_4^R를 구할 수 있다. 그러면 드디어 그린 함수 방정식을 다음과 같이 쓸 수 있다.

$$[G^r]^{-1} = \begin{bmatrix} EI_{11}-H_{11}-\Sigma^r_{scatt,11}-H_{10}g_0^LH_{01} & H_{12} & 0 \\ H_{21} & EI_{22}-H_{22}-\Sigma^r_{scatt,22} & H_{23} \\ 0 & H_{32} & EI_{33}-H_{33}-\Sigma^r_{scatt,33}-H_{34}g_4^RH_{43} \end{bmatrix} \tag{7.5.12}$$

이 식을 다음과 같이 쓰면서 contact self-energy function을 정의하자.

$$G^r = \left[EI - H - \Sigma^r_{scatt} - \Sigma^r_L - \Sigma^r_R\right]^{-1} \tag{7.5.13}$$

여기서,

$$\Sigma_L^r = \begin{bmatrix} H_{10} g_0^L H_{01} & 0 & 0 \\ 0 & 0 & 0 \\ 0 & 0 & 0 \end{bmatrix} \tag{7.5.14}$$

$$\Sigma_R^r = \begin{bmatrix} 0 & 0 & 0 \\ 0 & 0 & 0 \\ 0 & 0 & H_{34} g_4^R H_{43} \end{bmatrix} \tag{7.5.15}$$

이다. 위의 컨텍 셀프 에너지 함수들은 각각의 위치에 열린 경계 조건을 만들어주는 역할을 한다. 예상할 수 있듯이 컨텍 셀프 에너지 함수는 각자 해당하는 단자 위치에서만 영행렬이 아니고 나머지 블록에 대해서는 모두 영행렬이다.

위에서 소개한 contact self-energy 함수 계산법은 아주 일반적으로 적용할 수 있는 방법이지만 잘 수렴된 결과를 얻기까지 반복계산을 해야 하기 때문에 비효율적이다. 여러 가지 더 효율적인 방법들이 있는데 [7-5], [7-6] 그리고 [7-6]을 참고하길 바란다. 일단 $\Sigma_{contact}^r$ 이 구해졌으면 lead가 열적 평형 상태에 있다는 가정의 의해서 $\Sigma_{incontact}$과 $\Sigma_{outcontact}$은 다음과 같이 정해진다.

$$\Gamma = i\left[\Sigma_{contact}^r - \Sigma_{contact}^a\right] \tag{7.5.16}$$

$$\Sigma_{contact}^{in}(E) = \Gamma_{contact}(E) f_{contact}(E) \tag{7.5.17}$$

$$\Sigma_{contact}^{out}(E) = \Gamma_{contact}(E)(1 - f_{contact}(E)) \tag{7.5.18}$$

이 함수들을 가지고 후속 NEGF 계산을 수행하면 된다.

NEGF 계산은 기본적으로 입자의 양자 상태가 보존되면서 전송되는 것을 계산한다. 양자역학 시간에 배웠던 일차원 포텐셜 장벽 문제를 떠올리면 쉽게 이해가 가는데, 거기에서 각기 다른 에너지를 가지고 전송되는 전자의 문제를 각각 독립적으로 계산하고 결과적으로 전송 확률 $T(E)$를 계산하였었다. 이런 종류의 전송 계산을 결맞음(coherent) 전송 또는 발리스틱(ballistic) 전송이라고 한다. 한편 전자-포논 산란처럼 입자의 coherency가 유지되지 않는 경우를 산란(scattering) 전송이라고 한다. NEGF에서는 scattering self-energy function을 이용해서 전자를 어느 한 양자 상태에서 소멸시키고 다른 상태에서 생성시키는 방법으로 그런 산란 현상을 모델링한다. Scattering self-energy function은 어떤 scattering 현상을 어떻게 다룰지에 따라서 여러 가지 형태가 될 수가 있다. 여기에서는 흔히 사용하는 전자-포논 산란 모델을 예를 들어 설명하기로 한다. 일단 모델의 식부터 써보자.

$$\Sigma^{in}(E) = \sum_{\hbar\omega} D(\hbar\omega)\left[N(\hbar\omega) + \frac{1}{2} \pm \frac{1}{2}\right] G^p(E \pm \hbar\omega) \tag{7.5.19}$$

$$\Sigma^{out}(E) = \sum_{\hbar\omega} D(\hbar\omega)\left[N(\hbar\omega) + \frac{1}{2} \mp \frac{1}{2}\right] G^p(E \mp \hbar\omega) \tag{7.5.20}$$

여기서 $\hbar\omega$는 포논 에너지, $N(\hbar\omega)$는 Bose-Einstein distribution, $D(\hbar\omega)$는 전자-포논 상호작용의 세기 함수이다. 이 산란 모델은 전자가 포논과의 상호작용을 통해서 에너지를 바꾸는 것을 표현한다. Scattering rate은 참여하는 전자 또는 홀의 개수 ($G^{n/p}$)와 포논의 개수 ($N(\hbar\omega)$)와 전자 포논 상호작용의 세기 ($D(\hbar\omega)$)의 곱에 비례한다. 두 가지 유의점이 있다.

1. 위 식은 detailed balance 원리를 만족시키게끔 설계된 모델이다. 즉, Bose-Einstein 분포를 갖는 포논들과의 상호작용으로 전자들이 열적 평형 상태에서 Fermi-Dirac distribution이 되도록 되어 있다. 어떤 물질을 계산하느냐에 따라서 $D(\hbar\omega)$ 함수를 변경할 수는 있지만 위 식의 형태를 변경해서는 안 된다.
2. 계산량의 부담 때문에 흔히 국소 산란 가정(local scattering approximation)을 한다. 즉, 어떤 원자에 속한 전자의 산란은 그 원자에 속한 전자와 포논에만 달려 있다. 이 가정 덕분에 산란 모델을 고려하는 경우에도 self-energy function은 diagonal block에만 값을 갖게 된다.

위에서 소개한 scattering self-energy 함수는 $G^{</>}$에 비례하는 함수이다. 한편, 식 (7.4.10)인 $G^{</>} = G^r \Sigma^{</>} G^a$에 따라서 $G^{</>}$도 self-energy에 비례하는 함수이다. 따라서, NEGF 방정식들은 비선형(non-linear) 시스템이 되고 반복적인 기법으로 풀어야 한다. 그래서 위의 NEGF 시뮬레이션 흐름도에서 보였듯이 산란 모델이 있는 경우 수렴 여부를 판단하면서 반복 계산이 필요한 것이다. 이런 방식으로 scattering self-energy 함수를 모델링하는 것을 self-consistent Born approximation(SCBA)이라고 한다.

7.6 효율적인 구현을 위한 방법들

NEGF 시뮬레이션은 많은 계산을 필요로 한다. 만약 이전 절에서 보였던 식들을 곧이곧대로 풀려고 한다면 아주 조그만 시스템을 계산하기도 버거울 것이다. 예를 들어서 단면이 5*5 nm^2이고 길이가 40 nm인 실리콘 나노선을 유효 질량 근사 모델를 이용해서 계산한다고 하자. 노드(또는 원자)가 20,000개 정도가 있고 해밀토니안 기저의 개수가 1개 이므로 풀어야 할 해밀토니안은 크기가 20000×20000인 복소 행렬이 된다. NEGF 시뮬레이션의 self-consistent 과정에서 식 (7.4.7) 또는 (7.5.13)을 수천 번을 풀어야 주어진 전압 조건의 해를 찾을 수가 있는데 이것은 고성능 컴퓨터를 사용하더라도 아주 지루하고 실용적이지 않은 일이다.

그래서 효율적인 NEGF 계산을 위해서 여러 가지 방법이 개발되었는데 여기에서는 가장 중요하고 널리 쓰이는 Recursive Green's function(RGF) 방법을 설명하겠다. 이 방법은 원자 간 상호작용 거리가 길지 않은 경우에 해밀토니안을 구성하는 원자의 순서를 적절히 선택해주면 풀어야 할 행렬들이 block tri-diagonal 형태가 되는 것과 이런 경우에 전자 분포나 단자 전류값이 필요한 물리량을 계산할 때에 Green's function의 diagonal 블록만 필요하다는 점에 착안하였다.

예를 들어서 그림 7.6.1(a)와 같은 선형의 시뮬레이션 구조가 있고 원자끼리의 상호작용은 인접한 원자까지로 제한된다고 하자. 이 경우 NEGF에서 풀어야 할 행렬은 그림 7.6.1(b)처럼 block tri-diagonal 행렬이 된다. 여기에서 $a_{mn} = [EI_{mn} - H_{mn} - S^{r}_{mn}]$이다. 두 단자 시스템에서의 NEGF 계산이라면 왼쪽과 오른쪽 contact self-energy는 각각 (1, 1)과 (6, 6) 블록에 있을 것이다.

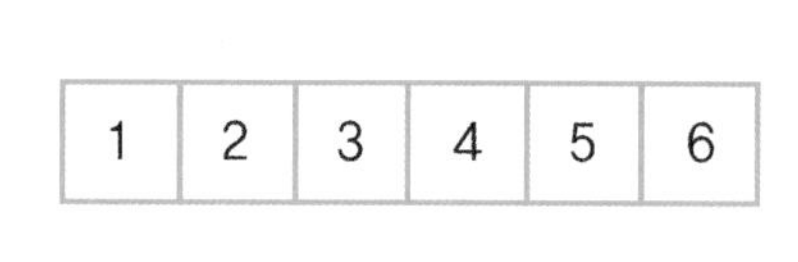

(a)

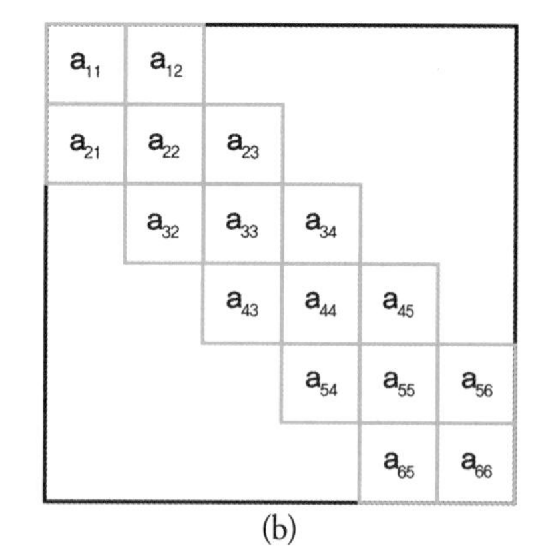

(b)

그림 7.6.1 선형 구조에서의 해밀토니안 패턴

RGF 계산은 3단계로 나눌 수 있다.

RGF 1) 한쪽 끝에서 다른 쪽으로 전진하면서 one-sided Green's function을 계산한다.

$$g^r_1 = a_{11}^{-1} \tag{7.6.1}$$

$$g^n_1 = g^r_1 \ \Sigma^{in}_{11} \ g^{r\,+}_1 \tag{7.6.2}$$

For n=2 to 5

$$g^r_n = [a_{nn} - a_{nn}^{-1} \ g^{r\,-1}_{n-1} \ a_{n-1n}]^{-1} \tag{7.6.3}$$

$$g^n_n = g^r_n \ [\Sigma^{in}_n + a_{nn-1} \ g^n_{n-1} \ a_{n-1n}] \ g^{r\,+}_n \tag{7.6.4}$$

이때 g^r_n은 마치 contact self-energy 계산할 때의 surface Green's function과 같은 형식이 되는 것을 알 수 있다.

RGF 2) 마지막 block에서 처음으로 G^r, G^n, G^p를 구한다.

For n=6

$$G^r_n = [a_{nn} - a_{nn-1} \ g^{r\,-1}_{n-1} \ a_{n-1n}]^{-1} \tag{7.6.5}$$

$$G^n_n = G^r_n \ [\Sigma^{in}_n + a_{nn-1} \ g^n_{n-1} \ a_{n-1n}] \ G^{r\,+}_n \tag{7.6.6}$$

$$G^p_n = A_n - G^n_n \tag{7.6.7}$$

RGF 3) 다시 처음에 시작했던 쪽으로 돌아오면서 전자 분포와 전류를 계산한다.

For n=5 to 1

$$G^r_{nn} = g^r_n - g^r_n \ a_{nn+1} \ G^r_{n+1n} \tag{7.6.8}$$

$$G^r_{nn+1n} = -G^r_{n+1n+1} \ a_{n+1n} \ g^r_n \tag{7.6.9}$$

$$G^r_{nn+1} = -g^r_n \ a_{nn+1} \ G^r_{n+1n+1} \tag{7.6.10}$$

$$G^n_{nn} = g^n_n - G^r_{nn+1} \ a_{n+1n} \ g^{n\,+}_n - G^{n\,+}_{nn+1} \ a_{n+1n} \ g^{r\,+}_n \tag{7.6.11}$$

$$G^{n}_{nn+1} = -g^{n}_{n}{}^{+} a_{nn+1}\ G^{r}_{n+1n+1}{}^{+} - g^{r}_{n}\ a_{nn+1}\ G^{n}_{n+1n+1}{}^{+} \quad (7.6.12)$$

$$G^{n}_{n+1n} = G^{n}_{nn+1}{}^{+} \quad (7.6.13)$$

한편 hole correlation function은 $G^p = A - G^n$ 관계식을 통해서 얻을 수 있다.

이렇게 진행하면서 G^r, G^n, G^p 블록이 얻어질 때마다 해당 영역의 전자 농도나 전류를 계산하면 된다. RGF 방법의 알고리즘이 복잡해 보이지만 물리적이라기보다는 block tri-diagonal을 푸는 수학적 기법이라고 생각하고 받아들이는 것이 편하다. 좀 더 자세한 논의는 [7-9]와 [7-10]에 소개되어 있다.

그럼, RGF 적용 여부에 따른 계산량을 비교해보자. 곧이곧대로 푸는 경우 전체 행렬을 한 번 inversion하고 두 번 multiplication하는 정도의 계산이 필요하다. RGF를 적용한다고 하면 각 슬랩마다 두 번의 inversion과 15번 정도의 multiplication이 필요할 것이다. 그리고 dense matrix 계산 시간이 multiplication은 대략 $dim^{2.8}$, inversion이 대략 $2*dim^{2.8}$에 비례하게 소요된다.

그럼 전체 행렬의 차원은 20000이고, RGF를 위해서 100개의 슬랩으로 나눴을 때 각 슬랩 행렬의 차원이 200이 되므로, 다음의 결과를 얻는다.

RGF를 사용하지 않았을 때의 계산 시간 $\sim 4 * 20000^{2.8}$

RGF를 사용한 경우의 계산 시간 $\sim 100 * 20 * 200^{2.8}$

즉, RGF를 적용하는 경우가 대략 800배 정도 빠르다.

한편, 그림 7.6.2(a) 단순하지 않은 구조를 계산한다고 하자. 그러면 해밀토니안은 그림 7.6.2(b)처럼 block tri-diagonal이 아니게 되고 RGF를 적용할 수 없게 된다. 이럴 경우 색인 순서를 바꿔서 그림 7.6.2(c)처럼 block tri-diagonal 형태로 바꾸어서 RGF를 적용할 수 있도록 바꿀 수도 있다.

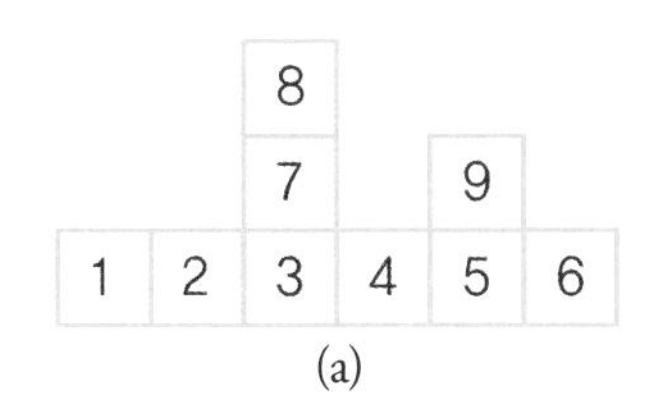

(a)

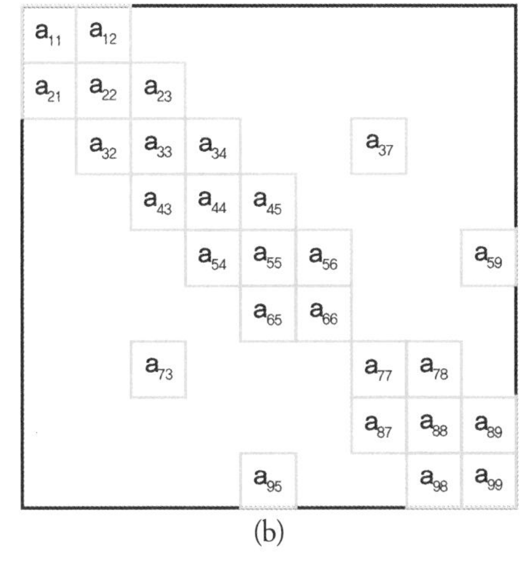

(b)

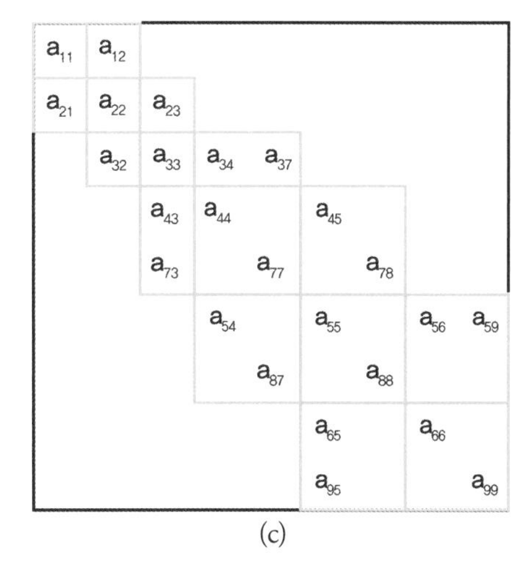

(c)

그림 7.6.2 복잡한 구조에서의 가능한 해밀토니안 패턴들

사실 이런 방식의 트릭은 다수의 커다란 sparse matrix block을 만들기 때문에 다소 비효율적이긴 하다. 복잡한 구조에 대해서도 좀 더 효율적으로 RGF를 적용하는 방법을 소개하겠다. 그림 7.6.3에서는 구조를 중첩이 있는 여러 구역으로 분할해서 행렬 블록들을 쓴 것이다. 가능하면 각 구역이 선형 구조가 되게끔 분할하였기 때문에 각 구역이 최적화된 block tri-diagonal에 가까워진 것을 볼 수 있다. 이 extended RGF 방법의 알고리즘은 기본적으로 standard RGF 방법과 동일하다. 다만, 실제 구현에서는 복잡해진 색인 순서에 주의하여 실수하지 않도록 해야 한다. 다음은 계산 알고리즘이다.

i) 각 구역에서 중첩되지 않는 부분부터 RGF step 1을 수행한다. 예를 들어 A^1 행렬에서는 a_{11} 블록부터 시작하고, A^2 행렬에서는 a_{44} 블록부터 시작한다.

ii) 중첩된 구간에 대해서 RGF step 2를 수행한다. 예제에서는 원자 3과 5가 중첩된 구간이다. 따라서 a_{33}과 a_{55}를 포함한 2×2 블록 행렬을 풀어야 한다.

iii) 다시 각 구역에서 중첩되었던 블록을 시작으로 RGF step 3를 수행하면서 필요한 물리량을 계산한다.

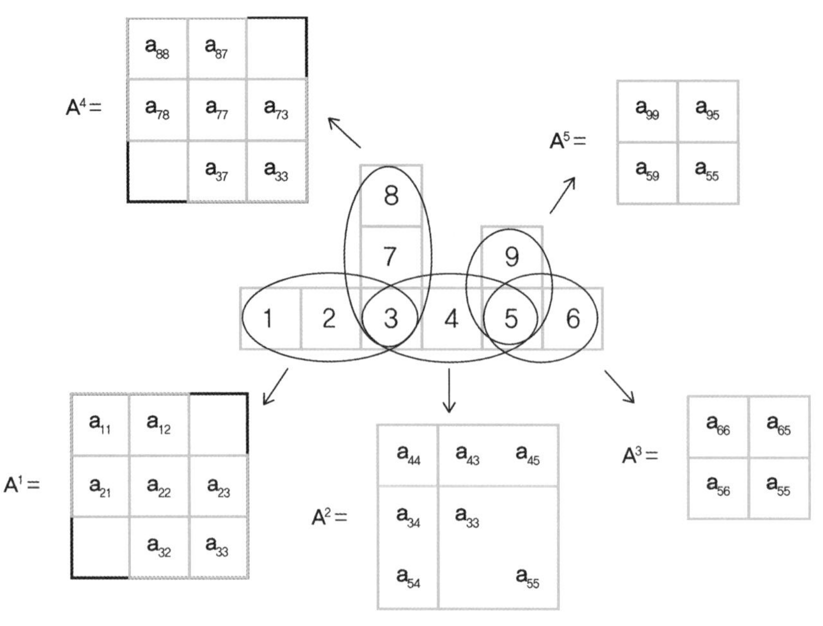

그림 7.6.3 복잡한 구조에서의 최적화된 부분 해밀토니안 패턴

RGF 방법을 사용해서 NEGF 시뮬레이션의 계산량을 크게 줄일 수 있었지만 여전히 수만 번의 200×200 행렬 연산을 수행해야 하는데 이것은 여전히 큰 부담이다. 지금부터 소개할 것은 풀어야 할 행렬의 크기를 작게 변환해서 빠르게 계산하는 근사법이다. 여러 다른 분야에서도 비슷한 기법을 사용하는데 NEGF 시뮬레이션에서는 mode-space(MS) method라고 불리고 있다. NEGF에 처음 도입되었을 때에는 균일한 형태의 나노선 구조에서 EMA NEGF 문제를 풀 때 적용될 수 있도록 방법이 개발되었으나 이후 복잡한 모양의 소자 해석과 kp, tight-binding 해밀토니안에도 적용할 수 있도록 향상되었다. 여기에서는 EMA 또는 kp 문제에 적용되는 mode-space만 소개하겠다.[7-11] Tight-binding MS는 [7-12]를 참고하길 바란다.

본래의 NEGF 계산에서는 원자의 위치 정보가 해밀토니안에 있는 그대로 반영되는데 이런 경우를 real-space에서 연산한다고 한다. Mode-space 방법은 모드(mode)라고 불리는 축약된 기저(basis)를 가지고 real-space 문제를 작게 변환시켜서 계산하는 것이다. MS 계산 과정을 세 단계로 구분할 수 있다. 첫째는 real-space에서 mode-space로의 변환 행렬을 구하는 것이고, 둘째는 가능한 많은 계산을 mode-space에서 수행하는 것이며, 셋째는 계산된 결과를 다시 real-space로 변환하는 것이다. 자세히 설명하도록 하겠다.

첫째, 전기 포텐셜을 업데이트한 다음에 각각의 슬랩에서 변환 행렬을 구한다. 변환 행렬은 일반적으로 복소 unitary 행렬이 될 수 있지만 실수 직교 행렬로 준비하는 것이 여러 모로 편리하므로 여기에서는 그렇게 설명하겠다. 일단 슬랩에서 Schrodinger 방정식을 풀어서 해 En과 $\psi_n(r)$를 얻었다고 하자. 전송 현상에 주요한 영향을 미치는 에너지 구간에 있는 N개의 파동 함수를 고르고 실수부화 허수부를 분리하여 다음과 같이 Nm×2N 차원의 임시 행렬을 꾸민다. 여기에서 Nm는 real-space 행렬의 차원이다.

$$B = [Re\{\psi_0\}\ Im\{\psi_0\}\ Re\{\psi_1\}\ Im\{\psi_1\}\ \ldots] \tag{7.6.14}$$

이제 이 행렬을 singular value decomposition(SVD)을 하자.

$$B = UDV^T \tag{7.6.15}$$

여기에서 U와 V는 각 열벡터가 orthonormal하고 D는 singular value를 성분으로 하는 대각 행렬이다. U 행렬을 변환 행렬로 쓸 수가 있는데 너무 작은 singular value에 대응하는 벡터들은 불필요하니 제거하는 것이 계산을 더 효율적으로 만든다. 최종적으로 얻어지는 벡터의 개수는 2N보다 작게 된다. 위의 과정을 모든 슬랩에 대해서 수행하는데 색인 m인 슬랩에서 얻어지는 변환 행렬을 U_m이라고 표기하자.

둘째, RGF 계산을 수행하는데 각각의 슬랩에 해당하는 real-space 행렬 블록을 작은 mode-space 행렬로 변환하여 계산한다. 슬랩 m, n에 해당하는 임의의 real-space에서 행렬 블록 A_{mn}과 이에 대응하는 mode-space 행렬 $\widetilde{A}_{mn}$은 다음의 관계로 주어진다.

$$\widetilde{A}_{mn} = U_m^T A_{mn} U_n \tag{7.6.16}$$

어떤 물리량들은 real-space로 역변환해서 계산해야 하긴 하지만, 가능한 많은 계산을 mode-space에서 수행하는 것이 효율적이다. 가령, 단자 전류는 real-space로의 역변환을 하지 않고 mode-space에서 바로 계산할 수 있다.

셋째, mode-space에서 계산된 결과 중에서 real-space로의 변환이 필요한 것들은 수행한다.

$$A_{mn} = U_m \widetilde{A}_{mn} U_n^T \tag{7.6.17}$$

전자 분포 같은 것은 mode-space에서 Green's function이 구해졌을 때 다시 real-space로 변환해서 계산해야 실제 원자 위치에서의 전자 개수를 구할 수 있을 것이다.

앞 장에서 예로 든 5×5 nm^2 단면적을 가진 NW 계산의 경우 대략 20여 개 정도의 모드면 충분하다. 변환 행렬 계산과 변환에 필요한 일회성 계산을 무시하면 계산량의 차이는 극명하다.

$$\text{RS에서의 계산 시간/MS에서의 계산 시간} \cong 200^{2.8}/20^{2.8} \cong 630$$

실제 계산에서는 변환에 따른 효율 저하가 있겠지만 그것을 감안해도 수십~수백 배의 계산 효율 향상이 있다.

지금까지 NEGF 시뮬레이션에서 실제로 사용되는 몇몇 함수들과 그 의미를 간단히 소개하였다. 이제 반도체 시뮬레이션의 경우에 어떻게 계산을 수행하는지 설명하겠다. 대부분의 경우 반도체 소자를 시뮬레이션할 때에는 단자 전압을 가하고 단자 전류를 계산한다. 단자는 금속이기 때문에 Schottky 접합을 형성하는데 저항이 작은 경우에 Ohmic 접합으로 근사하기도 한다. 그림 7.6.4에 두 경우에 대한 예시를 보였다. Schottky 단자 모델의 경우에는 단자의 금속을 잘 모델링해서 contact self-energy function을 계산해야 하며 접합의 Schottky barrier를 재현할 수 있도록 금속과 반도체의 전자 밴드 구조를 잘 정해야 한다. 한편 정전기 방정식을 풀 때에 금속 단자 부분에는 Dirichlet 경계 조건을 적용할 수 있다. Ohmic 단자 모델에서는 금속 단자를 명시적으로 고려하지 않는 대신에 단자를 열적 평형 상태에 있는 도핑이 높게 된 반도체가 연장된 것으로 고려한다. Contact self-energy function을 구할 때 단자 접합에 있는 반도체 물성을 그대로 사용하며 정전기 방정식을 풀 때에 자연스러운 경계 조건(natural boundary condition)을 사용한다. 즉, 특별한 경계 조건을 적용하지 않고 단지 self-consistent 계산이 잘 수렴하도록 해주기만 하는 것이다. 그러면 단자 접합에서 아무런 저항 성분도 없는 것처럼 계산이 된다. 산란 전송을 할 때 유의할 점은 접합 부분의 반도체에서 계산되는 scattering self-energy function을 contact self-energy function 계산할 때에 해밀토니안에 넣어주는 것이다. 그렇게 해야 단자와 반도체의 해밀토니안이 동일해지고 원치 않는 저항 성분이 생기지 않는다. 그럼 다음에 전형적인 반도체 시뮬레이션의 순서를 설명하겠다.

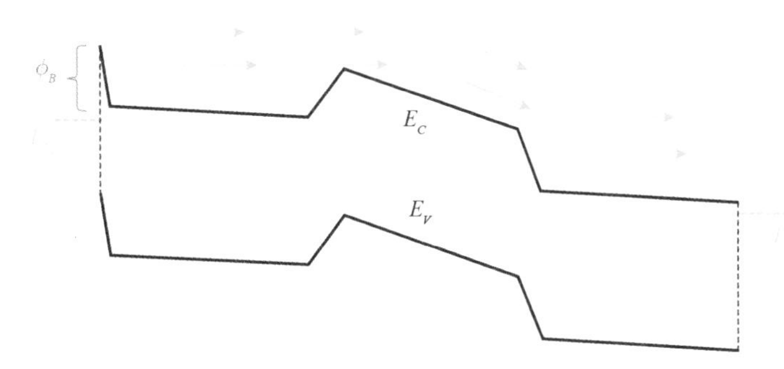

그림 7.6.4 n-type FET 소자의 밴드 다이어그램. 소스(왼쪽)와 드레인(오른쪽) 단자에 각각 Schottky 접합과 Ohmic 접합을 그렸다. 드레인과 게이트 단자에 전압이 가해져서 전자(초록색 화살표)가 소스에서 드레인으로 흐르는 상황을 도식화했다.

| NEGF 시뮬레이션 순서 |

1. 초기화

1.1. 단자 전압(V)을 정하고 그에 따라 단자의 페르미 레벨($E_F = -V$)을 결정한다.

1.2. 시스템의 전자기 포텐셜 분포의 초깃값을 가정한다. Self-consistent 계산일 경우 좋은 수렴성을 얻기 위해서는 가능한 결과값에 근접한 초깃값을 사용하는 게 좋은데, 보통 간단한 준고전 시뮬레이션을 수행하여 그 결과를 사용한다. 전자기 포텐셜은 시스템의 해밀토니안을 구성할 때 필요하다.

1.3. 단자의 페르미 레벨과 소자에서의 밴드 다이어그램을 고려하여 풀어야 할 NEGF 시스템의 에너지(E)와 횡 방향 운동량(k_t) 변수를 이산화한다.

2. NEGF 계산

2.1. Self-energy function 계산

단자의 retarded self-energy 함수를 먼저 계산한 후에 식 (7.5.2)와 식 (7.5.3)에 따라서 lesser/greater self-energy 함수를 얻는다.

산란 전송의 경우 lesser/greater self-energy 함수를 계산한 후에 식 (7.5.4)에 따라서 retarded self-energy 함수를 얻는다.

계산할 때에 그린 함수가 필요할 수 있는데, 처음 계산이어서 이전 단계의 정보가 없는 경우에는 0으로 놓는다.

2.2. Green's function 계산

식 (7.4.7)을 풀어서 retarded Green 함수를 구한다.

2.3. 전송자 분포와 전류 계산

이제 retarded/advanced Green 함수와 모든 self-energy 함수를 알고 있다. 식 (7.4.13)과 식 (7.4.14)를 이용해서 전송자 분포를 구하고, 식 (7.5.6)을 이용해서 단자 전류를 계산한다. 산란 전송의 경우에는 수렴 여부 판단하고 필요하면 2단계를 처음부터 다시 수행한다.

3. 전자기 방정식을 풀어서 전자기 포텐셜 분포를 갱신한다. 수렴 여부 판단하여 필요하면 2단계부터 다시 수행한다.

7.7 NEGF 예제

일차원 전송 문제는 가장 기초적이면서도 응용 범위가 많아서 중요하다. 여기에서는 양자역학 수업 시간에 풀어보았던 1차원 포텐셜 장벽 문제를 NEGF 방법으로 다뤄보면서 어떻게 실제 계산을 수행하는지 익혀보자.

고려하는 시스템은 y와 z 방향으로는 무한히 균일하고 x 방향으로만 전송이 이루어진다고 하자. $x=0$과 $x=L_x$에 단자가 있는데 각각 L과 R이라고 하자. 포텐셜은 장벽은 시스템의 중간에 길이 T_B만큼 있으며, 포텐셜 장벽의 높이는 V_B $(e\,V)$이다. 시스템은 y와 z 방향으로는 균일하므로 계산 시에는 $y=z=0$에 있는 원자들만 다루면서 periodicity를 고려하겠다.

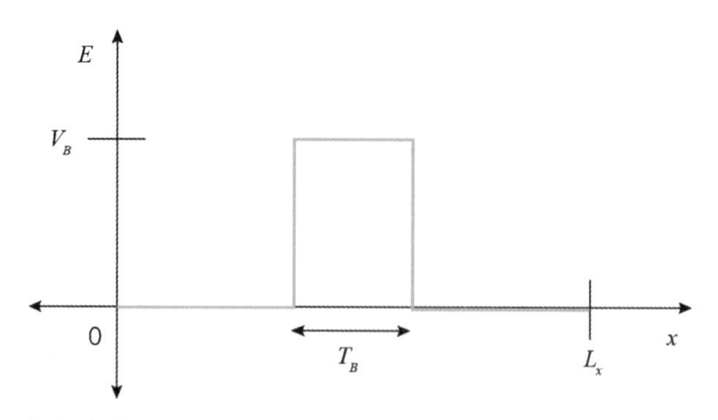

그림 7.7.1 일차원 포텐셜 장벽

에너지 구간은 전자 농도와 전류를 구하기에 충분하게끔 정한다. 단자에 적용된 페르미 레벨과 전송과 관련된 밴드를 포함하면서 수 $k_B T$ 정도의 여유를 두는 것이 보통이다. 예를 들어, $E_{f,\,L} = 0.1$ (eV), $E_{f,\,R} = -0.3$ (eV)이고 밴드 최저값이 -0.4 eV가 된다고 예상이 된다면 에너지 구간은 하한으로 0.1 eV, 상한으로 0.4 eV 정도의 여유를 두어서 [−0.5, 0.5] eV 정도로 정하면 적절하다. 한편, 에너지 구간의 이산화는 상황에 따라 여러 기법이 필요할 수도 있다. 전자-포논 산란을 고려하는 경우에는 전자 농도나 전류의 에너지 스펙트럼이 부드럽게 변하기 때문에 3~5 meV 정도의 균일한 에너지 이산화를 사용해도 충분하다. 하지만 시스템에 공명(resonance) 현상 같은 것이 있으면 해당하는 에너지 부근에서 아주 조밀한 이산화를 필요로 한다. 이런 경우 adaptive grid scheme을 사용하여 필요한 부분의 이산화를 체계적으로 조정해주는 기법이 필요하다. 여기에서는 3 meV 정도의 균일한 에너지 이산화를 사용한다.

y와 z 방향으로 periodicity가 적용되었으므로 해당 방향으로 reciprocal 벡터를 구해서 reciprocal space 또는 k-space를 정의한다. 이 영역도 이산화가 필요한데 전송자가 채워지는 부분만 풀어주면 된다. EMA를 사용할 경우에는 $k_y = k_z = 0$인 곳에서 운동 에너지가 최소가 되므로 그 점을 중심으로 필요한 부분만큼 k_y와 k_z 영역을 각각 N_y, N_z개의 균등한 구간으로 이산화하겠다.

EMA 모델에서 해밀토니안은 다음과 같다.

$$E(\vec{k}) = \sum_{i=x,y,z} \frac{\hbar^2 k_i^2}{2m_i^*} + E_C - eV \tag{7.7.1}$$

여기에서 첫째 항은 입자의 운동 에너지이고 $E_C - eV$는 밴드의 최저값에 해당한다. 해석적인 모델이기 때문에 변수의 이산화(discretization)가 필요한데, 원자들의 간격을 짧게 할수록 이산화 에러가 작아지지만 풀어야 할 문제의 크기가 커지므로 적절하게 정해야 한다. 보통 1A에서 5A 사이에서 정한다. 여기에서는 x, y, z 방향으로의 이산화 간격을 각각 Δx, Δy, Δz라고 하겠다. 여러 가지 이산화 방법들이 있는데 [7-13]의 방법을 추천한다. 이 이산화 방법은 서로 다른 물질들의 경계에서도 모호함 없이 이산화를 할 수 있고 이산화된 해밀토니안이 Hermitian을 유지하는 장점이 있다. 어느 n 번째 원자에서의 onsite 해밀토니안 성분과 이웃하는 원자로의 coupling 해밀토니안 성분은 다음과 같이 주어진다.

$$H_{nn}(\overrightarrow{k_t}) = \frac{\hbar^2}{\Delta_x^2}\left[\frac{1}{m_{x,n}^* + m_{x,n-1}^*} + \frac{1}{m_{x,n}^* + m_{x,n+1}^*}\right] + \frac{\hbar^2}{\Delta_y^2}\left[\frac{1}{m_{y,n}^*}\right] + \frac{\hbar^2}{\Delta_z^2}\left[\frac{1}{m_{z,n}^*}\right]$$

$$- \frac{\hbar^2}{\Delta_y^2}\left[\frac{e^{ik_y\Delta_y} + e^{-ik_y\Delta_y}}{2m_{y,n}^*}\right] - \frac{\hbar^2}{\Delta_z^2}\left[\frac{e^{ik_z\Delta_z} + e^{-ik_z\Delta_z}}{2m_{z,n}^*}\right] + E_{C,n} - eV_n \tag{7.7.2}$$

$$H_{nn+1}(\overrightarrow{k_t}) = H_{n+1n}(\overrightarrow{k_t}) = -\frac{\hbar^2}{\Delta_x^2}\left[\frac{1}{m_{x,n}^* + m_{x,n+1}^*}\right] \tag{7.7.3}$$

$$H_{nn-1}(\overrightarrow{k_t}) = H_{n-1n}(\overrightarrow{k_t}) = -\frac{\hbar^2}{\Delta_x^2}\left[\frac{1}{m_{x,n}^* + m_{x,n-1}^*}\right] \tag{7.7.4}$$

Lx=5 nm일 때에 $\Delta x = \Delta y = \Delta z = 0.1$ nm로 놓으면 각 방향으로의 원자의 개수는 Nx=51, Ny=1, Nz=1이고 전체 개수 N=Nx * Ny * Nz=51개다. 시스템의 해밀토니안 차원도 마찬가지로 N×N이다.

이 문제에서 전기 포텐셜은 고정된 형태로 주어지는 데다가 전자 산란 효과를 고려하지 않기 때문에 포아송 방정식을 풀거나 SCBA 반복 루틴을 수행하지 않아도 된다. 즉, 주어진 전기 포텐셜 조건에서 그린 함수들을 풀어서 전자 분포와 단자 전류를 계산하면 되겠다. 또한, 각기 다른 total energy와 transverse momentum에서의 식들은 상관이 없으므로 독립적으로 풀어서 그 결과를 더해주기만 하면 된다.

그림 7.7.2에 계산 결과를 보였다. 터널링 효과에 의해서 V_B보다 낮은 에너지의 전자도 유한한 전송 확률이 있는 것을 볼 수 있으며, V_B보다 높은 에너지를 갖는 전자도 전송 확률이 1보다 작을 수 있음을 볼 수 있다. 왼쪽과 오른쪽 단자의 페르미 레벨을 각각 0.6 eV와 0.4 eV로 했을 때 전류는 대부분 터널링 현상에 기인하는 것을 확인할 수 있다.

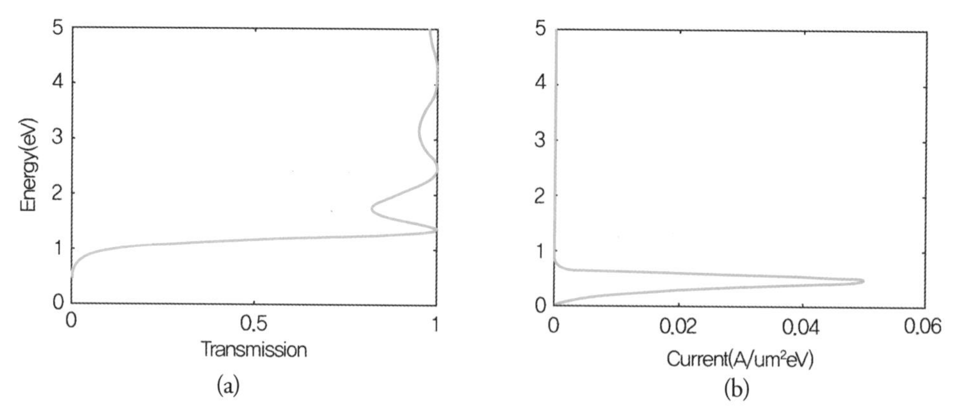

그림 7.7.2 V_B=1 eV, T_B=1 nm, m*=m₀, $E_{f,L}$=0.6 eV, $E_{f,R}$=0.4 eV인 경우의 계산 결과. 전송 함수는 $k_y = k_z = 0$일 때의 결과를 그렸다.

7.8 실습

7.7절에서 고정된 potential 아래에서 NEGF 방정식을 풀어주는 예제를 살펴보았다. 이번 절에서는 앞선 장들에서 자주 사용하였던 Double Gate에 구조에 대해서도 NEGF를 이용하여, 전류와 전자 농도를 계산한다. 이 절의 실습들은 독자들에게 난이도가 높게 느껴질 수 있다. 계산을 위해 [7-14]의 decoupled mode space approach를 이용할 것이다. 아래의 그림과 같은 소자를 생각해본다.

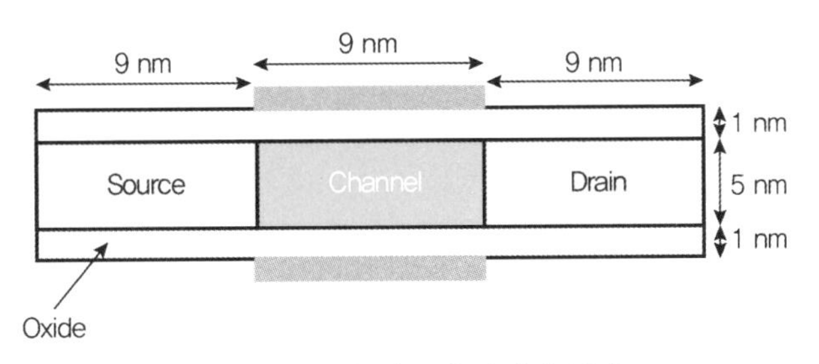

그림 7.8.1 Double Gate FET의 그림으로 길이 정보가 나타나 있다.

풀이를 단순화하기 위해 Effective Mass Approximation(EMA)와 Scattering이 없는 Ballistic Transport를 가정한다. Gate 일함수 조건을 제거하기 위해 Silicon의 midgap과 정렬되어 있는 상태를 가정한다.

실습 7.8.1

위의 그림 7.8.1.에 나타나 있는 Double Gate FET에 대하여 2차원 비선형 Poisson 방정식을 풀어본다. 소스와 드레인에는 동일하게 $2\times10^{20}\,\text{cm}^{-3}$의 donor로 도핑이 되어 있고, channel은 intrinsic 상태로 되어 있다. NEGF의 계산은 매우 시간이 오래 걸리므로, 간격을 너무 촘촘하게 설정하는 것은 피해야 한다.

지금까지 별도로 2차원 공간에서의 비선형 Poisson 방정식을 풀어본 적이 없을 것이므로 실습 7.8.1을 푸는 것이 쉽지 않을 것이다. 다음과 같이 접근해보자. 먼저 각 방향으로 균일한 간격을 생각하고, 이렇게 생성되는 직사각형에 대해 Poisson 방정식을 적분하는 과정을 고려하는 것이다. Poisson 방정식에 등장하는 연산자를 살펴보면, 이 직사각형에 대한 적분이 다음과 같이 바뀌는 것을 알 수 있다.

$$\iint dxdz \nabla \cdot \mathrm{D} = \oint \mathrm{D} \cdot d\mathrm{s} \tag{7.8.1}$$

즉, displacement 벡터의 divergence를 적분한 값을 직사각형을 구성하는 네 개의 변을 통한 displacement vector의 면적분으로 바꾸어 표시할 수 있는 것이다. 하나의 점은 인접한 네 개의 이웃점을 가질 것이며, 이 네 개의 이웃점들과 연결되는 선분은 직사각형의 네 변을 수직으로 지나갈 것이다. 이 점을 이용하여, x 방향과 z 방향으로 각각 두 개씩의 선분들에 대해서 displacement vector를 구하고, 그에 수직한 직사각형의 변 길이를 이용하여 면적분을 구할 수 있을 것이다.

위 과정을 통해 구해진 electrostatic potential 값을 이용하여, 아래와 같은 순서로 계산하게 될 것이다. 7.7절과 마찬가지로 ballistic transport를 가정하였기 때문에, 아래와 같은 가정을 통해 수식이 간단해진다.

$$\frac{\partial \psi(x, z)}{\partial x} = 0 \tag{7.8.2}$$

이 가정에 따르면 wavefunction이 x 방향으로는 천천히 바뀌어나가므로, 2차원에 대해서 Schrödinger 방정식을 풀 것을 1차원 Schrödinger 방정식을 푸는 것으로 간단해진다. 이때, 각 subband minimum energy 혹은 mode energy들을 구해야 하고, 수식은 아래와 같다. 먼저 z 방향에 대해서 Schrödinger 방정식을 풀어주게 되는 것이다. 아래의 식이 성립하게 되는 과정은 [7-14]를 참고한다.

$$-\frac{\hbar^2}{2m_{zz}} \frac{\partial^2}{\partial^2 z} \psi(x, z) + V(x, z)\psi(x, z) = E_{\mathrm{mode}}(x)\psi(x, z) \tag{7.8.3}$$

이 실습 예제에서 mode는 앞의 3장에서 배운 subband index와 의미가 동일하다. 앞의 과정은 이전의 3장의 실습을 통해 계산이 가능할 것이다. 이제 구해진 $E_{\mathrm{mode}}(x)$를 다음 수식과 같이 퍼텐셜 에너지 항 대신 넣어주고, x 방향에 대해 풀어주면 다음과 같은 수식이 나타나게 된다.

$$-\frac{\hbar^2}{2m_{xx}}\frac{\partial^2}{\partial^2 x}\psi(x)+E_{\text{mode}}(x)\psi(x)=E_l(x)\psi(x) \tag{7.8.4}$$

이때 $E_l(x)$는 longitudinal energy로, total energy에서 위의 그림에서 나타나지 않는 y 방향에 대한 energy를 제외한 에너지가 된다. 위의 수식에서 나타나는 Hamiltonian을 가지고, 각 longitudinal energy에 해당하는 retarded Green's function을 구할 수 있게 된다. 이제 self energy에 관련한 항이 필요하게 되고 다음과 같은 수식으로 나타난다.

$$\Sigma_D^r=\begin{bmatrix} 0 & \cdots & 0 \\ \vdots & \ddots & 0 \\ 0 & \cdots & -\frac{\hbar^2}{2m_{xx}(\Delta x)^2}e^{ik_{x,\,Drain}(\Delta x)} \end{bmatrix} \tag{7.8.5}$$

$$\Sigma_S^r=\begin{bmatrix} -\frac{\hbar^2}{2m_{xx}(\Delta x)^2}e^{ik_{x,\,Source}(\Delta x)} & \cdots & 0 \\ \vdots & \ddots & 0 \\ 0 & \cdots & 0 \end{bmatrix} \tag{7.8.6}$$

$$E_l-E_{\text{mode},\,contact}=\frac{\hbar^2}{m_{xx}(\Delta x)^2}(1-\cos(k_x(\Delta x))) \tag{7.8.7}$$

이때, k_x는 식 (7.8.7)을 통해 구할 수 있으며, $E_{\text{mode},\,contact}$은 구하려는 Source나 Drain의 contact 부분에서의 mode의 에너지를 의미한다. 이렇게 구해진 값들을 가지고, 전자 농도와 전류를 계산한다.

실습 7.8.2

실습 7.8.1에서 구해진 potential 항들과 위의 수식을 통해 알맞은 Green's function과 self energy 항들을 구해본다. 그리고 이를 통해 전자 농도와 전류를 드레인 전압과 게이트 전압을 바꿔가며 계산해본다.

그림 7.8.2와 그림 7.8.3처럼 NEGF 시뮬레이션 역시 결과적으로 주어진 전압 조건 아래에서의 전자 농도와 electrostatic potential을 모순 없이 풀어주는 작업을 수행하게 된다. 그림 7.8.3의 소스/드레인 영역에서의 전자 농도를 살펴보면, 점유율이 높은 낮은 양자수를 가지고 있는 모드들에 의한 영향이 명확히 보인다.

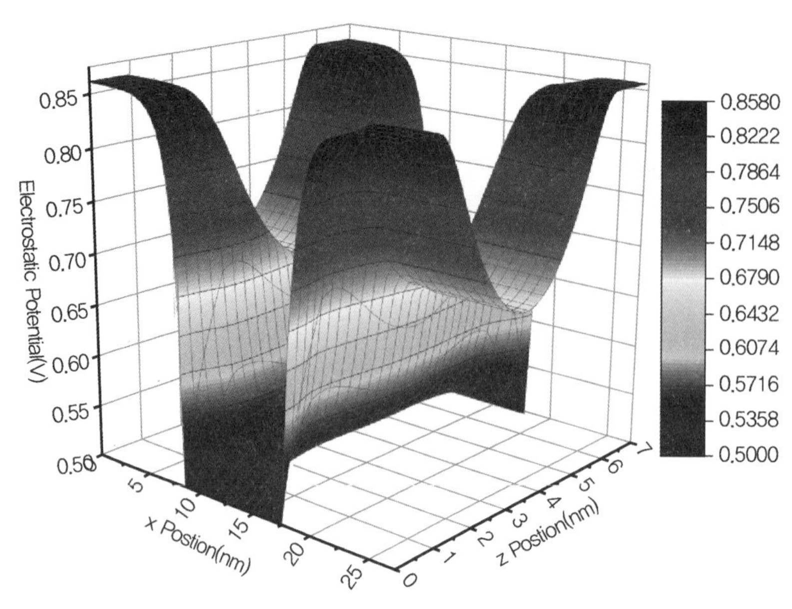

그림 7.8.2 게이트 전압이 0.5 V이고 드레인 전압이 0 V일 때, 위치에 따른 electrostatic potential

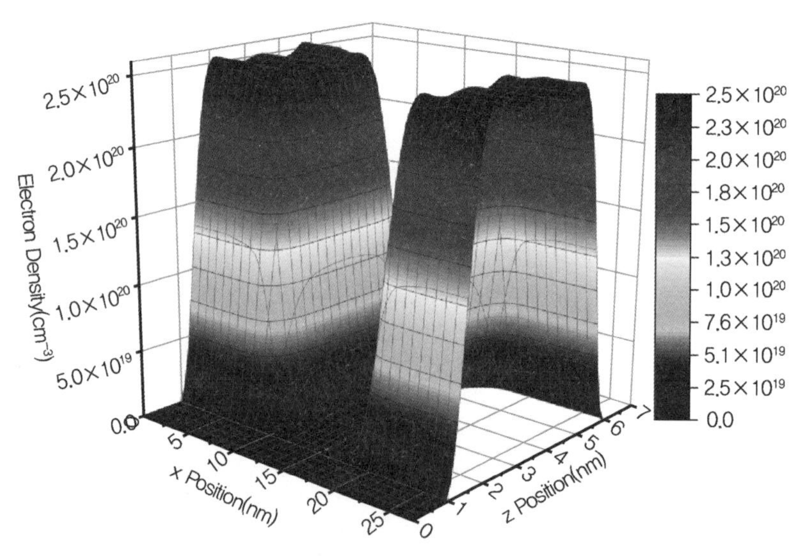

그림 7.8.3 게이트 전압이 0.5 V이고 드레인 전압이 0 V일 때, 위치에 따른 전자 농도

NEGF 시뮬레이션의 수렴 특성은 Drift-Diffusion 모델과는 달리, Newton iteration이 진행되더라도 에러가 빠르게 감소하지는 않는다. 그림 7.8.4에는 전형적인 수렴 특성이 나타나 있는데, 에러를 로그 스케일로 표현할 때, 직선처럼 감소해나가는 모습이 보인다. 이것은 제3장에서 다룬 Schrödinger-Poisson solver와 유사한 특성이다.

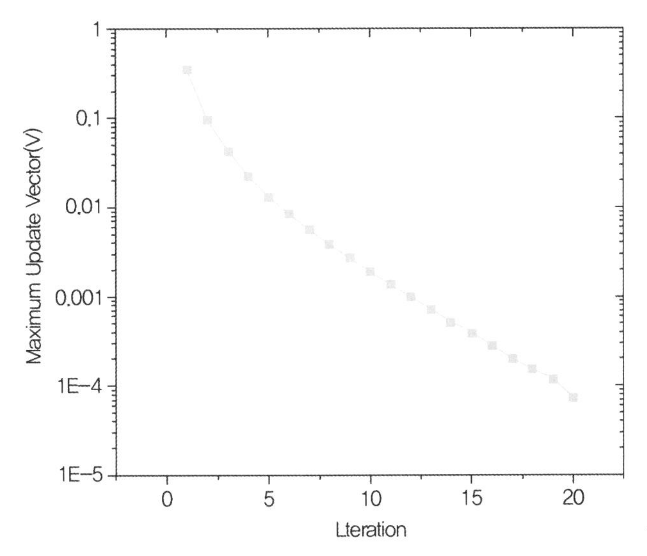

그림 7.8.4 게이트 전압이 0.5 V일 때 electrostatic potential의 update vector의 최댓값. y축은 log scale로 나타내었다.

게이트 전압이 일정하게 유지되는 상태에서 드레인 전압을 점차 높여주면, 그림 7.8.5처럼 드레인 쪽의 potential 에너지만이 감소하게 된다. 소스 전압은 일정하게 유지되고 있으므로 소스 쪽 potential은 변화가 없다.

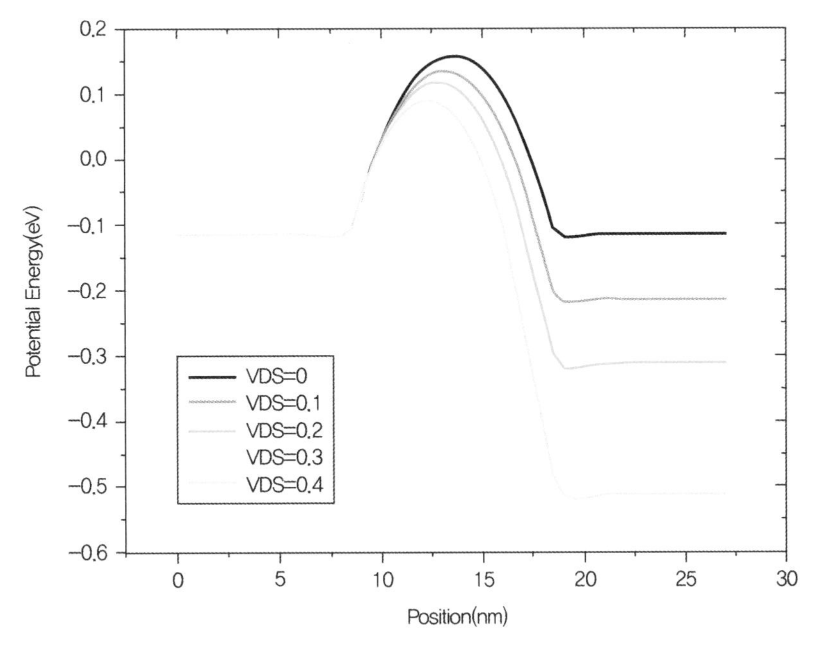

그림 7.8.5 게이트 전압이 0.2 V일 때 드레인 전압을 바꾸면서 나타낸 퍼텐셜 에너지 그래프

NEGF 시뮬레이션을 통해서도, 궁극적으로는 전류-전압 특성을 얻게 된다. 물론 이렇게 얻어진 전류값은 ballistic transport를 가정한 것이기 때문에 실제보다 더 높은 값이다. 그러나 주어진 구조가 보일 수 있는 최대 전류값을 예상해본다는 측면에서 그 유용성을 찾아볼 수 있을 것이다. 또한 이러한 NEGF 시뮬레이션을 통해서 새로운 채널 물질이나 터널링 현상 등에 대해 연구하는 것 역시 가능할 것이다. 물론 이를 위해서는 시뮬레이션하고자 하는 소자에 적절한 해밀토니안을 설정해주어야 할 것이다.

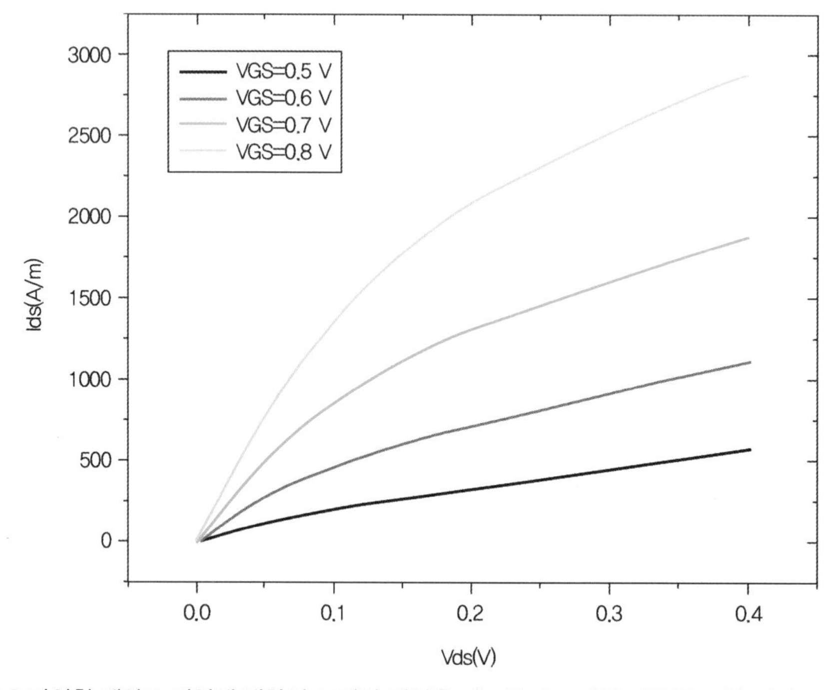

그림 7.8.6 다양한 게이트 전압에 대하여 드레인 전압을 바꾸면서 드레인 전류를 구한 결과

CHAPTER

8

마무리

마무리

8.1 요약

이 책에서는 계산전자공학의 가장 기본적이며 핵심적인 주제들을 선정하여, 순차적으로 난이도를 높여가며 다루어보았다. 제2장에서 기본적인 수치해석 기법들을 학습하였으며, nonlinear Poisson 방정식을 풀 수 있게 되었다. 제3장에서는 서브밴드 구조를 다루어서 반전층이 가지고 있는 서브밴드 구조를 알 수 있게 되었다. 제4장에서는 이동도 계산을 다루었으며, 이를 제5장에서 확장하여 볼츠만 수송 방정식을 풀 수 있게 되었다. 널리 사용되는 Drift-Diffusion 모델도 소개하여 통상적인 소자 시뮬레이션에 대한 경험을 쌓게 되었다. 마지막으로 제7장에서 양자 전송에 대한 요약된 이론을 소개하고 간단한 예를 보여서, 흔히 가지기 쉬운 접근의 곤란함을 낮추어보았다.

저자들은 이러한 과정 구성이 계산전자공학을 학습하는 데 있어, 체계적이며 적합한 구성이라고 생각하고 있다. 또한 부록으로 책의 그림들을 생성할 수 있는 MATLAB 코드들을 보이고 있기 때문에, 실습을 진행하다가 막히는 부분이 생긴다면 도움을 받을 수 있을 것이라 기대한다. 물론 독자 스스로가 자신의 코드를 작성할 수 있는 것이 중요하므로, 부록의 코드는 어디까지나 참고용으로만 활용하기를 당부한다.

부디 독자들이 차근차근 접근하여, 계산전자공학이라는 흥미롭고 또한 중요한 연구 분야에 대한 이해를 높여나가는 데 도움이 되었으면 한다.

8.2 다루지 못한 주제들

이 책은 계산전자공학을 처음 접하는 대학원생들이나 연구자들을 위한 입문서로 기획되었기 때문에, 정상 상태에서의 1차원 수송 현상을 위주로 다룰 수밖에 없었다. 이에 따라 중요한 주제들임에도 다루지 못한 주제들이 많이 있다. 이 절에서는 이러한 주제들을 순서없이 나열해보기로 한다.

| 2차원/3차원 소자 구조에 대한 시뮬레이션 |

이 책에서는 1차원 구조 위주로 다루었으며, 2차원/3차원 소자 구조에 대해서 제대로 다루지 못하였다. 최근에는 3차원 소자 위주로 소자 시뮬레이션이 실행되고 있으므로, 일반적인 구조에 대해서 다루는 일이 필요할 것이다. 2차원/3차원 소자 구조를 고려하게 되면, 지금처럼 간단한 방식으로 이산화하기 어려워지고, 점들의 기하적인 배치를 고려해야만 한다. 이러한 내용은 입문서에 넣기에는 너무 복잡한 것 같아 생략하였으나, 현실적으로는 가장 필요한 내용이기도 하다.

| 과도(transient) 시뮬레이션 |

이 책에서는 정상 상태만을 다루어주었으나, 적어도 Drift-Diffusion 모델의 경우에는 간단한 수정만으로 과도 시뮬레이션이 가능하다. 과도 시뮬레이션이 가능할 경우, 훨씬 더 다양한 응용 예를 보일 수 있을 것이다. 예를 들어 MOSFET의 On/Off 스위칭 특성을 다룰 수 있을 것이다.

| 소신호(small-signal) 시뮬레이션 |

과도 시뮬레이션과 쌍을 이루는 시뮬레이션 기능으로 소신호 시뮬레이션 기능이 있다. 이것은 이미 주어진 정상 상태 해를 바탕으로 주파수 분석을 수행하여, 반도체 소자의 주파수 응답 특성을 알 수 있게 해준다. 예를 들어서 MOSFET의 Y 파라미터를 주파수에 따라서 구할 수 있게 해준다. 물론 시간에 따라서 과도 시뮬레이션을 수행할 경우에도 동일한 결과를 얻을 수 있을 것이지만, 소신호 시뮬레이션으로 훨씬 효율적으로 목적을 달성할 수 있다.

| 통계적 해석(statistical analysis) |

이 책에서는 문제당 하나의 주어진 소자 구조 하나를 생각했다. 그렇지만 현실에서는 동일한 소자를 만들고 싶어도, 어쩔 수 없이 통계적인 분포 때문에, 동일하게 제작된 소자들 사이에도 구조적인 특성이 생길 수밖에 없으며, 이것은 전기적인 특성의 산포로 나타나게 된다. 이럴 경우, 회로의 성능에 악영향을 미치게 된다. 이와 같이 원하지 않는 상황을 피하기 위해, 소자 시뮬레이션 차원에서 산포를 크게 만드는 원인을 찾아내고 회피하고자 하는 연구가 있는데, 이러한 내용은 입문서에 넣기에는 난이도가 높기 때문에 생략하였다.

| 스트레스(stress) 시뮬레이션 |

현실의 MOSFET 소자들은 채널 영역에 스트레스를 인가하여서 더 높은 전자/홀 이동도를 획득하고 있다. 스트레스에 따라서 채널 물질의 밴드 구조가 변하게 되고, 이것이 서브밴드 구조를 바꾸어주어서 이동도의 향상을 이끌어낸다. 이 책의 내용으로 보자면, 3장과 4장의 내용을 모두 동원하여 계산할 수 있는 매우 흥미로운 주제이나, 역시 입문서에 넣기에는 난이도가 높기 때문에 생략하였다. 관심 있는 독자라면, 스트레스에 따른 밴드 구조 변화를 반영하여 서브밴드 계산 및 이동도 계산을 수행해볼 수 있을 것이다.

| 소자와 회로의 혼합 모드(mixed-mode) 시뮬레이션 |

소자는 혼자서 동작하지 않고 몇 개의 소자들이 하나의 단위를 이루어서 동작하는 경우가 많다. NMOFET과 PMOSFET이 함께 동작하는 CMOS 인버터나 NAND 게이트가 좋은 예가 될 수 있다. 이러한 단위 회로의 동작을 살펴보고자 한다면, 여러 개의 소자와 회로 성분들을 묶어서 함께 시뮬레이션할 수 있는 능력이 필요할 것이다. 이러한 시뮬레이션을 혼합 모드 시뮬레이션이라고 하는데, SPICE와도 관계가 있는 분야이다. 회로 해석까지 내용을 확장할 수 있는 흥미로운 주제이지만, 이 책에서는 다루지 않았다.

관심 있는 독자들이 최근의 연구 동향을 파악하는 데에는 1.3절에서 다룬 것처럼 IEDM이나 SISPAD 등의 학회 발표 논문이나 IEEE Transactions on Electron Devices 등의 국제 저널 논문을 참고하면 유용할 것이다.

참고 문헌

몇몇 저널들과 학회들은 다음과 같이 축약하였다.

IEEE Transactions on Electron Devices: IEEE TED

International Conference on Simulation of Semiconductor Processes and Devices: SISPAD

• 제1장 •

[1-1] M. Lundstrom, "Drift-diffusion and computational electronics－Still going strong after 40 years!," SISPAD, pp. 1-3, 2015.

[1-2] H. K. Gummel, "A self-consistent iterative scheme for one-dimensional steady-state transistor calculation," IEEE TED, vol. 11, pp. 455-465, 1964.

[1-3] D. Scharfetter and H. Gummel, "Large-signal analysis of a silicon Read diode oscillator," IEEE TED, vol. 15, pp. 64-77, 1968.

[1-4] E. Ungersboeck, S. Dhar, G. Karlowatz, V. Sverdlov, H. Kosina, and S. Selberherr, "The effect of general strain on the band structure and electron mobility of silicon," IEEE TED, vol. 54, pp. 2183-2190, 2007.

[1-5] A. Wettstein, A. Schenk, and W. Fichtner, "Quantum-device simulation with the density-gradient model on unstructured grids,"IEEE TED, vol. 48, pp. 279-284, 2001.

[1-6] T. Grasser, T.-W. Tang, H. Kosina, and S. Selberherr, "A review of hydrodynamic and energy-transport models for semiconductor device simulation," Proceedings of the IEEE, vol. 91, pp. 251-274, 2003.

[1-7] M. V. Fischetti and S. E. Laux, "Monte Carlo analysis of electron transport in small semiconductor devices including band-structure and space-charge effects," Physical Review B, vol. 38, pp. 9721-9745, 1988.

[1-8] S.-M. Hong, A.-T. Pham, and C. Jungemann, Deterministic Solvers for the Boltzmann Transport Equation, ISBN 978-3-7091-0777-5, Springer-Verlag Wien/New York, 2011.

• 제2장 •

[2-1] H. Kim, H. S. Min, T. W. Tang, and Y. J. Park, "An extended proof of the Ramo-Shockley theorem," Solid-State Electronics, vol. 34, pp. 1251-1253, 1991.

[2-2] S.-M. Hong and J. Park, "Substrate partitioning scheme for compact charge modeling of multigate MOSFETs," IEEE Journal of the Electron Devices Society, vol. 149-156, 2017.

[2-3] D. A. Neamen, Semiconductor Physics And Devices: Basic Principles (4th ed.), ISBN 978-0073529585, MgGraw-Hill, 2011.

• 제3장 •

[3-1] F. Stern and W. E. Howard, "Properties of semiconductor surface inversion layers in the electric quantum limit," Physical Review, vol. 163, pp. 816-835, 1967.

• 제4장 •

[4-1] C. Jungemann and B. Meinerzhagen, Hierarchical Device Simulation－The Monte Carlo Perspective, ISBN 3-211-01361-X, Springer-Verlag Wien/New York, 2003.

• 제5장 •

[5-1] A.-T. Pham, C. Jungemann, and B. Meinerzhagen, "On the numerical aspects of deterministic multisubband device simulations for strained double gate PMOSFETs," Journal of Computational Electronics, vol. 8, pp. 242-266, 2009.

• 제6장 •

[6-1] S. Selberherr, Analysis and Simulation of Semiconductor Devices, ISBN 978-3-7091-8752-4, Springer-Verlage Wien/New York, 1984.

• 제7장 •

[7-1] J. C. Slater and G. F. Koster, "Simplified LCAO Method for the Periodic Potential Problem," Physical Review, vol. 94, no. 6, pp. 1498-1524, June 1954.

[7-2] Kadanoff L. P. and Baym G. (1962). Quantum Statistical Mechanics. Frontiers in Physics Lecture Notes. Benjamin/Cummings.

[7-3] Keldysh L. V. (1965). Diagram technique for non-equilibrium processes. Sov. Phys. JETP, 20, 1018.

[7-4] Supriyo Datta, "Quantum Transport: Atom to Transistor"

[7-5] M P Lopez Sancho, J M Lopez Sancho and J Rubio, “Highly convergent schemes for the calculation of bulk and surface Green functions,” J. Phys. F: Met. Phys. 15, pp. 851-858 (1985).

[7-6] M. Stadele, B. R. Tuttle, and K. Hess, J. Appl. Phys. 89, 348 (2001).

[7-7] Mathieu Luisier, Andreas Schenk, and Wolfgang Fichtner, “Atomistic simulation of nanowires in the sp3d5s* tight-binding formalism: From boundary conditions to strain calculations,” Phys. Rev. B, 74, 205323 (2006).

[7-8] Timothy B. Boykin, Mathieu Luisier, Mehdi Salmani-Jelodar, and Gerhard Klimeck, “Strain-induced, off-diagonal, same-atom parameters in empirical tight-binding theory suitable for [110] uniaxial strain applied to a silicon parameterization,” Physical Review B, vol. 81, p. 125202, 2010.

[7-9] Roger Lake, Gerhard Klimeck, R. Chris Bowen, and Dejan Jovanovic, “Single and multiband modeling of quantum electron transport through layered semiconductor devices,” J. Appl. Phys. 81 (12), pp. 7845-7869 (1997).

[7-10] M. P. Anantram, Mark S. Lundstrom, and Dmitri E. Nikonov, “Modeling of Nanoscale Devices,” Proceedings of the IEEE vol 96, no. 9, pp. 1511-1550, September 2008.

[7-11] Mathieu Luisier, Andreas Schenk, and Wolfgang Fichtner, “Quantum transport in two- and three-dimensional nanoscale transistors: Coupled mode effects in the nonequilibrium Green’s function formalism,” J. Appl. Phys. 100, 043713 (2006).

[7-12] G. Mil’nikov, N. Mori, and Y. Kamakura, “Equivalent transport models in atomistic quantum wires,” Phys. Rev. B 85, 035317 (2012).

[7-13] William R. Frensley, “Boundary conditions for open quantum systems driven far from equilibrium,”Reviews of Modern Physics, vol. 62, no. 3, July 1990.

[7-14] R. Venugopal, Z. Ren, S.Datta and M. S. Lundrstrom, “Simulating quantum transport in nanoscale transistors: Real versus mode-space approaches,” J. Appl. Phys., vol. 92, no. 7, pp. 3730-3739, 2002.

APPENDIX
부록

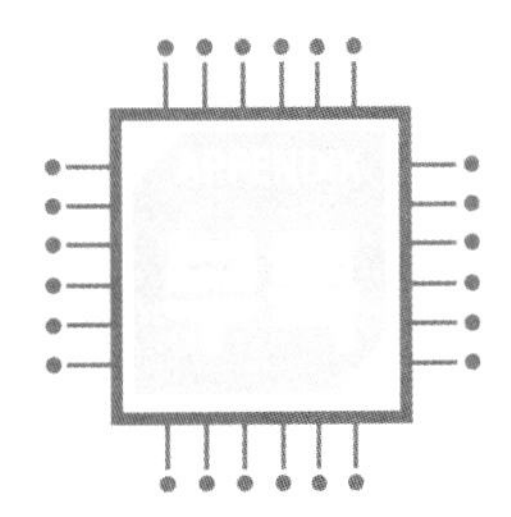

부록에서는 실습을 위한 코드들을 전부 또는 일부분 다루고 있다. 대부분의 코드들은 반도체 소자 시뮬레이션 연구실의 안필헌 학생에 의해 작성되었다. 더 많은 코드들은 홍성민 교수의 YouTube 강의 채널에서 찾아볼 수 있다.

[실습 2.4.1]

2×2 행렬의 고유값과 고유 벡터를 구하는 코드이다.

```
A=[2 -1; -1 2];
[V,D]=eig(A);
[d,ind] = sort(diag(D));
Ds = D(ind,ind);
Vs = V(:,ind);
```

[실습 2.4.2]

다섯 개의 점이 있는 경우, 경곗값들을 소거하여 얻어진 코드이다.

```
% Written by Phil-Hun Ahn
q=1.609e-19; % Elementary charge, C
h=6.626e-34; hbar=h/(2*pi); %planck constant(m^2*kg/s)
```

[실습 2.4.2](계속)

```
w=5e-9;    %total width, m
m0=9.109e-31;  m=m0*0.91;
N=5;
N1=N-2; dx=w/(N-1);
i=1;   j=1; A=zeros(N1,N1);
while i<=N1
    if i==1
        A(i,j)=-2;  A(i,j+1)=1;
    elseif i==N1
        A(i,j-1)=1;  A(i,j)=-2;
    else
        A(i,j-1)=1; A(i,j)=-2; A(i,j+1)=1;
    end
        i=i+1;  j=j+1;
end
[V,D] = eig(A); [d,ind] = sort(diag(D),'descend');
E=hbar*hbar*(-d)/(2*m*dx*dx*q);
n=1;
En=zeros(N1,1);
while n<=N1
En(n,1)=hbar*hbar*(n*pi/w)^2/(2*m*q);
n=n+1;
end
Ds = D(ind,ind);
Vs = V(:,ind);
```

물론 고유값을 에너지 단위로 나타내기 위해서는 $-\dfrac{\hbar^2}{2m}\dfrac{1}{(\Delta x)^2}$이 곱해져야 함을 잊지 말자. 큰 N 값을 고려할 때에는 이러한 방식은 비효율적이다. 행에 대한 반복문을 사용하여 구현해보자.

[실습 2.5.1]

역시 다섯 개의 점이 있는 경우이다.

```
% Written by Phil-Hun Ahn
w=5*10e-9;  %total width ,m
```

[실습 2.5.1](계속)

```
N=5;    %size of matrix
dx=w/(N-1);
i=1; j=1;
A=zeros(N,N);
while i<=N
    if i==1
        A(i,j)=1;
    elseif i==N
        A(i,j)=1;
    else
        A(i,j-1)=1; A(i,j)=-2; A(i,j+1)=1;
    end
   i=i+1; j=j+1;
end
b=[zeros(N-1,1);ones(1,1)];
phi=A \b;
phi_analytic=x/(w*1e+9);
```

[실습 2.6.1]

```
width=5e-9;    % total thickness ,m
N=5;        % Size of matrix
dx=width/(N-1);
i=1; j=1;
e1=11.7; e2=3.9;    % Relative permittivity
A=zeros(N,N);
while i<=N
    if i==1 || i==N
       A(i,j)=1;
    elseif  dx*(i-1)<width/2
       A(i,j-1)=e1;   A(i,j)=-2*e1;  A(i,j+1)=e1;
    elseif  dx*(i-1)>width/2
       A(i,j-1)=e2;   A(i,j)=-2*e2;  A(i,j+1)=e2;
    elseif dx*(i-1)==width/2
       A(i,j-1)=e1;   A(i,j)=-e2-e1; A(i,j+1)=e2;
```

[실습 2.6.1](계속)

```
 end
    i=i+1; j=j+1;
end
b=[zeros(N-1,1);ones(1,1)];
phi=A \b;
x=0:dx:width;
x1=0:dx:width/2;
x2=width/2:dx:width;
phi1_analytic=x1/(2*width);
phi2_analytic=3*x2/(2*width)-1/2;
```

[실습 2.7.1]

```
% Written by Phil-Hun Ahn
q=1.6e-19; % Elementary charge, C
width=5e-9;        % Silicon thickness, m
tox=0.5e-9;   % Oxide thickness, m
N=61;
dx=(width+2*tox)/(N-1);   %delta x, m
interface1=tox/dx+1;  interface2=(tox+width)/dx+1;
Na=1e+24;  % Doping concentration, 1/m^3
e1=11.7;   e2=3.9; % Relative permittivity
e0=8.854e-12;   % Permittivity, F/m
A=zeros(N,N);
b=zeros(N,1);
for ii=1:N
  if ii==1 || ii==N
    A(ii,ii)=1;
    b(ii,1)=0;
  elseif  interface1<ii && ii<interface2
    A(ii,ii-1)=e1; A(ii,ii)=-2*e1; A(ii,ii+1)=e1;
    b(ii,1)=dx*dx*q*Na/(e0);
  elseif  ii<interface1 || ii>interface2
    A(ii,ii-1)=e2; A(ii,ii)=-2*e2; A(ii,ii+1)=e2;
    b(ii,1)=0;
```

[실습 2.7.1](계속)

```
elseif ii==interface1
    A(ii,ii-1)=e2; A(ii,ii)=-e2-e1; A(ii,ii+1)=e1;
    b(ii,1)=dx*dx*q*Na/(2*e0);
  elseif ii==interface2
    A(ii,ii-1)=e1; A(ii,ii)=-e2-e1; A(ii,ii+1)=e2;
    b(ii,1)=dx*dx*q*Na/(2*e0);
  end
end
phi=A \b;
phi_interface=-3*tox*q*Na*width/(2*e1*e0);
x0=0:dx:tox;
x1=tox:dx:tox+width;
x2=tox+width:dx:2*tox+width;
phi0=phi_interface*x0/tox;
phi1=q*Na*(x1-tox).*(x1-tox-width)/(2*e0*e1)+phi_interface;
phi2=-phi_interface*(x2-2*tox-width)/tox;
```

[실습 2.9.1]

```
% Written by Phil-Hun Ahn
q=1.6e-19; % Elementary charge, C
nint=1e+10; %cm^3
k=1.38065e-23;  % Boltzmann constant, J/K
T=300; % Temperature, K
Nd=10e+18; %cm^3
phi=k*T*log(Nd/nint)/q;
disp(phi);
```

[실습 2.9.2]

```
% Written by Phil-Hun Ahn
q=1.602e-19; % Elementary charge, C
width=5e-9;    % Silicon thickness, m
tox=0.5e-9;   % Oxide thickness, m
```

[실습 2.9.2](계속)

```
N=61;
dx=(width+2*tox)/(N-1);
interface1=tox/dx+1;  interface2=(tox+width)/dx+1;
Na=1e+24;    % Doping concentration, 1/m^3
e_si=11.9; e_ox=3.9;  % Relative permittivity
e0=8.854e-12;   % Vacuum permittivity, F/m
A=zeros(N,N);
b=zeros(N,1);

for ii=1:N
  if ii==1 || ii==N
    A(ii,ii)=1;
    b(ii,1)=0.33374;
  elseif  interface1<ii && ii<interface2
    A(ii,ii-1)=e_si; A(ii,ii)=-2*e_si; A(ii,ii+1)=e_si;
    b(ii,1)=dx*dx*q*Na/(e0);
  elseif  ii<interface1 || ii>interface2
    A(ii,ii-1)=e_ox; A(ii,ii)=-2*e_ox; A(ii,ii+1)=e_ox;
    b(ii,1)=0;
  elseif ii==interface1
    A(ii,ii-1)=e_ox; A(ii,ii)=-e_ox-e_si; A(ii,ii+1)=e_si;
    b(ii,1)=dx*dx*q*Na/(2*e0);
  elseif ii==interface2
    A(ii,ii-1)=e_si; A(ii,ii)=-e_ox-e_si; A(ii,ii+1)=e_ox;
    b(ii,1)=dx*dx*q*Na/(2*e0);
  end

end
phi=A \b;
```

[실습 2.9.3]

이 코드는 실습 2.9.2의 Electrostatic Potential 코드 뒤에 붙여 사용한다.

```
k_B=1.38065e-23;
T=300;
ec=zeros(N,1);
```

[실습 2.9.3](계속)

```
hc=zeros(N,1);
ec(tox/(dx)+1:(width+tox)/dx+1,:)=nint*exp(Ans(tox/(dx)+1:(width+tox)/dx+1,
:)*q/(k_B*T));
hc(tox/(dx)+1:(width+tox)/dx+1,:)=nint*exp(-Ans(tox/(dx)+1:(width+tox)/dx+1
,:)*q/(k_B*T));
```

[실습 2.10.1]

```
% Written by Phil-Hun Ahn
syms f(x)
f(x)=x^2-1;
df=diff(f,x);
a=-2;                  %first
N=10;
i=1;
A=zeros(N,1);
while i<=N
deltax=-f(a)/df(a);
    A(i,1)=a+deltax
    i=i+1;
    a=a+deltax
end
axis=0:1:N;
plot(axis,[-2;A]);
```

[실습 2.10.2]

```
% Written by Phil-Hun Ahn
q=1.602e-19; % Elementary charge, C
nint=1e16;    % m-3
k_B=1.38065e-23;    % Boltzmann constant, J/K
T=300;   % Temperature, K
thermal=k_B*T/q;
phi_numerical=zeros(9,1);
```

[실습 2.10.2](계속)

```
phi_analytic=zeros(9,1);
update_phi=zeros(9,40);
phi=0.3;
for iDop=1:9
    Ndop=10^(15+iDop);              %  m-3
    for Newton=1:40
        res=q*(Ndop+nint*exp(-phi/thermal)-nint*exp(phi/thermal));
Jaco=q*(-nint*exp(-phi/thermal)-nint*exp(phi/thermal))/thermal;
update_phi =  (-res) / Jaco ;
phi=phi+update_phi;
        if abs(update_phi)<1e-15
            break;
        end
    end
    phi_numerical(iDop,1)=phi;
    %analytic solution
    phi_analytic(iDop,1)=(thermal*asinh(Ndop/(2*nint)));
end
```

[실습 2.10.3]

```
% Written by Phil-Hun Ahn
phi=[1;2;3];
i=1;
f=zeros(3,1);
save=zeros(3,10);
while i<=10
Jaco=[-2-exp(phi(1,1)) 1 0 ; 1 -2-exp(phi(2,1)) 1 ; 0 1 -2-exp(phi(3,1))];
f(1,1)=phi(2,1)-2*phi(1,1)-exp(phi(1,1));
f(2,1)=phi(3,1)-2*phi(2,1)+phi(1,1)-exp(phi(2,1));
f(3,1)=-2*phi(3,1)+phi(2,1)-exp(phi(3,1))+4;
delphi=Jaco \(-f);
phi=phi+delphi
save(:,i)=delphi
```

[실습 2.10.3](계속)

```
i=i+1;
end
x=1:1:3;
plot(x,phi(:,1));
```

[실습 2.11.1]

실습 2.9.2의 해를 초기해로 사용하기 위해 실습 2.9.2에 다음 코드를 붙여서 사용한다.

```
% Written by Phil-Hun Ahn
q=1.602e-19; % Elementary charge, C
width=5e-9;    % Silicon thickness, m
tox=0.5e-9;   % Oxide thickness, m
e_si=11.7;  e_ox=3.9;  e0=8.854e-12;  % Permittivity, F/m
k_B=1.38065e-23;  % Boltzmann constant, J/K
T=300;           % Temperature, K
N=61;
dx=(width+2*tox)/(N-1);
interface1=tox/dx+1;  interface2=(tox+width)/dx+1;
Na=1e24;   % Doping concentration, 1/m^3
nint=1e16; % Intrinsic carrier density, 1/m^3
A=zeros(N,N);
b=zeros(N,1);
Jaco=zeros(N,N);
res=zeros(N,1);
coeff=dx*dx*q/e0;
thermal=k_B*T/q;
(실습 2.9.2)
for Newton=1:20
   Jaco=zeros(N,N);
   res=zeros(N,1);
  for ii=1:N
    if ii==1 || ii==N
      res(ii,1)=phi(ii,1)-0.33374;
      Jaco(ii,ii)=1;
    elseif  interface1<ii && ii<interface2
```

```
res(ii,1)=e_si*(phi(ii-1,1)-2*phi(ii,1)+phi(ii+1,1))+coeff*(-Na-nint*exp(ph
i(ii,1)/thermal));
Jaco(ii,ii+1)=e_si;
Jaco(ii,ii)=-2*e_si-coeff*nint*exp(phi(ii,1)/thermal)/
thermal;
      Jaco(ii,ii-1)=e_si;
    elseif  ii<interface1 || ii>interface2
      res(ii,1)=e_ox*(phi(ii-1,1)-2*phi(ii,1)+phi(ii+1,1));
      Jaco(ii,ii+1)=e_ox; Jaco(ii,ii)=-2*e_ox; Jaco(ii,ii-1)=e_ox;
    elseif ii==interface1
res(ii,1)=e_si*(-phi(ii,1)+phi(ii+1,1))-e_ox*(phi(ii,1)-phi(ii-1,1))+coeff*
(-Na-nint*exp(phi(ii,1)/thermal))/2;
Jaco(ii,ii+1)=e_si;
Jaco(ii,ii)=-e_si-e_ox-coeff*nint*exp(phi(ii,1)/thermal)/(2*thermal);
      Jaco(ii,ii-1)=e_ox;
     elseif ii==interface2
res(ii,1)=e_ox*(-phi(ii,1)+phi(ii+1,1))-e_si*(phi(ii,1)-phi(ii-1,1))+coeff*
(-Na-nint*exp(phi(ii,1)/thermal))/2;
Jaco(ii,ii+1)=e_ox;
Jaco(ii,ii)=-e_si-e_ox-coeff*nint*exp(phi(ii,1)/thermal)/(2*thermal);
      Jaco(ii,ii-1)=e_si;
    end
  end
   delphi=Jaco \(-res);
   phi=phi+delphi;
end
ec=zeros(N,1);
hc=zeros(N,1);
ec(tox/(dx)+1:(width+tox)/dx+1,:)=nint*exp(phi(tox/(dx)+1:(width+tox)/dx+1,
:)*q/(k_B*T))/1e+6;
hc(tox/(dx)+1:(width+tox)/dx+1,:)=nint*exp(-phi(tox/(dx)+1:(width+tox)/dx+1
,:)*q/(k_B*T))/1e+6;
```

실습 2.9.2의 해를 초기해로 사용하기 위해 실습 2.9.2에 다음 코드를 붙여서 사용한다.

```
% Written by Phil-Hun Ahn
q=1.602e-19; % Elementary charge, C
width=5e-9;    % Silicon thickness, m
tox=0.5e-9;   % Oxide thickness, m
k_B=1.38065e-23;  % Boltzmann constant, J/K
T=300;  % Temperature, K
N=61;
dx=(width+2*tox)/(N-1);
interface1=tox/dx+1;  interface2=(tox+width)/dx+1;
Na=1e24;   % Doping concentration, 1/m^3
nint=1e16; % Intrinsic carrier density, 1/m^3
e_si=11.7;  e_ox=3.9;  e0=8.854e-12;  % Permittivity, F/m
A=zeros(N,N);
b=zeros(N,1);
thermal=k_B*T/q;
Elec_save=zeros(N,51);
coeff=dx*dx*q/e0;
```

(실습 2.9.2)

```
for index_Vg=1:101
  Vg=(index_Vg-1)*0.01;
  for Newton=1:20
   Jaco=zeros(N,N);
   res=zeros(N,1);
   for ii=1:N
    if ii==1 || ii==N
      res(ii,1)=phi(ii,1)-0.33374-Vg;
      Jaco(ii,ii)=1;
    elseif  interface1<ii && ii<interface2
res(ii,1)=e_si*(phi(ii-1,1)-2*phi(ii,1)+phi(ii+1,1))+coeff*(-Na-nint*exp(ph
i(ii,1)/thermal));
Jaco(ii,ii+1)=e_si;
Jaco(ii,ii)=-2*e_si-coeff*nint*exp(phi(ii,1)/thermal)/thermal;
      Jaco(ii,ii-1)=e_si;
    elseif  ii<interface1 || ii>interface2
```

[실습 2.11.2](계속)

```
      res(ii,1)=e_ox*(phi(ii-1,1)-2*phi(ii,1)+phi(ii+1,1));
      Jaco(ii,ii+1)=e_ox; Jaco(ii,ii)=-2*e_ox; Jaco(ii,ii-1)=e_ox;
    elseif ii==interface1
res(ii,1)=e_si*(-phi(ii,1)+phi(ii+1,1))-e_ox*(phi(ii,1)-phi(ii-1,1))+coeff*
(-Na-nint*exp(phi(ii,1)/thermal))/2;
     Jaco(ii,ii+1)=e_si;
Jaco(ii,ii)=-e_si-e_ox-coeff*nint*exp(phi(ii,1)/thermal)/(2*thermal);
     Jaco(ii,ii-1)=e_ox;
     elseif ii==interface2
res(ii,1)=e_ox*(-phi(ii,1)+phi(ii+1,1))-e_si*(phi(ii,1)-phi(ii-1,1))+coeff*
(-Na-nint*exp(phi(ii,1)/thermal))/2;
     Jaco(ii,ii+1)=e_ox;
     Jaco(ii,ii)=-e_si-e_ox-coeff*nint*exp(phi(ii,1)/thermal)/(2*thermal);
     Jaco(ii,ii-1)=e_si;
    end
   end
   delphi=Jaco \(-res);
   phi=phi+delphi;
  end
  Elec_save(:,index_Vg)=nint*exp(phi/thermal)/1e+6;
end
Electron=[Elec_save(interface1,:)*dx*100/2;dx*100*Elec_save(interface1+1:in
terface2-1,:);dx*100/2*Elec_save(interface2,:)];
%half for interface
eDensity=sum(Electron);
```

[실습 3.2.1]

```
% Written by Phil-Hun Ahn
m0=9.109e-31;  %electron mass (kg)
k_B=1.38065e-23;  % Boltzmann constant, J/K
h=6.626e-34; hbar=h/(2*pi);  %Planck constant, J s
mzz=0.91*m0; mxx=0.19*m0; myy=0.19*m0;  %effective mass
Lx=100e-9; Ly=100e-9; Lz=5e-9;
```

```
l=1;m=1;n=1;k=1;j=1;
lmax=5; mmax=5; nmax=5;
T=300;
Fermi_Dirac=zeros(lmax*mmax*nmax,1);
save_electron=zeros(10,1);
while j<=10
    n=1; k=1;
while n<=nmax
    m=1;
    while m<=mmax
        l=1;
        while l<=lmax

E=(hbar)^2*((l*pi)^2/((Lx)^2*2*mxx)+(m*pi)^2/((Ly)^2*2*myy)+(n*pi)^2/((Lz)^
2*2*mzz));
          Fermi_Dirac(k,1)=2/(1+exp(E/(k_B*T)));   % 2 is Spin
                                                       degeneracy
          k=k+1;  l=l+1;
        end
        m=m+1;
    end
    n=n+1;
end
save_electron(j,1)=sum(Fermi_Dirac(:,1));
lmax=lmax+5; mmax=mmax+5; nmax=nmax+5;
j=j+1;
end
x=[5 10 15 20 25 30 35 40 45 50];
plot(x,save_electron,'-o','linewidth',1.25);
xlabel('Maximum quantum number');
ylabel('Electron');
```

[실습 3.2.2]

```
% Written by Phil-Hun Ahn
q=1.602e-19;     % Elementary charge, C
m0=9.109e-31;       %electron mass (kg)
mzz=0.91*m0; mxx=0.19*m0; myy=0.19*m0;    %effective mass
h=6.626e-34; hbar=h/(2*pi);              %Planck constant, J s
k_B=1.38065e-23;          % Boltzmann constant, J/K
T=300;
Lx=100e-9; Ly=100e-9; Lz=5e-9;
l=1;m=1;n=1;k=1;j=1;
lmax=200; mmax=200; nmax=200;
Fermi_Dirac=zeros(lmax*mmax*nmax,7);
EFMax=0.15;

for EF=-EFMax:0.05:EFMax
    k=1; n=1;
while n<=nmax
    m=1;
    while m<=mmax
        l=1;
        while l<=lmax
E=(hbar)^2*((l*pi)^2/((Lx)^2*2*mxx)+(m*pi)^2/((Ly)^2*2*myy)+(n*pi)^2/((Lz)^
2*2*mzz));
            Fermi_Dirac(k,j)=2/(1+exp((E-EF*q)/(k_B*T)));
            k=k+1;
            l=l+1;
        end

        m=m+1;
    end
    n=n+1;
end
j=j+1;
end
x=-EFMax:0.05:EFMax;
eDensity=sum(Fermi_Dirac(:,:));
plot(x,eDensity,'-o','linewidth',1.25);
xlabel('Fermi Level(eV)');
ylabel('Electron');
```

[실습 3.3.1]

```
% Written by Phil-Hun Ahn
q=1.602e-19;   % Elementary charge, C
m0=9.109e-31;        %electron mass (kg)
mzz=0.91*m0; mxx=0.19*m0; myy=0.19*m0;  %effective mass
h=6.626e-34; hbar=h/(2*pi);    %Planck constant, J s
k_B=1.38065e-23;  % Boltzmann constant, J/K
T=300;
Lx=100e-9; Ly=100e-9; Lz=5e-9;
l=1;m=1;n=1;k=1;j=1;
lmax=30; mmax=30; nmax=5;
E=zeros(lmax,mmax);

while n<=nmax
    m=1;
    while m<=mmax
        l=1;
        while l<=lmax
E(l,m)=(hbar)^2*((l*pi)^2/((Lx)^2*2*mxx)+(m*pi)^2/((Ly)^2*2*myy)+(n*pi)^2/(
(Lz)^2*2*mzz));
            l=l+1;
        end
        m=m+1;
    end
    surf(1:lmax,1:mmax,E/q); hold on;
    n=n+1;
end
xlabel('l');
ylabel('m');
zlabel('Energy(eV)');
```

[실습 3.3.3]

```
% Written by Phil-Hun Ahn
q=1.602e-19; % Elementary charge, C
m0=9.109e-31;  %electron mass (kg)
```

[실습 3.3.3](계속)

```
mzz=0.91*m0; mxx=0.19*m0; myy=0.19*m0;  %effective mass
h=6.626e-34; hbar=h/(2*pi);  %Planck constant, J s
k_B=1.38065e-23;  % Boltzmann constant, J/K
T=300;
Lx=100e-9; Ly=100e-9; Lz=5e-9;
n=1;
lmax=30; mmax=30; nmax=10;

Nelec=zeros(1,nmax);
while n<=nmax
    Ezn=hbar^2*n^2*pi^2/2/mzz/Lz^2;
Nelec(1,n)=Lx*Ly/(2*pi)*mxx/(hbar^2)*k_B*T*log(1+exp(-Ezn/k_B/T));
    n=n+1;
end
semilogy(1:nmax,Nelec(1,:),'-o','linewidth',1.25);
ylabel('Electrons');
xlabel('Number n');
```

[실습 3.4.1]

```
% Written by Phil-Hun Ahn
q=1.602e-19; % Elementary charge, C
m0=9.109e-31;  %electron mass, kg
mzz=0.19*m0; mxx=0.91*m0; myy=0.19*m0; md=sqrt(mxx*myy);
h=6.626e-34; hbar=h/(2*pi);  %Planck constant, J s
k_B=1.38065e-23;  % Boltzmann constant, J/K
T=300;
Lx=100e-9; Ly=100e-9; Lz=5e-9;
l=1;m=1;n=1;k=1;j=1;
nmax=10;

Nelec=zeros(1,nmax);
while n<=nmax
    Ezn=hbar^2*n^2*pi^2/2/mzz/Lz^2;
Nelec(1,n)=Lx*Ly/(2*pi)*md/(hbar^2)*k_B*T*log(1+exp(-Ezn/k_B/T));
n=n+1;
```

[실습 3.4.1](계속)

```
end
plot(1:nmax,Nelec(1,:),'-o','linewidth',1.25);
ylabel('Electrons');
xlabel('Number n');
```

[실습 3.4.2]

```
% Written by Phil-Hun Ahn
q=1.602e-19;  % Elementary charge, C
m0=9.109e-31; %electron mass, kg
h=6.626e-34; hbar=h/(2*pi);  %Planck constant, J s
k_B=1.38065e-23;  % Boltzmann constant, J/K
T=300;
Lx=100e-9; Ly=100e-9; Lz=5e-9;  %nm
l=1;m=1;n=1;k=1;j=1;
nmax=200;
EFmax=0.4; dEF=0.05;   % eV
electron=zeros(1,2*(EFmax/dEF)+1);
save_index=1;
Valley=zeros(3,nmax);

for EF=-EFmax:dEF:EFmax
   for valley_type=1:3
      if valley_type==1
         mzz=0.91*m0; mxx=0.19*m0; myy=0.19*m0; md=sqrt(mxx*myy);
      elseif valley_type==2
         mzz=0.19*m0; mxx=0.91*m0; myy=0.19*m0; md=sqrt(mxx*myy);
      elseif valley_type==3
         mzz=0.19*m0; mxx=0.19*m0; myy=0.91*m0; md=sqrt(mxx*myy);
      end
      for n=1:nmax
        Ezn=hbar^2*n^2*pi^2/2/mzz/Lz^2;
Valley(valley_type,n)=Lx*Ly/(2*pi)*md/(hbar^2)*k_B*T*log(1+exp((-Ezn+EF*q)/
k_B/T))/(Lx*Ly*1e+4);
      end
   end
```

[실습 3.4.2](계속)

```
    electron(1,save_index)=2*2*sum(sum(Valley(:,:)));
    save_index=save_index+1;
  end
  semilogy(-EFmax:dEF:EFmax,electron(1,:),'-o','linewidth',1.25);
  ylabel('Electron density(/cm^2)');
  xlabel('Fermi Level(eV)');
  H=exp(0.05*q/k_B/T);
  H2= electron(1,6)/electron(1,5);
```

[실습 3.5.1]

```
% Written by Phil-Hun Ahn
q=1.602e-19; % Elementary charge, C
m0=9.109e-31;  %electron mass, kg
mzz=0.91*m0; mxx=0.19*m0; myy=0.19*m0; md=sqrt(mxx*myy);
h=6.626e-34; hbar=h/(2*pi);  %Planck constant, J s
k_B=1.38065e-23;   % Boltzmann constant, J/K
T=300;
Lx=100e-9; Ly=100e-9; Lz=5e-9;
l=1;m=1;n=1;k=1;j=1;
lmax=30; mmax=30; nmax=30;
N=51; dz=Lz/(N-1);
save_index=1;
Nelec=zeros(1,nmax);
electron=zeros(1,N);
for z=0:dz:Lz
  for n=1:nmax
    Ezn=hbar^2*n^2*pi^2/2/mzz/Lz^2;
    subband=2*Lx*Ly/(2*pi)*md/(hbar^2)*k_B*T*log(1+exp((-Ezn)/k_B/T));
    Nelec(1,n)=2/(Lx*Ly*Lz)*sin(n*pi*z/Lz).^2/1e+6*subband;
  end
  electron(1,save_index)=sum(Nelec(1,:));
  save_index=save_index+1;
end
```

[실습 3.5.1](계속)

```
plot(0:dz*1e+9:Lz*1e+9,electron(1,:),'linewidth',1.25);
xlabel('z(nm)');
ylabel('electron density(/cm^3)');
```

[실습 3.5.2]

```
% Written by Phil-Hun Ahn
q=1.602e-19; % Elementary charge, C
m0=9.109e-31; %electron mass, kg
h=6.626e-34; hbar=h/(2*pi); %Planck constant, J s
k_B=1.38065e-23; % Boltzmann constant, J/K
T=300;
Lx=100e-9; Ly=100e-9; Lz=5e-9; %nm
lmax=30; mmax=30; nmax=49;
N=51;
a=1;
dz=Lz/(N-1);
Nelec=zeros(3,nmax);
electron=zeros(1,N);
for z=0:dz:Lz
  for valley_type=1:3
    if valley_type==1
        mzz=0.91*m0; mxx=0.19*m0; myy=0.19*m0; md=sqrt(mxx*myy);
    elseif valley_type==2
        mzz=0.19*m0; mxx=0.91*m0; myy=0.19*m0; md=sqrt(mxx*myy);
    elseif valley_type==3
        mzz=0.19*m0; mxx=0.19*m0; myy=0.91*m0; md=sqrt(mxx*myy);
 end
    for n=1:nmax
      Ezn=hbar^2*n^2*pi^2/2/mzz/Lz^2;
subband=2*Lx*Ly/(2*pi)*md/(hbar^2)*k_B*T*log(1+exp((-Ezn)/k_B/T));
Nelec(valley_type,n)=2/(Lx*Ly*Lz)*sin(n*pi*z/Lz).^2/1e+6*subband;
    end
  end
  electron(1,a)=2*2*sum(sum(Nelec)); %multiply 4 to consider spin
```

[실습 3.5.2](계속)

```
                                        and valley degeneracy
  a=a+1;
end
plot(0:dz*1e+9:Lz*1e+9,electron(1,:),'linewidth',1.25);
xlabel('z(nm)');
ylabel('Electron Density(/cm^3)');
```

[실습 3.6.1~3.6.3]

Electrostatic potential을 구하기 위해 실습 2.11.1의 코드를 이용한다. 또한 편의를 위해 실습 2.11.1의 dx를 모두 dz로 변경한다.

```
% Written by Phil-Hun Ahn
q=1.602e-19; % Elementary charge, C
m0=9.109e-31;  %electron mass, kg
h=6.626e-34; hbar=h/(2*pi); %Planck constant, J s
k_B=1.38065e-23;     % Boltzmann constant, J/K
T=300;  % Temperature, K
width=5e-9;                 % Silicon thickness, m
tox=0.5e-9;             %Oxide thickness
N=121;
dz=(width+2*tox)/(N-1);
interface1=tox/dz+1;  interface2=(tox+width)/dz+1;
N1=interface2-interface1-1;  %Silicon part discretization
Na=1e24;           % Doping concentration, 1/m^3
nint=1e16; % Intrinsic carrier density, 1/m^3
nmax=49;
e_si=11.7;  e_ox=3.9;  e0=8.854e-12; % Permittivity, F/m
A=zeros(N,N);
b=zeros(N,1);
Jaco=zeros(N,N);
res=zeros(N,1);
Lx=100e-9; Ly=100e-9;
 Elec_valley=zeros(N1,3);
 ham=zeros(N1,N1);
 coeff=dx*dx*q/e0;
```

```
    thermal=k_B*T/q;
(실습2.11.1 코드 dx->dz 변경)
 V=-q*phi+0.56*q;
 for valley_type=1:3
   if valley_type==1
      mzz=0.91*m0; mxx=0.19*m0; myy=0.19*m0; md=sqrt(mxx*myy);
   elseif valley_type==2
      mzz=0.19*m0; mxx=0.91*m0; myy=0.19*m0; md=sqrt(mxx*myy);
   elseif valley_type==3
      mzz=0.19*m0; mxx=0.19*m0; myy=0.91*m0; md=sqrt(mxx*myy);
   end
   for a=1:N1
     if a==1
        ham(a,a)=-2-2*mzz/(hbar)^2*dz*dz*V(interface1+a,1);
        ham(a,a+1)=1;
     elseif a==N1
        ham(a,a)=-2-2*mzz/(hbar)^2*dz*dz*V(interface1+a,1);
        ham(a,a-1)=1;
     else
        ham(a,a-1)=1;
        ham(a,a)=-2-2*mzz/(hbar)^2*dz*dz*V(interface1+a,1);
        ham(a,a+1)=1;
     end
   end
   [eigenvector,eigenvalue]=eig(ham);
   [Ezn,ind]=sort(diag(eigenvalue)/(-2*mzz*dz*dz)*hbar^2);
   eigenvector_sorted=eigenvector(:,ind);
   normalize=zeros(N1,N1);
   for n=1:N1
    distribution=eigenvector_sorted(:,n).^2;
    Sum=sum(distribution*dz);
    normalize(:,n)=distribution/Sum
   end
   save_energy(:,valley_type)=Ezn/q;
   for z=1:N1
```

[실습 3.6.1~3.6.3](계속)

```
    for n=1:nmax
subband(n,valley_type)=1*Lx*Ly/(2*pi)*md/(hbar^2)*k_B*T*log(1+exp((-Ezn(n,1
))/(k_B*T)));
Elec_valley(z,valley_type)=Elec_valley(z,valley_type)+1/(Lx*Ly)*normalize(z
,n)*subband(n,valley_type);
    end
   end
end
Nz(:,1)=2*2*sum(Elec_valley,2)/1e+6;
```

[실습 3.7.1]

```
% Written by Phil-Hun Ahn
q=1.602e-19; % Elementary charge, C
m0=9.109e-31;  %electron mass, kg
h=6.626e-34; hbar=h/(2*pi); %Planck constant, J s
k_B=1.38065e-23;     % Boltzmann constant, J/K
T=300;  % Temperature, K
width=5e-9;                % Silicon thickness, m
tox=0.5e-9;           %Oxide thickness
N=61;
dz=(width+2*tox)/(N-1);
interface1=tox/dz+1;
interface2=(tox+width)/dz+1;
N1=interface2-interface1-1;      %Silicon part discretization
Na=1e24;             % Doping concentration, 1/m^3
nint=1e16;     % Intrinsic carrier density, 1/m^3
nmax=49;
e_si=11.7;  e_ox=3.9;  e0=8.854e-12;   % Permittivity, F/m
A=zeros(N,N);
b=zeros(N,1);
Jaco=zeros(N,N);
res=zeros(N,1);
coeff=dz*dz*q/e0;
```

[실습 3.7.1](계속)

```
thermal=k_B*T/q;
Lx=100e-9; Ly=100e-9;
eDensity=zeros(100,1);

(실습 2.11.1 코드 dx->dz 변경)

for index_Vg=1:101
 Vg=(index_Vg-1)*0.01;
 for loop2=1:40
 Elec_valley=zeros(N1,3);
 ham=zeros(N1,N1);

 V=-q*phi+0.56*q;

  for valley_type=1:3

    if valley_type==1
       mzz=0.91*m0; mxx=0.19*m0; myy=0.19*m0; md=sqrt(mxx*myy);
    elseif valley_type==2
       mzz=0.19*m0; mxx=0.91*m0; myy=0.19*m0; md=sqrt(mxx*myy);
    elseif valley_type==3
       mzz=0.19*m0; mxx=0.19*m0; myy=0.91*m0; md=sqrt(mxx*myy);
    end

    for a=1:N1
      if a==1
         ham(a,a)=-2-2*mzz/(hbar)^2*dz*dz*V(interface1+a,1);
         ham(a,a+1)=1;
      elseif a==N1
         ham(a,a)=-2-2*mzz/(hbar)^2*dz*dz*V(interface1+a,1);
         ham(a,a-1)=1;
      else
         ham(a,a-1)=1;
         ham(a,a)=-2-2*mzz/(hbar)^2*dz*dz*V(interface1+a,1);
         ham(a,a+1)=1;
      end
    end
    [eigenvector,eigenvalue]=eig(ham);
    [Ezn,ind]=sort(diag(eigenvalue)/(-2*mzz*dz*dz)*hbar^2);
    eigenvector_sorted=eigenvector(:,ind);
```

```
    normalize=zeros(N1,N1);
    for n=1:N1
     distribution=eigenvector_sorted(:,n).^2;
     Sum=sum(distribution*dz);
     normalize(:,n)=distribution/Sum;
    end
    for z=1:N1
     for n=1:nmax
      subband(n,valley_type)=1*Lx*Ly/(2*pi)*md/(hbar^2)*k_B*T*
log(1+exp((-Ezn(n,1))/(k_B*T)));
Elec_valley(z,valley_type)=Elec_valley(z,valley_type)+1/(Lx*Ly)*normalize(z
,n)*subband(n,valley_type);
     end
    end
  end
  Nz(:,1)=2*2*sum(Elec_valley,2);
nsch(interface1+1:interface2-1,1)=Nz.*exp(-phi(interface1+1:interface2-1,1)
/thermal);
nsch(interface1,1)=zeros(1,1); nsch(interface2,1)=zeros(1,1);
  for Newton1=1:20
    jacob=zeros(N,N);
    res=zeros(N,1);
    for ii=1:N
      if ii==1 || ii==N
       res(ii,1)=phi(ii,1)-0.33374-Vg;
       jacob(ii,ii)=1;
      elseif  interface1<ii && ii<interface2
res(ii,1)=e_si*(phi(ii-1,1)-2*phi(ii,1)+phi(ii+1,1))+coeff*(-Na-nsch(ii,1)*
exp(phi(ii,1)/thermal));
jacob(ii,ii+1)=e_si;
jacob(ii,ii)=-2*e_si-coeff*nsch(ii,1)*exp(phi(ii,1)/thermal)/thermal;
       jacob(ii,ii-1)=e_si;
      elseif  ii<interface1 || ii>interface2
       res(ii,1)=e_ox*(phi(ii-1,1)-2*phi(ii,1)+phi(ii+1,1));
       jacob(ii,ii+1)=e_ox; jacob(ii,ii)=-2*e_ox;
```

```
       jacob(ii,ii-1)=e_ox;
      elseif ii==interface1
res(ii,1)=e_si*(-phi(ii,1)+phi(ii+1,1))-e_ox*(phi(ii,1)-phi(ii-1,1))+coeff*
(-Na-nsch(ii,1)*exp(phi(ii,1)/thermal))/2;
jacob(ii,ii+1)=e_si;
jacob(ii,ii)=-e_si-e_ox-coeff*nsch(ii,1)*exp(phi(ii,1)/thermal)/(2*thermal)
;
       jacob(ii,ii-1)=e_ox;
      elseif ii==interface2
res(ii,1)=e_ox*(-phi(ii,1)+phi(ii+1,1))-e_si*(phi(ii,1)-phi(ii-1,1))+coeff*
(-Na-nsch(ii,1)*exp(phi(ii,1)/thermal))/2;
jacob(ii,ii+1)=e_ox;
jacob(ii,ii)=-e_si-e_ox-coeff*nsch(ii,1)*exp(phi(ii,1)/thermal)/(2*thermal)
;
       jacob(ii,ii-1)=e_si;
      end
    end
    update_phi2(:,Newton1)=jacob \ (-res);
    phi=phi+update_phi2(:,Newton1);
    if max(abs(update_phi2(:,Newton1)))<1e-15
     break;
    end
  end
 end
 eDensity(index_Vg,1)=sum(Nz)*dz/1e+4;
end
```

[실습 4.2.1]

```
% Written by Phil-Hun Ahn
Nelectron1=10; Nelectron2=100; Nelectron3=1000;
vmin=-9e+6; vmax=1.1e+7;
vmean1=zeros(100,1); vmean2=zeros(100,1); vmean3=zeros(100,1);
for a=1:100
```

[실습 4.2.1](계속)

```
    y1=datasample(vmin:vmax,10);
    vmean1(a,1)=sum(y1)/Nelectron1;
    y2=datasample(vmin:vmax,100);
    vmean2(a,1)=sum(y2)/Nelectron2;
    y3=datasample(vmin:vmax,1000);
    vmean3(a,1)=sum(y3)/Nelectron3;
end
plot(1:100,vmean1,'o'); hold on
plot(1:100,vmean2,'rs'); hold on
plot(1:100,vmean3,'k.','markersize',12); hold on
xlabel('time'); ylabel('Average Velocity(cm/s)');
```

[실습 4.7.1]

```
% Written by Phil-Hun Ahn
q=1.602e-19; % elementary charge
h=6.626e-34;  hbar=h/(2*pi); % Planck constant, J s
k_B = 1.380662e-23; % Boltzmann constant, J/K
T = 300.0; % Temperature, K
rho=2.33e-3; %kg/cm^3
for mode=1:6
    if mode==1        % TA g type
      DtK=0.50e+8;  hbarw=12.1e-3; %eV
    elseif mode==2    % LA g type
      DtK=0.8e+8;  hbarw=18.5e-3; %eV
    elseif mode==3     % LO g type
      DtK=11e+8;  hbarw=62e-3; %e
    elseif mode==4    % TA f type
      DtK=0.30e+8;  hbarw=19e-3; %eV
    elseif mode==5    % LA f type
      DtK=2.0e+8;  hbarw=47.4e-3; %eV
    elseif mode==6    % TO f type
      DtK=2.0e+8;  hbarw=58.6e-3; %eV
    end
```

[실습 4.7.1](계속)

```
    w=hbarw*q/hbar;
    Nphonon=1/(exp(q*hbarw/(k_B*T))-1);
    if mode==1
      coff_emit_TAg=q*10000*pi*(DtK)^2/rho/w*(Nphonon+1);
      coff_abs_TAg=q*10000*pi*(DtK)^2/rho/w*(Nphonon);
    elseif mode==2
      coff_emit_LAg=q*10000*pi*(DtK)^2/rho/w*(Nphonon+1);
      coff_abs_LAg=q*10000*pi*(DtK)^2/rho/w*(Nphonon);
    elseif mode==3
      coff_emit_LOg=q*10000*pi*(DtK)^2/rho/w*(Nphonon+1);
      coff_abs_LOg=q*10000*pi*(DtK)^2/rho/w*(Nphonon);
    elseif mode==4
      coff_emit_TAf=q*10000*pi*(DtK)^2/rho/w*(Nphonon+1);
      coff_abs_TAf=q*10000*pi*(DtK)^2/rho/w*(Nphonon);
    elseif mode==5
      coff_emit_LAf=q*10000*pi*(DtK)^2/rho/w*(Nphonon+1);
      coff_abs_LAf=q*10000*pi*(DtK)^2/rho/w*(Nphonon);
    elseif mode==6
      coff_emit_TOf=q*10000*pi*(DtK)^2/rho/w*(Nphonon+1);
      coff_abs_TOf=q*10000*pi*(DtK)^2/rho/w*(Nphonon);
    end
end
u=9.05e+5;   % acoustic (elastic)
coff_es=10000*q*2*pi*k_B*T*9*9/hbar/rho/u^2;
```

[실습 4.7.2]

```
% Written by Phil-Hun Ahn
q=1.602e-19; % elementary charge
h=6.626e-34;  hbar=h/(2*pi); % Planck constant, J s
k_B = 1.380662e-23; % Boltzmann constant, J/K
T = 300.0; % Temperature, K
rho=2.33e-3; %kg/cm^3
m0=9.109e-31;  % electron mass, kg
mzz=0.19*m0; mxx=0.91*m0; myy=0.19*m0;  %effective mass
```

```
md=(mxx*mzz*myy)^(1/3);
ii=1;
for E=0:1e-3:1
  for mode=1:6
    if mode==1       % TA g type
      DtK=0.50e+8;  hbarw=12.1e-3; %eV
    elseif mode==2   % LA g type
      DtK=0.8e+8;  hbarw=18.5e-3; %eV
    elseif mode==3    % LO g type
      DtK=11e+8;  hbarw=62e-3; %e
    elseif mode==4   % TA f type
      DtK=0.30e+8;  hbarw=19e-3; %eV
    elseif mode==5   % LA f type
      DtK=2.0e+8;  hbarw=47.4e-3; %eV
    elseif mode==6   % TO f type
      DtK=2.0e+8;  hbarw=58.6e-3; %eV
    end
    w=hbarw*q/hbar;
    Nphonon=1/(exp(q*hbarw/(k_B*T))-1);
    if E>=hbarw
Dos_emit=1/2/pi^2*(md/(hbar)^2)^1.5*sqrt(2*(E-hbarw))*q^1.5/1e+6;
%q^1.5/1e+6 is for unit change
    elseif E<hbarw
      Dos_emit=0;
    end
    Dos_abs=1/2/pi^2*(md/(hbar)^2)^1.5*sqrt(2*(E+hbarw))*q^1.5/
1e+6;
    if mode==1
      coff_emit_TAg=q*10000*pi*(DtK)^2/rho/w*(Nphonon+1);
      coff_abs_TAg=q*10000*pi*(DtK)^2/rho/w*(Nphonon);
      Relax_emit_TAg(ii,1)=(coff_emit_TAg*Dos_emit);
      Relax_abs_TAg(ii,1)=(coff_abs_TAg*Dos_abs);
   elseif mode==2
      coff_emit_LAg=q*10000*pi*(DtK)^2/rho/w*(Nphonon+1);
      coff_abs_LAg=q*10000*pi*(DtK)^2/rho/w*(Nphonon);
```

```
        Relax_emit_LAg(ii,1)=(coff_emit_LAg*Dos_emit);
        Relax_abs_LAg(ii,1)=(coff_abs_LAg*Dos_abs);
    elseif mode==3
        coff_emit_LOg=q*10000*pi*(DtK)^2/rho/w*(Nphonon+1);
        coff_abs_LOg=q*10000*pi*(DtK)^2/rho/w*(Nphonon);
        Relax_emit_LOg(ii,1)=(coff_emit_LOg*Dos_emit);
        Relax_abs_LOg(ii,1)=(coff_abs_LOg*Dos_abs);
    elseif mode==4
        coff_emit_TAf=q*10000*pi*(DtK)^2/rho/w*(Nphonon+1);
        coff_abs_TAf=q*10000*pi*(DtK)^2/rho/w*(Nphonon);
        Relax_emit_TAf(ii,1)=(4*coff_emit_TAf*Dos_emit);
        Relax_abs_TAf(ii,1)=(4*coff_abs_TAf*Dos_abs);
    elseif mode==5
        coff_emit_LAf=q*10000*pi*(DtK)^2/rho/w*(Nphonon+1);
        coff_abs_LAf=q*10000*pi*(DtK)^2/rho/w*(Nphonon);
        Relax_emit_LAf(ii,1)=(4*coff_emit_LAf*Dos_emit);
        Relax_abs_LAf(ii,1)=(4*coff_abs_LAf*Dos_abs);
    elseif mode==6
        coff_emit_TOf=q*10000*pi*(DtK)^2/rho/w*(Nphonon+1);
        coff_abs_TOf=q*10000*pi*(DtK)^2/rho/w*(Nphonon);
        Relax_emit_TOf(ii,1)=(4*coff_emit_TOf*Dos_emit);
        Relax_abs_TOf(ii,1)=(4*coff_abs_TOf*Dos_abs);
    end

  end
  u=9.05e+5;
  coff_es=10000*q*2*pi*k_B*T*9*9/hbar/rho/u^2;
  Dos_es(ii,1)=1/2/pi^2*(md/hbar^2)^1.5*sqrt(2*E)*q^(3/2)/1e+6;

  Relax_es(ii,1)=(coff_es*Dos_es(ii,1));

Relaxation_emit(ii,1)=Relax_emit_TAg(ii,1)+Relax_emit_LAg(ii,1)+Relax_emit_
LOg(ii,1)+Relax_emit_TAf(ii,1)+Relax_emit_TOf(ii,1)+Relax_emit_LAf(ii,1);

Relaxation_abs(ii,1)=Relax_abs_TAg(ii,1)+Relax_abs_LAg(ii,1)+Relax_abs_LOg(
ii,1)+Relax_abs_TAf(ii,1)+Relax_abs_TOf(ii,1)+Relax_abs_LAf(ii,1);

Relaxation(ii,1)=1/(Relaxation_emit(ii,1)+Relaxation_abs(ii,1)+Relax_es(ii,
1));
ii=ii+1;
end
```

[실습 4.7.3]

```
% Written by Phil-Hun Ahn
q=1.602e-19; % elementary charge
h=6.626e-34;  hbar=h/(2*pi); % Planck constant, J s
k_B = 1.380662e-23; % Boltzmann constant, J/K
T = 300.0; % Temperature, K
m0=9.109e-31;  % electron mass, kg
mzz=0.19*m0; mxx=0.91*m0; myy=0.19*m0; %effective mass
md=(mxx*mzz*myy)^(1/3);
thermal=k_B*T/q;
deltaE=1e-4;
save_elec=zeros;
for n=1:80000

 En=(n-1/2)*deltaE+0.5;
Dos_elec(n,1)=1/2/pi^2*(md/(hbar)^2)^1.5*sqrt(2*(En-0.5))*q^1.5/1e+6;
 Fermi_elec(n,1)=1/(1+exp((En)/thermal));
 save_elec(n,1)= deltaE*Dos_elec(n,1)*Fermi_elec(n,1);

end
Nelec=sum(save_elec(:,1));
```

[실습 4.7.4]

실습 4.7.3에 붙여서 사용

```
for Direct=1:3
   if Direct==1  %x direction
     coeff_mob=q*10000*md/mxx/Nelec/thermal/3;
   elseif Direct==2  %y direction
     coeff_mob=q*10000*md/myy/Nelec/thermal/3;
   elseif Direct==3  %z direction
     coeff_mob=q*10000*md/mzz/Nelec/thermal/3;
   end
   for ii=1:20000
   Ei=(ii-1/2)*deltaE;
    for mode=1:6
      if mode==1       % TA g type
```

```
    DtK=0.50e+8;  hbarw=12.1e-3; %eV
  elseif mode==2   % LA g type
    DtK=0.8e+8;  hbarw=18.5e-3; %eV
  elseif mode==3    % LO g type
    DtK=11e+8;  hbarw=62e-3; %e
  elseif mode==4   % TA f type
    DtK=0.30e+8;  hbarw=19e-3; %eV
  elseif mode==5   % LA f type
    DtK=2.0e+8;  hbarw=47.4e-3; %eV
  elseif mode==6   % TO f type
    DtK=2.0e+8;  hbarw=58.6e-3; %eV
  end
  w=hbarw*q/hbar;
  Nphonon=1/(exp(q*hbarw/(k_B*T))-1);
  if Ei>=hbarw
    Dos_emit=1/2/pi^2*(md/(hbar)^2)^1.5*sqrt(2*(Ei-hbarw))*
q^1.5/1e+6;
  elseif Ei<hbarw
    Dos_emit=0;
  end
Dos_abs=1/2/pi^2*(md/(hbar)^2)^1.5*sqrt(2*(Ei+hbarw))*q^1.5/1e+6;
  if mode==1
    coff_emit_TAg=q*10000*pi*(DtK)^2/rho/w*(Nphonon+1);
    coff_abs_TAg=q*10000*pi*(DtK)^2/rho/w*(Nphonon);
    Relax_emit_TAg(ii,1)=(coff_emit_TAg*Dos_emit);
    Relax_abs_TAg(ii,1)=(coff_abs_TAg*Dos_abs);
  elseif mode==2
    coff_emit_LAg=q*10000*pi*(DtK)^2/rho/w*(Nphonon+1);
    coff_abs_LAg=q*10000*pi*(DtK)^2/rho/w*(Nphonon);
    Relax_emit_LAg(ii,1)=(coff_emit_LAg*Dos_emit);
    Relax_abs_LAg(ii,1)=(coff_abs_LAg*Dos_abs);
  elseif mode==3
    coff_emit_LOg=q*10000*pi*(DtK)^2/rho/w*(Nphonon+1);
    coff_abs_LOg=q*10000*pi*(DtK)^2/rho/w*(Nphonon);
    Relax_emit_LOg(ii,1)=(coff_emit_LOg*Dos_emit);
    Relax_abs_LOg(ii,1)=(coff_abs_LOg*Dos_abs);
```

```
        elseif mode==4
          coff_emit_TAf=q*10000*pi*(DtK)^2/rho/w*(Nphonon+1);
          coff_abs_TAf=q*10000*pi*(DtK)^2/rho/w*(Nphonon);
          Relax_emit_TAf(ii,1)=(4*coff_emit_TAf*Dos_emit);
          Relax_abs_TAf(ii,1)=(4*coff_abs_TAf*Dos_abs);
        elseif mode==5
          coff_emit_LAf=q*10000*pi*(DtK)^2/rho/w*(Nphonon+1);
          coff_abs_LAf=q*10000*pi*(DtK)^2/rho/w*(Nphonon);
          Relax_emit_LAf(ii,1)=(4*coff_emit_LAf*Dos_emit);
          Relax_abs_LAf(ii,1)=(4*coff_abs_LAf*Dos_abs);
        elseif mode==6
          coff_emit_TOf=q*10000*pi*(DtK)^2/rho/w*(Nphonon+1);
          coff_abs_TOf=q*10000*pi*(DtK)^2/rho/w*(Nphonon);
          Relax_emit_TOf(ii,1)=(4*coff_emit_TOf*Dos_emit);
          Relax_abs_TOf(ii,1)=(4*coff_abs_TOf*Dos_abs);
        end
      end
      u=9.05e+5;
      coff_es=10000*q*2*pi*k_B*T*9*9/hbar/rho/u^2;
Dos_es(ii,1)=1/2/pi^2*(md/hbar^2)^1.5*sqrt(2*Ei)*q^(3/2)/1e+6;
Relax_es(ii,1)=(coff_es*Dos_es(ii,1));
Relaxation_emit(ii,1)=Relax_emit_TAg(ii,1)+Relax_emit_LAg(ii,1)+Relax_emit_
LOg(ii,1)+Relax_emit_TAf(ii,1)+Relax_emit_TOf(ii,1)+Relax_emit_LAf(ii,1);
Relaxation_abs(ii,1)=Relax_abs_TAg(ii,1)+Relax_abs_LAg(ii,1)+Relax_abs_LOg(
ii,1)+Relax_abs_TAf(ii,1)+Relax_abs_TOf(ii,1)+Relax_abs_LAf(ii,1);
Relaxation(ii,1)=1/(Relaxation_emit(ii,1)+Relaxation_abs(ii,1)+Relax_es(ii,
1));
      Dos(ii,1)=1/2/(pi^2)*(md/(hbar)^2)^1.5*sqrt(2*(Ei))*q^1.5/
1e+6;
Fermi(ii,1)=1/(1+exp((Ei+0.5)/thermal));
save_value(ii,1)=deltaE*Relaxation(ii,1)*2*(Ei)/md*Dos_2(ii,1)*Fermi(ii,1);
    end
    if Direct==1
     mobility_x=sum(coeff_mob*save_value);
    elseif Direct==2
```

[실습 4.7.4](계속)

```
     mobility_y=sum(coeff_mob*save_value);
    elseif Direct==3
     mobility_z=sum(coeff_mob*save_value);
    end
end
mobility=(mobility_x+mobility_y+mobility_z)/3;
```

[실습 5.2.1]

```
% Written by Phil-Hun Ahn
E = 1e+5;
q=1.602e-19; % Elementary charge, C
m0=9.109534e-31;
acceleration = -q*E/m0;

N=1000;
xmax = 10e-9;
vmax = 1e4;
x = (rand(N,1)-0.5)*xmax;
v = (rand(N,1)-0.5)*vmax;
plot(x,v,'.'); hold on

dt=1e-15;
steps=10000;
for ii=1:steps
    x = x + v.*dt;
    v = v + acceleration.*dt;
end
plot(x,v,'.'); hold on
axis([-5e-8 5e-8 -5e+4 5e+4]);
xlabel('position(m)')
ylabel('velocity(m/s)')
```

[실습 5.4.1]

```
% Written by Phil-Hun Ahn
i=1;
```

[실습 5.4.2]

```
% Written by Phil-Hun Ahn
syms x
ii=1;
mmax=3;
coeff=zeros;
for m=0:mmax
  if m==0
    fourier=1/sqrt(2*pi);
  elseif m>0
    fourier=1/sqrt(pi)*cos(m*x);
  end
  eq=fourier;
  if m==0
    Fx=pi*eq;
    coeff(ii,1)=double(Fx);
  else
    Fx=int(eq,[-pi/2 pi/2]);
    coeff(ii,1)=double(Fx);
  end
  ii=ii+1;
end
f=0;
x=0:pi/100:2*pi;
for m=0:mmax
  if m==0
    fourier=1/sqrt(2*pi);
  elseif m>0
    const=double(1/sqrt(pi));
    fourier=const*cos(m*x);
  end
  f=f+fourier*coeff(m+1,1);
end
plot(x/pi,f,'r','Displayname','mmax:1','linewidth',1.25); hold on;
xlabel('theta(1/ \pi)'); ylabel('Distribution function');
xlim([0 2])
```

[실습 5.7.1]

```
% Written by Phil-Hun Ahn
width=30e-9; %width, nm
N=301;
dx=width/(N-1);
interface1=round((N-1)/3)+1;
interface2=round((N-1)/3)*2+1;
for V=1:6        %Drain voltage(0V~0.5V), eV
 Vd=(V-1)/10;
 Energy(1:interface1,V)=0.1;
 for Position=interface1:interface2
Energy(Position,V)=0.1-Vd/(interface2-interface1)*(Position-interface1);
 end
 Energy(interface2:N,V)=0.1-Vd;
end
plot(0:0.1:width/dx/10, Energy(:,4));
```

[실습 5.7.2]

```
% Written by Phil-Hun Ahn
q=1.602e-19;            % Elementary charge, C
width=30e-9;        %width, nm
k_B= 1.380662e-23;    % Boltzmann constant, J/K
T=300;      %Temperature, K
thermal=k_B*T/q;
N=301;
dx=width/(N-1);
interface1=(N-1)/3+1; interface2=(N-1)/3*2+1;
Vpos=zeros(N,1);
f0=zeros(N,Hi_max);
Vd=0.3;  %Drain Voltage
MinE=0.1;  % Subband Minimum energy
Hi_max=501;
for Hi=1:Hi_max
    H = (Hi)/1000 +MinE;
```

[실습 5.7.2](계속)

```
    A=zeros(N,N);
    b=zeros(N,1);
    Vpos(1:interface1,1)=0;
    for Position=interface1:interface2
      Vpos(Position,1) = Vd/(interface2 - interface1) * (Position -
interface1);
    end
    Vpos(interface2:N,1)=Vd;
    fsource=sqrt(2*pi)/(1+exp(q*H/(k_B*T)));
    fdrain=sqrt(2*pi)/(1+exp(q*(H+Vd)/(k_B*T)));
    A(1,1)=1;
    A(N,N)=1;
    for ii=2:N-1
       A(ii,ii+1)=H+(Vpos(ii+1,1)+Vpos(ii,1))/2-MinE;
A(ii,ii)=-(H+(Vpos(ii+1,1)+Vpos(ii,1))/2-MinE)-(H+(Vpos(ii,1)+Vpos(ii-1,1))
/2-MinE);
       A(ii,ii-1)=H+(Vpos(ii,1)+Vpos(ii-1,1))/2-MinE;
    end
    b(1,1)=fsource;
    b(N,1)=fdrain;
    f0(:,Hi) =A \ b;
end
```

[실습 6.4.1]

```
% Written by Phil-Hun Ahn
q=1.602e-19;    % Elementary charge, C
e_si=11.7;
e0=8.854187817e-12;   % Vacuum permittivity, F/m
k_B=1.380662e-23;    % Boltzmann constant, J/K
T=300;               % Temperature, K
thermal=k_B*T/q; % Thermal voltage, V
HiDop=1e-7; %m
LowDop=4e-7; %m
N=601;
```

```
dx=(2*HiDop+LowDop)/(N-1);
nint=1.075e16;    % 1/m^3
Ndop1=5e+23;  % 1/m^3
Ndop2=2e+21;  % 1/m^3
jacob=sparse(N,N);
res=zeros(N,1);
interface1=round(HiDop/dx+1);
interface2=round((HiDop+LowDop)/dx+1);
coeff=dx*dx*q/e0;

phi(1:interface1,1) = k_B*T/q*log(Ndop1/nint);
phi(interface1+1:interface2-1,1) = k_B*T/q*log(Ndop2/nint);
phi(interface2:N,1) = k_B*T/q*log(Ndop1/nint);

for Newton=1:40
  for ii=2:N-1
    res(1,1) = phi(1,1) - thermal *log(Ndop1/nint);
    jacob(1,1) = 1;
    if ii<=interface1
res(ii,1)=e_si*(phi(ii-1,1)-2*phi(ii,1)+phi(ii+1,1))+coeff*(Ndop1-nint*exp(
phi(ii,1)/thermal));
jacob(ii,ii+1)=e_si; jacob(ii,ii)=-2*e_si-coeff*nint*exp(phi(ii,1)/thermal)/
thermal;
jacob(ii,ii-1)=e_si;
    elseif  ii>interface1  && ii<interface2
res(ii,1)=e_si*(phi(ii-1,1)-2*phi(ii,1)+phi(ii+1,1))+coeff*(Ndop2-nint*exp(
phi(ii,1)/thermal));
jacob(ii,ii+1)=e_si;
jacob(ii,ii)=-2*e_si-coeff*nint*exp(phi(ii,1)/thermal)/thermal;
jacob(ii,ii-1)=e_si;
elseif  ii>=interface2
   res(ii,1)=e_si*(phi(ii-1,1)-2*phi(ii,1)+phi(ii+1,1))+coeff*(
Ndop1-nint*exp(phi(ii,1)/thermal));
jacob(ii,ii+1)=e_si;
jacob(ii,ii)=-2*e_si-coeff*nint*exp(phi(ii,1)/thermal)/thermal;
acob(ii,ii-1)=e_si;
    end
    res(N,1) = phi(N,1) - k_B*T/q*log(Ndop1/nint);
```

[실습 6.4.1](계속)

```
      jacob(N,N) = 1;
    end
   delphi=jacob\(-res);
   savedelphi(:,Newton)=delphi;
   phi=phi+delphi;
  end
```

[실습 6.4.2]

이 코드는 실습 6.4.1의 비선형 Poisson 방정식 코드와 연결하여 사용한다.

```
x=0:dx*1e+9:600;
elec = nint*exp(phi/thermal);
plot(x,elec/1e+6,'r','linewidth',1.5)
hold on;
res_elec = zeros(N,1);
jacob_elec = zeros(N,N);
for ii=2:N-1
   n_av1 = 0.5*(elec(ii+1,1)+elec(ii,1));
   n_av2 = 0.5*(elec(ii,1)+elec(ii-1,1));
   dphidx1 = (phi(ii+1,1)-phi(ii,1))/dx;
   dphidx2 = (phi(ii,1)-phi(ii-1,1))/dx;
   delecdx1 = (elec(ii+1,1)-elec(ii,1))/dx;
   delecdx2 = (elec(ii,1)-elec(ii-1,1))/dx;
   res_elec(ii,1) =  n_av1 * dphidx1 - thermal * delecdx1 - n_av2
   * dphidx2 + thermal * delecdx2 ;
   jacob_elec(ii,ii+1) = 0.5* dphidx1 -thermal/dx;
   jacob_elec(ii,ii) = 0.5* dphidx1 +thermal*2/dx -0.5*dphidx2;
   jacob_elec(ii,ii-1) = -0.5*dphidx2 - thermal/dx;
   res_elec(1,1) = elec(1,1) - Ndop1;
   jacob_elec(1,:) = 0;
   jacob_elec(1,1) = 1;
   res_elec(N,1) = elec(N,1) - Ndop1;
   jacob_elec(N,:) = 0;
   jacob_elec(N,N) = 1;
```

[실습 6.4.2](계속)

```
end

update_elec = jacob_elec \ (-res_elec);
save(:,1) = update_elec;
elec = elec + update_elec;
plot(x,elec/1e+6,'o','linewidth',1.1,'Displayname','N=61');
hold on;
```

[실습 6.4.3]

이 코드도 이전 코드들과 연결하여 사용한다.

```
Jaco=zeros(2*N,2*N);
res=zeros(2*N,1);

res(1,1) = phi(1,1) - k_B*T/q*log(Ndop1/nint);
Jaco(1,1) = 1;
for ii=2:N-1
    if ii<=interface1
res(2*ii-1,1)=e_si*(phi(ii-1,1)-2*phi(ii,1)+phi(ii+1,1))+
coeff*(Ndop1-elec(ii,1));
Jaco(2*ii-1,2*ii+1)=e_si; Jaco(2*ii-1,2*ii-1)=-2*e_si;
Jaco(2*ii-1,2*ii)=-coeff; Jaco(2*ii-1,2*(ii-1)-1)=e_si;

    elseif  ii>interface1  && ii<interface2
res(2*ii-1,1)=e_si*(phi(ii-1,1)-2*phi(ii,1)+phi(ii+1,1))+
coeff*(Ndop2-elec(ii,1));
Jaco(2*ii-1,2*ii+1)=e_si; Jaco(2*ii-1,2*ii-1)=-2*e_si;
Jaco(2*ii-1,2*ii)=-coeff; Jaco(2*ii-1,2*(ii-1)-1)=e_si;

    elseif  ii>=interface2
res(2*ii-1,1)=e_si*(phi(ii-1,1)-2*phi(ii,1)+phi(ii+1,1))+coeff*(Ndop1-elec(
ii,1));
Jaco(2*ii-1,2*ii+1)=e_si; Jaco(2*ii-1,2*ii-1)=-2*e_si;
Jaco(2*ii-1,2*ii)=-coeff; Jaco(2*ii-1,2*(ii-1)-1)=e_si;
    end
    res(2*N-1,1) = phi(N,1) - k_B*T/q*log(Ndop1/nint);
    Jaco(2*N-1,2*N-1) = 1;
    n_av1 = 0.5*(elec(ii+1,1)+elec(ii,1));
```

```
    n_av2 = 0.5*(elec(ii,1)+elec(ii-1,1));
    dphidx1 = (phi(ii+1,1)-phi(ii,1))/dx;
    dphidx2 = (phi(ii,1)-phi(ii-1,1))/dx;
    delecdx1 = (elec(ii+1,1)-elec(ii,1))/dx;
    delecdx2 = (elec(ii,1)-elec(ii-1,1))/dx;
    res(2*ii,1) =  n_av1 * dphidx1 - thermal * delecdx1 - n_av2 * dphidx2 +
thermal * delecdx2 ;
    Jaco(2*ii,2*(ii+1)) = 0.5* dphidx1 -thermal/dx;
    Jaco(2*ii,2*ii+1)=n_av1/dx;
    Jaco(2*ii,2*ii) = 0.5* dphidx1 +thermal*2/dx -0.5*dphidx2;
    Jaco(2*ii,2*ii-1)=-n_av1/dx-n_av2/dx;
    Jaco(2*ii,2*(ii-1)) = -0.5*dphidx2 - thermal/dx;
    Jaco(2*ii,2*ii-3)=n_av2/dx;
end
res(2,1) = elec(1,1) - Ndop1;
Jaco(2,:) = 0;
Jaco(2,2) = 1;
res(2*N,1) = elec(N,1) - Ndop1;
Jaco(2*N,:) = 0;
Jaco(2*N,2*N) = 1;

%Scaling part to avoid badly scaled matrix (It is on Youtube)
Cvector= zeros(2*N,1);
Cvector(1:2:2*N-1,1) = thermal;
Cvector(2:2:2*N,1)=Ndop1;
Cmatrix = spdiags(Cvector,0,2*N,2*N);
Jaco_scaled = Jaco * Cmatrix;
Rvector = 1./sum(abs(Jaco_scaled),2);
Rmatrix = spdiags(Rvector,0,2*N,2*N);
Jaco_scaled = Rmatrix* Jaco_scaled;
res_scaled = Rmatrix *res;

update_scaled=Jaco_scaled \ (-res_scaled);
update_vector= Cmatrix* update_scaled;
phi(:,1)=phi(:,1)+update_vector(1:2:2*N-1,1);
elec(:,1)=elec(:,1)+update_vector(2:2:2*N,1);
```

이 코드도 이전 코드 실습 6.4.2에 연결하여 사용한다.

```
Current=zeros(0.5/0.05+1,1);

for bias=0:10
  Voltage=(0.05*bias);
    for Newton=1:20
     Jaco=zeros(2*N,2*N);
     res=zeros(2*N,1);
     res(1,1) = phi(1,1) - k_B*T/q*log(Ndop1/nint);
     Jaco(1,1) = 1;
     for ii=2:N-1
      if ii<=interface1
res(2*ii-1,1)=e_si*(phi(ii-1,1)-2*phi(ii,1)+phi(ii+1,1))+coeff*(Ndop1-elec(
ii,1));
Jaco(2*ii-1,2*ii+1)=e_si; Jaco(2*ii-1,2*ii-1)=-2*e_si;
Jaco(2*ii-1,2*ii)=-coeff; Jaco(2*ii-1,2*(ii-1)-1)=e_si;

      elseif  ii>interface1  && ii<interface2
res(2*ii-1,1)=e_si*(phi(ii-1,1)-2*phi(ii,1)+phi(ii+1,1))+coeff*(Ndop2-elec(
ii,1));
Jaco(2*ii-1,2*ii+1)=e_si; Jaco(2*ii-1,2*ii-1)=-2*e_si;
Jaco(2*ii-1,2*ii)=-coeff; Jaco(2*ii-1,2*(ii-1)-1)=e_si;

      elseif  ii>=interface2
res(2*ii-1,1)=e_si*(phi(ii-1,1)-2*phi(ii,1)+phi(ii+1,1))+coeff*(Ndop1-elec(
ii,1));
Jaco(2*ii-1,2*ii+1)=e_si; Jaco(2*ii-1,2*ii-1)=-2*e_si;
Jaco(2*ii-1,2*ii)=-coeff; Jaco(2*ii-1,2*(ii-1)-1)=e_si;
      end
      res(2*N-1,1) = phi(N,1) - k_B*T/q*log(Ndop1/nint)-Voltage;
      Jaco(2*N-1,2*N-1) = 1;
      n_av1 = 0.5*(elec(ii+1,1)+elec(ii,1));
      n_av2 = 0.5*(elec(ii,1)+elec(ii-1,1));
      dphidx1 = (phi(ii+1,1)-phi(ii,1))/dx;
      dphidx2 = (phi(ii,1)-phi(ii-1,1))/dx;
      delecdx1 = (elec(ii+1,1)-elec(ii,1))/dx;
      delecdx2 = (elec(ii,1)-elec(ii-1,1))/dx;
res(2*ii,1) =  n_av1 * dphidx1 - thermal * delecdx1 - n_av2 * dphidx2 + therma
```

```
l * delecdx2 ;
      Jaco(2*ii,2*(ii+1)) = 0.5* dphidx1 -thermal/dx;
      Jaco(2*ii,2*ii+1)=n_av1/dx;
      Jaco(2*ii,2*ii) = 0.5* dphidx1 +thermal*2/dx -0.5*dphidx2;
      Jaco(2*ii,2*ii-1)=-n_av1/dx-n_av2/dx;
      Jaco(2*ii,2*(ii-1)) = -0.5*dphidx2 - thermal/dx;
      Jaco(2*ii,2*ii-3)=n_av2/dx;
     end
     res(2,1) = elec(1,1) - Ndop1;
     Jaco(2,:) = 0;
     Jaco(2,2) = 1;
     res(2*N,1) = elec(N,1) - Ndop1;
     Jaco(2*N,:) = 0;
     Jaco(2*N,2*N) = 1;

     %Scaling part to avoid badly scaled matrix (It is on Youtube)
Cvector= zeros(2*N,1);
     Cvector(1:2:2*N-1,1) = thermal;
     Cvector(2:2:2*N,1)=Ndop1;
     Cmatrix = spdiags(Cvector,0,2*N,2*N);
     Jaco_scaled = Jaco * Cmatrix;
     Rvector = 1./sum(abs(Jaco_scaled),2);
     Rmatrix = spdiags(Rvector,0,2*N,2*N);
     Jaco_scaled = Rmatrix* Jaco_scaled;
     res_scaled = Rmatrix *res;

     update_scaled=Jaco_scaled \ (-res_scaled);
     update_vector= Cmatrix* update_scaled;
     phi(:,1)=phi(:,1)+update_vector(1:2:2*N-1,1);
     elec(:,1)=elec(:,1)+update_vector(2:2:2*N,1);
    end
   % /1e+8 to change unit (m->cm)
Current(bias+1,1)=q*1417*((elec(N,1)+elec(N-1,1))/2*(phi(N,1)-phi(N-1,1))/d
x-thermal*(elec(N,1)-elec(N-1))/dx)/1e+8;
disp(sprintf('Current Voltage:%d \n', Voltage));
end
```

```
Current=zeros;
for bias=0:10
 Voltage=(0.05*bias);
 for Newton=1:40
  Jaco=sparse(2*N,2*N);
  res=zeros(2*N,1);
  res(1,1) = phi(1,1) - k_B*T/q*log(Ndop1/nint);
  Jaco(1,1) = 1;
  for ii=2:N-1
    if ii<=interface1
res(2*ii-1,1)=e_si*(phi(ii-1,1)-2*phi(ii,1)+phi(ii+1,1))+coeff*(Ndop1-elec(
ii,1));
Jaco(2*ii-1,2*ii+1)=e_si; Jaco(2*ii-1,2*ii-1)=-2*e_si;
Jaco(2*ii-1,2*ii)=-coeff; Jaco(2*ii-1,2*(ii-1)-1)=e_si;
    elseif  ii>interface1  && ii<interface2
res(2*ii-1,1)=e_si*(phi(ii-1,1)-2*phi(ii,1)+phi(ii+1,1))+coeff*(Ndop2-elec(
ii,1));
Jaco(2*ii-1,2*ii+1)=e_si; Jaco(2*ii-1,2*ii-1)=-2*e_si;
Jaco(2*ii-1,2*ii)=-coeff; Jaco(2*ii-1,2*(ii-1)-1)=e_si;
    elseif  ii>=interface2
res(2*ii-1,1)=e_si*(phi(ii-1,1)-2*phi(ii,1)+phi(ii+1,1))+coeff*(Ndop1-elec(
ii,1));
Jaco(2*ii-1,2*ii+1)=e_si; Jaco(2*ii-1,2*ii-1)=-2*e_si;
Jaco(2*ii-1,2*ii)=-coeff; Jaco(2*ii-1,2*(ii-1)-1)=e_si;
    end
    res(2*N-1,1) = phi(N,1) - k_B*T/q*log(Ndop1/nint)-Voltage;
    Jaco(2*N-1,2*N-1) = 1;

    x1=(phi(ii+1,1)-phi(ii,1))/thermal;
    x2=(phi(ii,1)-phi(ii+1,1))/thermal;
    x3=(phi(ii,1)-phi(ii-1,1))/thermal;
    x4=(phi(ii-1,1)-phi(ii,1))/thermal;

 if abs((phi(ii+1,1)-phi(ii,1))/thermal)<0.02502
   Bern_P1=(1.0-(x1)/2.0+(x1)^2/12.0*(1.0-(x1)^2/60.0*(1.0-
   (x1)^2/42.0))) ;
   Bern_N1=(1.0-(x2)/2.0+(x2)^2/12.0*(1.0-(x2)^2/60.0*(1.0-
   (x2)^2/42.0))) ;
```

```
  Deri_Bern_P1_phi1=(-0.5 + (x1)/6.0*(1.0-(x1)^2/30.0*(1.0-
  (x1)^2/28.0)))/thermal;
  Deri_Bern_N1_phi1=-(-0.5+(x2)/6.0*(1.0-(x2)^2/30.0*(1.0-
  (x2)^2/28.0)) )/thermal;
elseif abs((phi(ii+1,1)-phi(ii,1))/thermal)<0.15
   Bern_P1=( 1.0-(x1)/2.0+(x1)^2/12.0*(1.0-(x1)^2/60.0*(1.0
   -(x1)^2/42.0*(1-(x1)^2/40*(1-0.02525252525252525252525*
   (x1)^2)))));
   Bern_N1=( 1.0-(x2)/2.0+(x2)^2/12.0*(1.0-(x2)^2/60.0*(1.0-
   (x2)^2/42.0*(1-(x2)^2/40*(1-0.02525252525252525252525*
   (x2)^2)))));

   Deri_Bern_P1_phi1=(-0.5 + (x1)/6.0*(1.0-(x1)^2/30.0*(1.0-
   (x1)^2/28.0*(1-(x1)^2/30*(1-0.03156565656565656565657*
   (x1)^2)))))/thermal;
   Deri_Bern_N1_phi1=-(-0.5 + (x2)/6.0*(1.0-(x2)^2/30.0*(1.0-
   (x2)^2/28.0*(1-(x2)^2/30*(1-0.03156565656565656565657*
   (x2)^2)))))/thermal;
 else
   Bern_P1 = x1/(exp(x1)-1);
   Bern_N1 = x2/(exp(x2)-1);

   Deri_Bern_P1_phi1=(1/(exp(x1)-1)-Bern_P1*(1/(exp(x1)-1)+
   1))/thermal;
   Deri_Bern_N1_phi1=-(1/(exp(x2)-1)-Bern_N1*(1/(exp(x2)-1)+
   1))/thermal;
 end
 if abs((phi(ii,1)-phi(ii-1,1))/thermal)<0.02502
   Bern_P2 = ( 1.0-(x3)/2.0+(x3)^2/12.0*(1.0-(x3)^2/60.0*(1.0
   -(x3)^2/42.0)) ) ;
   Bern_N2 = ( 1.0-(x4)/2.0+(x4)^2/12.0*(1.0-(x4)^2/60.0*(1.0
   -(x4)^2/42.0)) ) ;

   Deri_Bern_P2_phi3 = -(-0.5 + (x3)/6.0*(1.0-(x3)^2/30.0*(1.0
   -(x3)^2/28.0)) )/thermal;
   Deri_Bern_N2_phi3 = (-0.5 + (x4)/6.0*(1.0-(x4)^2/30.0*(1.0-
   (x4)^2/28.0)) )/thermal;
 elseif abs((phi(ii,1)-phi(ii-1,1))/thermal)<0.15
   Bern_P2 = ( 1.0-(x3)/2.0+(x3)^2/12.0*(1.0-(x3)^2/60.0*(1.0
```

```
    -(x3)^2/42.0*(1-(x3)^2/40*(1-0.0252525252525252525252525*
    (x3)^2)))));
    Bern_N2 = ( 1.0-(x4)/2.0+(x4)^2/12.0*(1.0-(x4)^2/60.0*(1.0
    -(x4)^2/42.0*(1-(x4)^2/40*(1-0.0252525252525252525252525*
    (x4)^2)))));

    Deri_Bern_P2_phi3 = -(-0.5 + (x3)/6.0*(1.0-(x3)^2/30.0*(1.0
    -(x3)^2/28.0*(1-(x3)^2/30*(1-0.0315656565656565656565657*
    (x3)^2)))))/thermal;
    Deri_Bern_N2_phi3 = (-0.5 + (x4)/6.0*(1.0-(x4)^2/30.0*(1.0-
    (x4)^2/28.0*(1-(x4)^2/30*(1-0.0315656565656565656565657*
    (x4)^2)))))/thermal;
  else
    Bern_P2 = x3/(exp(x3)-1);
    Bern_N2 = x4/(exp(x4)-1);

    Deri_Bern_P2_phi3=-(1/(exp(x3)-1)-Bern_P2*(1/(exp(x3)-1)+
    1))/thermal;
    Deri_Bern_N2_phi3=(1/(exp(x4)-1)-Bern_N2*(1/(exp(x4)-1)+
    1))/thermal;
  end

    Deri_Bern_P1_phi2=-Deri_Bern_P1_phi1;
    Deri_Bern_N1_phi2=-Deri_Bern_N1_phi1;
    Deri_Bern_P2_phi2=-Deri_Bern_P2_phi3;
    Deri_Bern_N2_phi2=-Deri_Bern_N2_phi3;

res(2*ii,1) =  elec(ii+1,1)*(Bern_P1) - elec(ii,1)*(Bern_N1) -
(elec(ii,1)*(Bern_P2) - elec(ii-1,1)*(Bern_N2));

Jaco(2*ii,2*(ii+1)) = Bern_P1 ;
Jaco(2*ii,2*ii+1)= elec(ii+1,1)*Deri_Bern_P1_phi1 -
elec(ii,1)*Deri_Bern_N1_phi1;
Jaco(2*ii,2*ii) =  - Bern_N1 - Bern_P2;
Jaco(2*ii,2*ii-1)= elec(ii+1,1)*Deri_Bern_P1_phi2 -
elec(ii,1)*Deri_Bern_N1_phi2 - ( elec(ii,1)*Deri_Bern_P2_phi2 -
elec(ii-1,1)*Deri_Bern_N2_phi2) ;
Jaco(2*ii,2*(ii-1)) = Bern_N2 ;
Jaco(2*ii,2*ii-3)= - (elec(ii,1)*Deri_Bern_P2_phi3 -
elec(ii-1,1)*Deri_Bern_N2_phi3);
  end
```

[실습 6.5.1](계속)

```
  res(2,1) = elec(1,1) - Ndop1;
  Jaco(2,:) = 0;
  Jaco(2,2) = 1;
  res(2*N,1) = elec(N,1) - Ndop1;
  Jaco(2*N,:) = 0;
  Jaco(2*N,2*N) = 1;

  %Scaling part to avoid badly scaled matrix (It is on Youtube)
  Cvector= zeros(2*N,1);
  Cvector(1:2:2*N-1,1) = thermal;
  Cvector(2:2:2*N,1)=Ndop1;
  Cmatrix = spdiags(Cvector,0,2*N,2*N);
  Jaco_scaled = Jaco * Cmatrix;
  Rvector = 1./sum(abs(Jaco_scaled),2);
  Rmatrix = spdiags(Rvector,0,2*N,2*N);
  Jaco_scaled = Rmatrix* Jaco_scaled;
  res_scaled = Rmatrix *res;

  update_scaled=Jaco_scaled \ (-res_scaled);
  update_vector= Cmatrix* update_scaled;

  phi(:,1)=phi(:,1)+update_vector(1:2:2*N-1,1);
  elec(:,1)=elec(:,1)+update_vector(2:2:2*N,1);

 end
% /1e+8 to change unit (m->cm)
Current(bias+1,1)=q*1417*((elec(N,1)+elec(N-1,1))/2*(phi(N,1)-phi(N-1,1))/d
x-thermal*(elec(N,1)-elec(N-1))/dx)/1e+8;
 disp(sprintf('Current Voltage:%d \n', Voltage));
end
```

[실습 6.5.3]

이 코드도 이전 코드 실습 6.4.2에 연결하여 사용한다.

```
Current=zeros;
for bias=0:10
 Voltage=(0.05*bias);
 for Newton=1:40
```

```
  Jaco=zeros(2*N,2*N);
  res=zeros(2*N,1);
  res(1,1) = phi(1,1) - k_B*T/q*log(Ndop1/nint);
  Jaco(1,1) = 1;
  for ii=2:N-1
    if ii<=interface1
res(2*ii-1,1)=e_si*(phi(ii-1,1)-2*phi(ii,1)+phi(ii+1,1))+coeff*(Ndop1-elec(
ii,1));
Jaco(2*ii-1,2*ii+1)=e_si; Jaco(2*ii-1,2*ii-1)=-2*e_si;
Jaco(2*ii-1,2*ii)=-coeff; Jaco(2*ii-1,2*(ii-1)-1)=e_si;
    elseif  ii>interface1  && ii<interface2
res(2*ii-1,1)=e_si*(phi(ii-1,1)-2*phi(ii,1)+phi(ii+1,1))+coeff*(Ndop2-elec(
ii,1));
Jaco(2*ii-1,2*ii+1)=e_si; Jaco(2*ii-1,2*ii-1)=-2*e_si;
Jaco(2*ii-1,2*ii)=-coeff; Jaco(2*ii-1,2*(ii-1)-1)=e_si;
    elseif  ii>=interface2
res(2*ii-1,1)=e_si*(phi(ii-1,1)-2*phi(ii,1)+phi(ii+1,1))+coeff*(Ndop1-elec(
ii,1));
Jaco(2*ii-1,2*ii+1)=e_si; Jaco(2*ii-1,2*ii-1)=-2*e_si;
Jaco(2*ii-1,2*ii)=-coeff; Jaco(2*ii-1,2*(ii-1)-1)=e_si;
    end
    res(2*N-1,1) = phi(N,1) - k_B*T/q*log(Ndop1/nint)-Voltage;
    Jaco(2*N-1,2*N-1) = 1;

    x1=(phi(ii+1,1)-phi(ii,1))/thermal;
    x2=(phi(ii,1)-phi(ii+1,1))/thermal;
    x3=(phi(ii,1)-phi(ii-1,1))/thermal;
    x4=(phi(ii-1,1)-phi(ii,1))/thermal;

    if abs((phi(ii+1,1)-phi(ii,1))/thermal)<0.02502 ||
abs((phi(ii,1)-phi(ii-1,1))/thermal)<0.02502
Bern_P1 = ( 1.0-(x1)/2.0+(x1)^2/12.0*(1.0-(x1)^2/60.0*(1.0-(x1)^2/42.0)) ) ;
Bern_N1 = ( 1.0-(x2)/2.0+(x2)^2/12.0*(1.0-(x2)^2/60.0*(1.0-(x2)^2/42.0)) ) ;
Bern_P2 = ( 1.0-(x3)/2.0+(x3)^2/12.0*(1.0-(x3)^2/60.0*(1.0-(x3)^2/42.0)) ) ;
Bern_N2 = ( 1.0-(x4)/2.0+(x4)^2/12.0*(1.0-(x4)^2/60.0*(1.0-(x4)^2/42.0)) ) ;

Deri_Bern_P1_phi1 = (-0.5 + (x1)/6.0*(1.0-(x1)^2/30.0*(1.0-(x1)^2/28.0))
)/thermal;
```

```
Deri_Bern_N1_phi1 = -(-0.5 + (x2)/6.0*(1.0-(x2)^2/30.0*(1.0-(x2)^2/28.0))
)/thermal;
Deri_Bern_P2_phi3 = -(-0.5 + (x3)/6.0*(1.0-(x3)^2/30.0*(1.0-(x3)^2/28.0))
)/thermal;
Deri_Bern_N2_phi3 = (-0.5 + (x4)/6.0*(1.0-(x4)^2/30.0*(1.0-(x4)^2/28.0))
)/thermal;

    elseif abs((phi(ii+1,1)-phi(ii,1))/thermal)<0.15 ||
abs((phi(ii,1)-phi(ii-1,1))/thermal)<0.15
Bern_P1 = (
1.0-(x1)/2.0+(x1)^2/12.0*(1.0-(x1)^2/60.0*(1.0-(x1)^2/42.0*(1-(x1)^2/40*(1-
0.0252525252525252525252525*(x1)^2)))));
Bern_N1 = (
1.0-(x2)/2.0+(x2)^2/12.0*(1.0-(x2)^2/60.0*(1.0-(x2)^2/42.0*(1-(x2)^2/40*(1-
0.0252525252525252525252525*(x2)^2)))));
Bern_P2 = (
1.0-(x3)/2.0+(x3)^2/12.0*(1.0-(x3)^2/60.0*(1.0-(x3)^2/42.0*(1-(x3)^2/40*(1-
0.0252525252525252525252525*(x3)^2)))));
 Bern_N2 = (
1.0-(x4)/2.0+(x4)^2/12.0*(1.0-(x4)^2/60.0*(1.0-(x4)^2/42.0*(1-(x4)^2/40*(1-
0.0252525252525252525252525*(x4)^2)))));

 Deri_Bern_P1_phi1 = (-0.5 +
(x1)/6.0*(1.0-(x1)^2/30.0*(1.0-(x1)^2/28.0*(1-(x1)^2/30*(1-0.03156565656565
656565657*(x1)^2)))))/thermal;
 Deri_Bern_N1_phi1 = -(-0.5 +
(x2)/6.0*(1.0-(x2)^2/30.0*(1.0-(x2)^2/28.0*(1-(x2)^2/30*(1-0.03156565656565
656565657*(x2)^2)))))/thermal;
 Deri_Bern_P2_phi3 = -(-0.5 +
(x3)/6.0*(1.0-(x3)^2/30.0*(1.0-(x3)^2/28.0*(1-(x3)^2/30*(1-0.03156565656565
656565657*(x3)^2)))))/thermal;
 Deri_Bern_N2_phi3 = (-0.5 +

(x4)/6.0*(1.0-(x4)^2/30.0*(1.0-(x4)^2/28.0*(1-(x4)^2/30*(1-0.03156565656565
656565657*(x4)^2)))))/thermal;

    else
      Bern_P1 = x1/(exp(x1)-1);
      Bern_N1 = x2/(exp(x2)-1);
```

```
        Bern_P2 = x3/(exp(x3)-1);
        Bern_N2 = x4/(exp(x4)-1);
        Deri_Bern_P1_phi1=(1/(exp(x1)-1)-Bern_P1*(1/(exp(x1)-1)+1))/thermal;
        Deri_Bern_N1_phi1=-(1/(exp(x2)-1)-Bern_N1*(1/(exp(x2)-1)+1))/thermal;
        Deri_Bern_P2_phi3=-(1/(exp(x3)-1)-Bern_P2*(1/(exp(x3)-1)+1))/thermal;
        Deri_Bern_N2_phi3=(1/(exp(x4)-1)-Bern_N2*(1/(exp(x4)-1)+1))/thermal;
      end
      Deri_Bern_P1_phi2=-Deri_Bern_P1_phi1;
      Deri_Bern_N1_phi2=-Deri_Bern_N1_phi1;
      Deri_Bern_P2_phi2=-Deri_Bern_P2_phi3;
      Deri_Bern_N2_phi2=-Deri_Bern_N2_phi3;
  res(2*ii,1) =  elec(ii+1,1)*(Bern_P1) - elec(ii,1)*(Bern_N1) -
  (elec(ii,1)*(Bern_P2) - elec(ii-1,1)*(Bern_N2));
  Jaco(2*ii,2*(ii+1)) = Bern_P1 ;
  Jaco(2*ii,2*ii+1)= elec(ii+1,1)*Deri_Bern_P1_phi1 -
  elec(ii,1)*Deri_Bern_N1_phi1;
  Jaco(2*ii,2*ii) =  - Bern_N1 - Bern_P2;
  Jaco(2*ii,2*ii-1)= elec(ii+1,1)*Deri_Bern_P1_phi2 -
  elec(ii,1)*Deri_Bern_N1_phi2 - ( elec(ii,1)*Deri_Bern_P2_phi2 -
  elec(ii-1,1)*Deri_Bern_N2_phi2) ;
  Jaco(2*ii,2*(ii-1)) = Bern_N2 ;
  Jaco(2*ii,2*ii-3)= - (elec(ii,1)*Deri_Bern_P2_phi3 -
  elec(ii-1,1)*Deri_Bern_N2_phi3);
    end
    res(2,1) = elec(1,1) - Ndop1;
    Jaco(2,:) = 0;
    Jaco(2,2) = 1;
    res(2*N,1) = elec(N,1) - Ndop1;
    Jaco(2*N,:) = 0;
    Jaco(2*N,2*N) = 1;
    %Scaling part to avoid badly scaled matrix (It is on Youtube)
    Cvector= zeros(2*N,1);
    Cvector(1:2:2*N-1,1) = thermal;
    Cvector(2:2:2*N,1)=Ndop1;
    Cmatrix = spdiags(Cvector,0,2*N,2*N);
```

[실습 6.5.3](계속)

```
    Jaco_scaled = Jaco * Cmatrix;
    Rvector = 1./sum(abs(Jaco_scaled),2);
    Rmatrix = spdiags(Rvector,0,2*N,2*N);
    Jaco_scaled = Rmatrix* Jaco_scaled;
    res_scaled = Rmatrix *res;

    update_scaled=Jaco_scaled \ (-res_scaled);
    update_vector= Cmatrix* update_scaled;

    phi(:,1)=phi(:,1)+update_vector(1:2:2*N-1,1);
    elec(:,1)=elec(:,1)+update_vector(2:2:2*N,1);

  end
% /1e+8 to change unit (m->cm)
Current(bias+1,1)=q*1417*((elec(N,1)+elec(N-1,1))/2*(phi(N,1)-phi(N-1,1))/d
x-thermal*(elec(N,1)-elec(N-1))/dx)/1e+8;
 disp(sprintf('Current Voltage:%d \n', Voltage));
end
```

[실습 7.8.2]

```
% Parameters
q=1.602192e-19;   %Charge, C
e_si=11.7; e_ox=3.9;  e_mean=(e_si+e_ox)/2;  % Relative
Permmitivity and mean Permitivity
e0=8.854e-12;   % Vacuum permittivity, F/m
k_B= 1.380662e-23;  T=300;             % Boltzmann constant, J/K
m0=9.109534e-31;
nint=1.075e+16;  % Intrinsic carrier density, /m^3
h=6.626e-34; hbar=h/(2*pi);           % Planck constant, J s
ii=1;
% Device
CLg=9e-9;
GLg=9e-9;      %Gate length, m
DLg=9e-9;      %Drain length, m
SLg=DLg;      %Source length, m
FLg=CLg+DLg+SLg;      %Channel length, m
```

```
tox=1e-9;             % Oxide thickness, m
bulk=5e-9;                  %Silicon thickness, m
% Mesh 정보
Nxx=61;         % X axis mesh
Nzz=57;         % Z axis mesh
dx= FLg/(Nxx-1);
dz= (bulk+2*tox)/(Nzz-1);
% Doping 정보
Nbody=0;   % Body Doping, 1/m^3
Nd=2e+26;    % Drain, Source n-type Doping, 1/m^3
%index 정보
interface1=tox/dz+1; interface2=(tox+bulk)/dz+1;   %interface
index
Gi1=(Nxx+1)/2-GLg/dx/2; Gi2=(Nxx+1)/2+GLg/dx/2;        %Gate
index
Source=int16(SLg/dx+1); Drain=int16((SLg+CLg)/dx+1);
Ndop=zeros(Nxx,1);  %Source and Drain index
Ndop(:,1)=Nbody;                                    %Channel Doping
Ndop(1:Source-1,1)=-Nd;                              %Source
Doping
Ndop(Drain+1:Nxx,1)=-Nd;                             %Drain
Doping
Ndop(Source,1)=(-Nd+Nbody)/2;
%Source/Channel interface
Ndop(Drain,1)=(-Nd+Nbody)/2;
%Channel/Drain interface
thermal=k_B*T/q;
Vd=0;                                                %Drain Bias
Vs=0;                                                %Source Bias
Vg=0.5;
A=sparse(Nxx*Nzz,Nxx*Nzz);
Jaco=sparse(Nxx*Nzz,Nxx*Nzz);
res=zeros(Nxx*Nzz,1);
dx2=1 /dx^2;
dz2=1 /dz^2;
f=zeros(Nxx*Nzz,1);
```

```
N1=interface2-interface1-1;
i=sqrt(-1);
Vbarrier=0;
Elec=zeros(1,Nxx);
eDensity=zeros(N1,Nxx);
for iy=1:Nzz
    for ix=1+(iy-1)*Nxx:Nxx+(iy-1)*Nxx
        if iy==1  %Oxide
           if ix>=Gi1 && ix<=Gi2
            A(ix,ix)=1;  f(ix,1)=Vbarrier+Vg;
            elseif ix==1+Nxx*(iy-1)  %neuman boundary
            A(ix,ix)=-dx2*e_ox/2-dz2*e_ox/2;
            A(ix,ix+1)=dx2*e_ox/2; A(ix,ix+Nxx)=dz2*e_ox/2;
            f(ix,1)=0;
           elseif ix==Nxx+Nxx*(iy-1)   %neuman boundary
            A(ix,ix)=-dx2*e_ox/2-dz2*e_ox/2;
            A(ix,ix-1)=dx2*e_ox/2; A(ix,ix+Nxx)=dz2*e_ox/2;
            f(ix,1)=0;
           else
            A(ix,ix)=-dx2*e_ox-dz2*e_ox; A(ix,ix+1)=dx2*e_ox/2;
            A(ix,ix-1)=dx2*e_ox/2; A(ix,ix+Nxx)=dz2*e_ox;
            f(ix,1)=0;
           end
        elseif iy==Nzz  %Oxide
           if ix>=Gi1+Nxx*(iy-1) && ix<=Gi2+Nxx*(iy-1)
            A(ix,ix)=1;  f(ix,1)=Vbarrier+Vg;
           elseif ix==1+Nxx*(iy-1)
            A(ix,ix)=-dx2*e_ox/2-dz2*e_ox/2;
            A(ix,ix+1)=dx2*e_ox/2; A(ix,ix-Nxx)=dz2*e_ox/2;
            f(ix,1)=0;
           elseif ix==Nxx+Nxx*(iy-1)
            A(ix,ix)=-dx2*e_ox/2-dz2*e_ox/2;
            A(ix,ix-1)=dx2*e_ox/2; A(ix,ix-Nxx)=dz2*e_ox/2;
            f(ix,1)=0;
           else
            A(ix,ix)=-dx2*e_ox-dz2*e_ox; A(ix,ix+1)=dx2*e_ox/2;
```

```
    A(ix,ix-1)=dx2*e_ox/2; A(ix,ix-Nxx)=dz2*e_ox;
    f(ix,1)=0;
   end
elseif iy==interface1     %Oxide-Si interface
   if ix==1+Nxx*(iy-1)
    A(ix,ix)=-dx2*e_mean-dz2*e_mean;
    A(ix,ix+1)=dx2*e_mean; A(ix,ix+Nxx)=dz2*e_si/2;
    A(ix,ix-Nxx)=dz2*e_ox/2;
    f(ix,1)=q*Ndop(ix-Nxx*(iy-1),1)/(4*e0);
   elseif ix==Nxx+Nxx*(iy-1)
    A(ix,ix)=-dx2*e_mean-dz2*e_mean;
    A(ix,ix-1)=dx2*e_mean; A(ix,ix+Nxx)=dz2*e_si/2;
    A(ix,ix-Nxx)=dz2*e_ox/2;
    f(ix,1)=q*Ndop(ix-Nxx*(iy-1),1)/(4*e0);
   else
    A(ix,ix)=-2*dx2*e_mean-2*dz2*e_mean;
    A(ix,ix-1)=dx2*e_mean; A(ix,ix+1)=dx2*e_mean;
    A(ix,ix+Nxx)=dz2*e_si; A(ix,ix-Nxx)=dz2*e_ox;
    f(ix,1)=q*Ndop(ix-Nxx*(iy-1),1)/(2*e0);
   end
elseif iy==interface2  %Si-Oxide interface
   if ix==1+Nxx*(iy-1)
    A(ix,ix)=-dx2*e_mean-dz2*e_mean;
    A(ix,ix+1)=dx2*e_mean; A(ix,ix-Nxx)=dz2*e_si/2;
    A(ix,ix+Nxx)=dz2*e_ox/2;
    f(ix,1)=q*Ndop(ix-Nxx*(iy-1),1)/(4*e0);
   elseif ix==Nxx+Nxx*(iy-1)
    A(ix,ix)=-dx2*e_mean-dz2*e_mean;
    A(ix,ix-1)=dx2*e_mean; A(ix,ix-Nxx)=dz2*e_si/2;
    A(ix,ix+Nxx)=dz2*e_ox/2;
    f(ix,1)=q*Ndop(ix-Nxx*(iy-1),1)/(4*e0);
   else
    A(ix,ix)=-2*dx2*e_mean-2*dz2*e_mean;
    A(ix,ix-1)=dx2*e_mean; A(ix,ix+1)=dx2*e_mean;
    A(ix,ix+Nxx)=dz2*e_ox; A(ix,ix-Nxx)=dz2*e_si;
    f(ix,1)=q*Ndop(ix-Nxx*(iy-1),1)/(2*e0);
```

```
            end
         elseif interface1<iy && iy<interface2   %Silicon
            if ix==1+Nxx*(iy-1)
             A(ix,ix)=-dx2*e_si-dz2*e_si; A(ix,ix+1)=dx2*e_si;
             A(ix,ix+Nxx)=dz2*e_si/2; A(ix,ix-Nxx)=dz2*e_si/2;
             f(ix,1)=q*Ndop(ix-Nxx*(iy-1),1)/(2*e0);
            elseif ix==Nxx+Nxx*(iy-1)
             A(ix,ix)=-dx2*e_si-dz2*e_si; A(ix,ix-1)=dx2*e_si;
             A(ix,ix+Nxx)=dz2*e_si/2; A(ix,ix-Nxx)=dz2*e_si/2;
             f(ix,1)=q*Ndop(ix-Nxx*(iy-1),1)/(2*e0);
            else
             A(ix,ix)=-2*dx2*e_si-2*dz2*e_si; A(ix,ix+1)=dx2*e_si;
             A(ix,ix-1)=dx2*e_si; A(ix,ix+Nxx)=dz2*e_si;
             A(ix,ix-Nxx)=dz2*e_si;
             f(ix,1)=q*Ndop(ix-Nxx*(iy-1),1)/(e0);
            end
        elseif iy<interface1 || iy>interface2    %Oxide
            if ix==1+Nxx*(iy-1)
              A(ix,ix)=-dx2*e_ox-dz2*e_ox; A(ix,ix+1)=dx2*e_ox;
              A(ix,ix+Nxx)=dz2*e_ox/2; A(ix,ix-Nxx)=dz2*e_ox/2;
            elseif ix==Nxx+Nxx*(iy-1)
              A(ix,ix)=-dx2*e_ox-dz2*e_ox; A(ix,ix-1)=dx2*e_ox;
              A(ix,ix+Nxx)=dz2*e_ox/2; A(ix,ix-Nxx)=dz2*e_ox/2;
            else
              A(ix,ix)=-2*dx2*e_ox-2*dz2*e_ox; A(ix,ix+1)=dx2*e_ox;
              A(ix,ix-1)=dx2*e_ox; A(ix,ix+Nxx)=dz2*e_ox;
              A(ix,ix-Nxx)=dz2*e_ox;
            end
            f(ix,1)=0;
         end
     end
 end
 phi= A \f;
 % if channel is intrinsic above solution diverges.
 % Therefore, use different initial solution.
 if max(phi)>5
```

```
phi=zeros(Nzz,Nxx);
phi(interface1+1:interface2-1,1:Source)=thermal*log(Nd/nint);
phi(interface1+1:interface2-1,Drain:Nxx)=thermal*log(Nd/nint);
phi=reshape(transpose(phi),[Nzz*Nxx,1]);
end
for Newton1=1:500
    Jaco=A;
    for iy=1:Nzz
        for ix=1+(iy-1)*Nxx:Nxx+(iy-1)*Nxx
            if iy==1
                if ix>=Gi1 && ix<=Gi2
                    res(ix,1)=phi(ix,1)-Vbarrier-Vg;
                elseif ix==1+Nxx*(iy-1)
                  res(ix,1)=0.5*dx2*e_ox*(phi(ix+1,1)-phi(ix,1))+0.
                  5*dz2*e_ox*(phi(ix+Nxx,1)-phi(ix,1));
                elseif ix==Nxx+Nxx*(iy-1)
                  res(ix,1)=-0.5*dx2*e_ox*(phi(ix,1)-phi(ix-1,1))+0
                  .5*dz2*e_ox*(phi(ix+Nxx,1)-phi(ix,1));
                else
                  res(ix,1)=dx2*0.5*e_ox*(phi(ix+1,1)-2*phi(ix,1)+p
                  hi(ix-1,1))+dz2*e_ox*(phi(ix+Nxx,1)-phi(ix,1));
                end
            elseif iy==Nzz
                if ix>=Gi1+Nxx*(iy-1) && ix<=Gi2+Nxx*(iy-1)
                  res(ix,1)=phi(ix,1)-Vbarrier-Vg;
                elseif ix==1+Nxx*(iy-1)
                  res(ix,1)=0.5*dx2*e_ox*(phi(ix+1,1)-phi(ix,1))-0.
                  5*dz2*e_ox*(phi(ix,1)-phi(ix-Nxx,1));
                elseif ix==Nxx+Nxx*(iy-1)
                  res(ix,1)=-0.5*dx2*e_ox*(phi(ix,1)-phi(ix-1,1))-0.
                  5*dz2*e_ox*(phi(ix,1)-phi(ix-Nxx,1));
                else
                  res(ix,1)=dx2*0.5*e_ox*(phi(ix+1,1)-2*phi(ix,1)+p
```

```
      hi(ix-1,1))-dz2*e_ox*(phi(ix,1)-phi(ix-Nxx,1));
    end
elseif iy==interface1     %Oxide-Si interface
    if ix==1+Nxx*(iy-1)
      Jaco(ix,ix)=Jaco(ix,ix)-q*(nint*exp(phi(ix,1)/the
      rmal)+nint*exp(-phi(ix,1)/thermal))/thermal/(4*e0
      );
      res(ix,1)=dx2*e_mean*(phi(ix+1,1)-phi(ix,1))+0.5*
      dz2*(e_si*phi(ix+Nxx,1)-2*e_mean*phi(ix,1)+e_ox*p
      hi(ix-Nxx,1))-q*(Ndop(ix-Nxx*(iy-1),1)+nint*exp(p
      hi(ix,1)/thermal)-nint*exp(-phi(ix,1)/thermal))/(
      4*e0);
    elseif ix==Nxx+Nxx*(iy-1)
      Jaco(ix,ix)=Jaco(ix,ix)-q*(nint*exp(phi(ix,1)/the
      rmal)+nint*exp(-phi(ix,1)/thermal))/thermal/(4*e0
      );
      res(ix,1)=-dx2*e_mean*(phi(ix,1)-phi(ix-1,1))+0.5*
      dz2*(e_si*phi(ix+Nxx,1)-2*e_mean*phi(ix,1)+e_ox*p
      hi(ix-Nxx,1))-q*(Ndop(ix-Nxx*(iy-1),1)+nint*exp(p
      hi(ix,1)/thermal)-nint*exp(-phi(ix,1)/thermal))/(
      4*e0);
    else
      Jaco(ix,ix)=Jaco(ix,ix)-q*(nint*exp(phi(ix,1)/the
      rmal)+nint*exp(-phi(ix,1)/thermal))/thermal/(2*e0
      );
      res(ix,1)=dx2*e_mean*(phi(ix+1,1)-2*phi(ix,1)+phi
      (ix-1,1))+dz2*(e_si*phi(ix+Nxx,1)-2*e_mean*phi(ix
      ,1)+e_ox*phi(ix-Nxx,1))-q*(Ndop(ix-Nxx*(iy-1),1)+
      nint*exp(phi(ix,1)/thermal)-nint*exp(-phi(ix,1)/t
      hermal))/(2*e0);
    end
elseif iy==interface2  %Si-Oxide interface
   if ix==1+Nxx*(iy-1)
```

```
      Jaco(ix,ix)=Jaco(ix,ix)-q*(nint*exp(phi(ix,1)/the
      rmal)+nint*exp(-phi(ix,1)/thermal))/thermal/(4*e0
      );
      res(ix,1)=dx2*e_mean*(phi(ix+1,1)-phi(ix,1))+0.5*
      dz2*(e_ox*phi(ix+Nxx,1)-2*e_mean*phi(ix,1)+e_si*p
      hi(ix-Nxx,1))-q*(Ndop(ix-Nxx*(iy-1),1)+nint*exp(p
      hi(ix,1)/thermal)-nint*exp(-phi(ix,1)/thermal))/(
      4*e0);
    elseif ix==Nxx+Nxx*(iy-1)
      Jaco(ix,ix)=Jaco(ix,ix)-q*(nint*exp(phi(ix,1)/the
      rmal)+nint*exp(-phi(ix,1)/thermal))/thermal/(4*e0
      );
      res(ix,1)=-dx2*e_mean*(phi(ix,1)-phi(ix-1,1))+0.5
      *dz2*(e_ox*phi(ix+Nxx,1)-2*e_mean*phi(ix,1)+e_si*
      phi(ix-Nxx,1))-q*(Ndop(ix-Nxx*(iy-1),1)+nint*exp(
      phi(ix,1)/thermal)-nint*exp(-phi(ix,1)/thermal))/
      (4*e0);
    else
      Jaco(ix,ix)=Jaco(ix,ix)-q*(nint*exp(phi(ix,1)/the
      rmal)+nint*exp(-phi(ix,1)/thermal))/thermal/(2*e0
      );
      res(ix,1)=dx2*e_mean*(phi(ix+1,1)-2*phi(ix,1)+phi
      (ix-1,1))+dz2*(e_ox*phi(ix+Nxx,1)-2*e_mean*phi(ix
      ,1)+e_si*phi(ix-Nxx,1))-q*(Ndop(ix-Nxx*(iy-1),1)+
      nint*exp(phi(ix,1)/thermal)-nint*exp(-phi(ix,1)/t
      hermal))/(2*e0);
   end
elseif interface1<iy && iy<interface2   %Silicon
    if ix==1+Nxx*(iy-1)
      Jaco(ix,ix)=Jaco(ix,ix)-q*(nint*exp(phi(ix,1)/the
      rmal)+nint*exp(-phi(ix,1)/thermal))/thermal/(2*e0)
      ;
      res(ix,1)=dx2*e_si*(phi(ix+1,1)-phi(ix,1))+0.5*dz
      2*e_si*(phi(ix+Nxx,1)-2*phi(ix,1)+phi(ix-Nxx,1))-
```

```
        q*(Ndop(ix-Nxx*(iy-1),1)+nint*exp(phi(ix,1)/therm
        al)-nint*exp(-phi(ix,1)/thermal))/(2*e0);
      elseif ix==Nxx+Nxx*(iy-1)
        Jaco(ix,ix)=Jaco(ix,ix)-q*(nint*exp(phi(ix,1)/the
        rmal)+nint*exp(-phi(ix,1)/thermal))/thermal/(2*e0
        );
        res(ix,1)=-dx2*e_si*(phi(ix,1)-phi(ix-1,1))+0.5*d
        z2*e_si*(phi(ix+Nxx,1)-2*phi(ix,1)+phi(ix-Nxx,1))
        -q*(Ndop(ix-Nxx*(iy-1),1)+nint*exp(phi(ix,1)/ther
        mal)-nint*exp(-phi(ix,1)/thermal))/(2*e0);
      else
        Jaco(ix,ix)=Jaco(ix,ix)-q*(nint*exp(phi(ix,1)/the
        rmal)+nint*exp(-phi(ix,1)/thermal))/thermal/e0;
        res(ix,1)=dx2*e_si*(phi(ix+1,1)-2*phi(ix,1)+phi(i
        x-1,1))+dz2*e_si*(phi(ix+Nxx,1)-2*phi(ix,1)+phi(i
        x-Nxx,1))-q*(Ndop(ix-Nxx*(iy-1),1)+nint*exp(phi(i
        x,1)/thermal)-nint*exp(-phi(ix,1)/thermal))/e0;
      end
    elseif iy<interface1 || iy>interface2    %Oxide
      if ix==1+Nxx*(iy-1)
      res(ix,1)=dx2*e_ox*(phi(ix+1,1)-phi(ix,1))+0.5*dz
      2*e_ox*(phi(ix+Nxx,1)-2*phi(ix,1)+phi(ix-Nxx,1));
      elseif ix==Nxx+Nxx*(iy-1)
      res(ix,1)=-dx2*e_ox*(phi(ix,1)-phi(ix-1,1))+0.5*dz
      2*e_ox*(phi(ix+Nxx,1)-2*phi(ix,1)+phi(ix-Nxx,1));
      else
      res(ix,1)=dx2*e_ox*(phi(ix+1,1)-2*phi(ix,1)+phi(i
      x-1,1))+dz2*e_ox*(phi(ix+Nxx,1)-2*phi(ix,1)+phi(i
      x-Nxx,1));
      end
    end
  end
```

```
      end
     update_phi(:,Newton1) = (Jaco) \ (-res);
     phi = phi + update_phi(:,Newton1);
     if max(abs(update_phi(:,Newton1)))<1e-15
         break;
     end
end
for Vd=0:0.01:0.4
 dE=0.2e-3;
 min_energy=-0.4-2*Vd;
 max_energy=1;
 iE_Fermi=round((max_energy-min_energy)/dE)+1;
 Fermi_Drain=zeros(iE_Fermi,1);
 Fermi_Source=zeros(iE_Fermi,1);
 for long=1:iE_Fermi
    E_Fermi=dE*(long-0.5)+min_energy;
    %Fermi-integral calculation
    for contact=1:2
      deltaE=5e-4/thermal;
      End=10000;
      Fermi_intergral=zeros(End,1);
      if contact==1
          contact_bias=Vd;
      elseif contact==2
          contact_bias=Vs;
      end
      for iE=1:End
        E=(iE-0.5)*deltaE;
        Fermi_intergral(iE,1)=1/sqrt(E)/(1+exp(E+q*(E_Fermi+conta
        ct_bias)/(k_B*T)))*deltaE/sqrt(pi);
      end
      if contact==1
        Fermi_Drain(long,1)=sum(Fermi_intergral(:,1));
      elseif contact==2
```

```
        Fermi_Source(long,1)=sum(Fermi_intergral(:,1));
      end
    end
  end
 for NEGF=1:40
   eDensity_sum=zeros(N1,Nxx);
   eDensity=zeros(N1,Nxx,3);
   Tr_coeff=zeros(iE_Fermi,8,3);
   phi_sch=transpose(reshape(phi,[Nxx,Nzz]));
   V=-q*phi_sch+0.561*q;
   for valley_type=1:3
     if valley_type==1          %z 방향 유효 질량이 클 때
       mzz=0.91*m0; mxx=0.19*m0; myy=0.19*m0;
       max_mode=8;
     elseif valley_type==2      %x 방향 유효 질량이 클 때
       mzz=0.19*m0; mxx=0.91*m0; myy=0.19*m0;
       max_mode=6;
     elseif valley_type==3      %y 방향 유효 질량이 클 때
       mzz=0.19*m0; mxx=0.19*m0; myy=0.91*m0;
       max_mode=6;
     end
     for x_index=1:Nxx
       ham=zeros(N1,N1);
       for a=1:N1
        if a==1
          ham(a,a)=2/2/mzz/dz/dz*(hbar)^2+V(interface1+a,x_index);
          ham(a,a+1)=-1/2/mzz/dz/dz*(hbar)^2;
        elseif a==N1
          ham(a,a)=2/2/mzz/dz/dz*(hbar)^2+V(interface1+a,x_index);
          ham(a,a-1)=-1/2/mzz/dz/dz*(hbar)^2;
        else
          ham(a,a-1)=-1/2/mzz/dz/dz*(hbar)^2;
          ham(a,a)=2/2/mzz/dz/dz*(hbar)^2+V(interface1+a,x_index);
          ham(a,a+1)=-1/2/mzz/dz/dz*(hbar)^2;
        end
       end
```

```
 [eigenvectorz,eigenvaluez]=eig(ham);
 [Ezn,ind]=sort(diag(eigenvaluez));
 eigenvectorz_sorted(:,x_index,:)=eigenvectorz(:,ind);
 save_energy2(:,x_index,valley_type)=Ezn/q;
end
normalize=eigenvectorz_sorted.*eigenvectorz_sorted/dz;
for imode=1:max_mode
  ham_x=sparse(Nxx,Nxx);
  for x_index=1:Nxx
   if x_index==1
     ham_x(x_index,x_index)=2/2/mxx/dx/dx*(hbar)^2+q*save_ene
     rgy2(imode,x_index,valley_type);
     ham_x(x_index,x_index+1)=-1/2/mxx/dx/dx*(hbar)^2;
   elseif x_index==Nxx
     ham_x(x_index,x_index)=2/2/mxx/dx/dx*(hbar)^2+q*save_ene
     rgy2(imode,x_index,valley_type);
     ham_x(x_index,x_index-1)=-1/2/mxx/dx/dx*(hbar)^2;
   else
     ham_x(x_index,x_index-1)=-1/2/mxx/dx/dx*(hbar)^2;
     ham_x(x_index,x_index)=2/2/mxx/dx/dx*(hbar)^2+q*save_ene
     rgy2(imode,x_index,valley_type);
     ham_x(x_index,x_index+1)=-1/2/mxx/dx/dx*(hbar)^2;
   end
  end
  Elec_sum=zeros(1,Nxx);
  Elec=Elec*0;
  Spectral_S=zeros(iE_Fermi,Nxx);
  Spectral_D=zeros(iE_Fermi,Nxx);
  min_long=round((min(save_energy2(imode,:,valley_type))-min_
  energy)/dE)+1;
  max_long=round((max(save_energy2(imode,:,valley_type))+0.45
  -min_energy)/dE)+1;
  if max_long>iE_Fermi
    max_long=iE_Fermi;
```

```
end
for long=min_long:max_long
  E_long=dE*(long-0.5)+min_energy;
  self_l=zeros(Nxx,Nxx);
  self_r=zeros(Nxx,Nxx);
  %Contact Self Energy calculation
  kx1 = acos(1 -
  q*(E_long-save_energy2(imode,1,valley_type))/(hbar^2/mx
  x/dx/dx));
  self_l(1,1) = -hbar^2/mxx/dx/dx/2*exp(i*kx1);
  kx2 = acos(1 -
  q*(E_long-save_energy2(imode,Nxx,valley_type))/(hbar^2/mx
  x/dx/dx));
  self_r(Nxx,Nxx) =-hbar^2/mxx/dx/dx/2*exp(i*kx2);
  El=q*E_long*eye(Nxx);
  %Retared Green function
  Green_retarded=(El-ham_x-self_r-self_l) \ eye(Nxx, Nxx);
  %Gamma Function
  gamma_source=i*(self_l-self_l');
  gamma_drain=i*(self_r-self_r');
  %Spectral Density (J^-1)
  Spectral_S(long,:)=transpose(real(diag(Green_retarded*gam
  ma_source*Green_retarded')));
  Spectral_D(long,:)=transpose(real(diag(Green_retarded*gam
  ma_drain*Green_retarded')));
  Tr_coeff(long,imode,valley_type)=sum(real(diag(gamma_sour
  ce*Green_retarded*gamma_drain*Green_retarded')));
 %q si for Spectral Density unit change from J to eV^-1
  Elec(long,:)=1/dx*sqrt(myy*k_B*T/(2*pi^3*hbar^2))*(Fermi_
  Drain(long,1) * Spectral_D(long,:) + Fermi_Source(long,1)
  * Spectral_S(long,:))*q*dE;
end
```

```
      Elec_sum(1,:)=sum(Elec);  %sum for every longitudinal Energy
      for index=1:Nxx
        eDensity(:,index,valley_type)=eDensity(:,index,valley_typ
        e)+Elec_sum(1,index)*normalize(:,index,imode);
      end
    end
  end
  %multiply 2 for Spim degeneracy
  eDensity_sum=2*(eDensity(:,:,1)+eDensity(:,:,2)+eDensity(:,:,3
  ));
  %Drain, Channel, Source electron density
  nsch(interface1+1:interface2-1,:)=eDensity_sum;
  nsch(interface1,:)=zeros(1,Nxx);
  nsch(interface2,:)=zeros(1,Nxx);
  Jaco=sparse(Nxx*Nzz,Nxx*Nzz);
  for Newton2=1:500
    Jaco=A;
    for iy=1:Nzz
        for ix=1+(iy-1)*Nxx:Nxx+(iy-1)*Nxx
            if iy==1
                if ix>=Gi1 && ix<=Gi2
                    res(ix,1)=phi(ix,1)-Vbarrier-Vg;
                elseif ix==1+Nxx*(iy-1)  %neuman boundary
                  res(ix,1)=0.5*dx2*e_ox*(phi(ix+1,1)-phi(ix,1))+0.
                  5*dz2*e_ox*(phi(ix+Nxx,1)-phi(ix,1));
                elseif ix==Nxx+Nxx*(iy-1)   %neuman boundary
                  res(ix,1)=-0.5*dx2*e_ox*(phi(ix,1)-phi(ix-1,1))+0
                  .5*dz2*e_ox*(phi(ix+Nxx,1)-phi(ix,1));
                else
res(ix,1)=dx2*0.5*e_ox*(phi(ix+1,1)-2*phi(ix,1)+phi(ix-1,1))+dz2*e_ox*(phi(
ix+Nxx,1)-phi(ix,1));
                end
```

```
elseif iy==Nzz
    if ix>=Gi1+Nxx*(iy-1) && ix<=Gi2+Nxx*(iy-1)
      res(ix,1)=phi(ix,1)-Vbarrier-Vg;
    elseif ix==1+Nxx*(iy-1)  %neuman boundary
      res(ix,1)=0.5*dx2*e_ox*(phi(ix+1,1)-phi(ix,1))-0.
      5*dz2*e_ox*(phi(ix,1)-phi(ix-Nxx,1));
    elseif ix==Nxx+Nxx*(iy-1)   %neuman boundary
      res(ix,1)=-0.5*dx2*e_ox*(phi(ix,1)-p
      hi(ix-1,1))-0.5*dz2*e_ox*(phi(ix,1)-phi(ix-Nxx,1));
    else
      res(ix,1)=dx2*0.5*e_ox*(phi(ix+1,1)-2*phi(ix,1)+p
      hi(ix-1,1))-dz2*e_ox*(phi(ix,1)-phi(ix-Nxx,1));
    end
elseif iy==interface1     %Oxide-Si interface
    if ix==1+Nxx*(iy-1)   %neuman boundary
      res(ix,1)=dx2*e_mean*(phi(ix+1,1)-phi(ix,1))+0.5*
      dz2*(e_si*phi(ix+Nxx,1)-2*e_mean*phi(ix,1)+e_ox*p
      hi(ix-Nxx,1))-q*(Ndop(ix-Nxx*(iy-1),1))/(4*e0);
    elseif ix==Nxx+Nxx*(iy-1) %neuman boundary
      res(ix,1)=-dx2*e_mean*(phi(ix,1)-phi(ix-1,1))+0.5
      *dz2*(e_si*phi(ix+Nxx,1)-2*e_mean*phi(ix,1)+e_ox*
      phi(ix-Nxx,1))-q*(Ndop(ix-Nxx*(iy-1),1))/(4*e0);
    else
      res(ix,1)=dx2*e_mean*(phi(ix+1,1)-2*phi(ix,1)+phi
      (ix-1,1))+dz2*(e_si*phi(ix+Nxx,1)-2*e_mean*phi(ix
      ,1)+e_ox*phi(ix-Nxx,1))-q*(Ndop(ix-Nxx*(iy-1),1))
      /(2*e0);
    end
elseif iy==interface2  %Si-Oxide interface
   if ix==1+Nxx*(iy-1)   %neuman boundary
      res(ix,1)=dx2*e_mean*(phi(ix+1,1)-phi(ix,1))+0.5*
      dz2*(e_ox*phi(ix+Nxx,1)-2*e_mean*phi(ix,1)+e_si*p
      hi(ix-Nxx,1))-q*(Ndop(ix-Nxx*(iy-1),1))/(4*e0);
   elseif ix==Nxx+Nxx*(iy-1) %neuman boundary
```

```
      res(ix,1)=-dx2*e_mean*(phi(ix,1)-phi(ix-1,1))+0.5
      *dz2*(e_ox*phi(ix+Nxx,1)-2*e_mean*phi(ix,1)+e_si*
      phi(ix-Nxx,1))-q*(Ndop(ix-Nxx*(iy-1),1))/(4*e0);
    else
      res(ix,1)=dx2*e_mean*(phi(ix+1,1)-2*phi(ix,1)+phi
      (ix-1,1))+dz2*(e_ox*phi(ix+Nxx,1)-2*e_mean*phi(ix
      ,1)+e_si*phi(ix-Nxx,1))-q*(Ndop(ix-Nxx*(iy-1),1))
      /(2*e0);
    end
  elseif interface1<iy && iy<interface2   %Silicon
     if ix==1+Nxx*(iy-1) %neuman boundary
       Jaco(ix,ix)=Jaco(ix,ix)-q*(nsch(iy,ix-Nxx*(iy-1))
       +nint^2/nsch(iy,ix-Nxx*(iy-1)))/thermal/(2*e0);
       res(ix,1)=dx2*e_si*(phi(ix+1,1)-phi(ix,1))+0.5*dz
       2*e_si*(phi(ix+Nxx,1)-2*phi(ix,1)+phi(ix-Nxx,1))-
       q*(Ndop(ix-Nxx*(iy-1),1)+nsch(iy,ix-Nxx*(iy-1))-n
       int^2/nsch(iy,ix-Nxx*(iy-1)))/(2*e0);
     elseif ix==Nxx+Nxx*(iy-1) %neuman boundary
       Jaco(ix,ix)=Jaco(ix,ix)-q*(nsch(iy,ix-Nxx*(iy-1))
       +nint^2/nsch(iy,ix-Nxx*(iy-1)))/thermal/(2*e0);
       res(ix,1)=-dx2*e_si*(phi(ix,1)-phi(ix-1,1))+0.5*d
       z2*e_si*(phi(ix+Nxx,1)-2*phi(ix,1)+phi(ix-Nxx,1))
       -q*(Ndop(ix-Nxx*(iy-1),1)+nsch(iy,ix-Nxx*(iy-1))-
       nint^2/nsch(iy,ix-Nxx*(iy-1)))/(2*e0);
     else
       Jaco(ix,ix)=Jaco(ix,ix)-q*(nsch(iy,ix-Nxx*(iy-1))
       +nint^2/nsch(iy,ix-Nxx*(iy-1)))/thermal/e0;
       res(ix,1)=dx2*e_si*(phi(ix+1,1)-2*phi(ix,1)+phi(i
       x-1,1))+dz2*e_si*(phi(ix+Nxx,1)-2*phi(ix,1)+phi(i
       x-Nxx,1))-q*(Ndop(ix-Nxx*(iy-1),1)+nsch(iy,ix-Nxx
       *(iy-1))-nint^2/nsch(iy,ix-Nxx*(iy-1)))/e0;
     end
  elseif iy<interface1 || iy>interface2    %Oxide
     if ix==1+Nxx*(iy-1)  %neuman boundary
```

```
                res(ix,1)=dx2*e_ox*(phi(ix+1,1)-phi(ix,1))+0.5*dz
                2*e_ox*(phi(ix+Nxx,1)-2*phi(ix,1)+phi(ix-Nxx,1));
              elseif ix==Nxx+Nxx*(iy-1)   %neuman boundary
                res(ix,1)=-dx2*e_ox*(phi(ix,1)-phi(ix-1,1))+0.5*d
                z2*e_ox*(phi(ix+Nxx,1)-2*phi(ix,1)+phi(ix-Nxx,1));
              else
                res(ix,1)=dx2*e_ox*(phi(ix+1,1)-2*phi(ix,1)+phi(i
                x-1,1))+dz2*e_ox*(phi(ix+Nxx,1)-2*phi(ix,1)+phi(i
                x-Nxx,1));
              end
          end
      end
    end
    update_phi2(:,Newton2) = Jaco \ (-res);
    phi = phi + update_phi2(:,Newton2);
    update_temp=transpose(reshape(update_phi2(:,Newton2),[Nxx,Nz
    z]));
    nsch(interface1+1:interface2-1,:) =
    nsch(interface1+1:interface2-1,:).*exp(update_temp(interface
    1+1:interface2-1,:)/thermal);
    if max(abs(update_phi2(:,Newton2)))<1e-8
       break;
    end
  end
  error(NEGF,ii) = max(abs(update_phi2(:,1)));
  disp(sprintf('[Drain=%d]Newton iteration[%d]-update: %d \n',
  Vd, NEGF , max(abs(update_phi2(:,1)))));
  if max(abs(update_phi2(:,1)))<1e-4
      break;
  end
end
%if converge, then calculate Current
Current=zeros(iE_Fermi,8,3);
for valley_type=1:3
 if valley_type==1          %z 방향 유효 질량이 클 때
```

```
        mzz=0.91*m0; mxx=0.19*m0; myy=0.19*m0;
        max_mode=8;
 elseif valley_type==2      %x 방향 유효 질량이 클 때
        mzz=0.19*m0; mxx=0.91*m0; myy=0.19*m0;
        max_mode=4;
 elseif valley_type==3      %y 방향 유효 질량이 클 때
        mzz=0.19*m0; mxx=0.19*m0; myy=0.91*m0;
        max_mode=4;
 end
   for imode=1:max_mode
      for long=1:iE_Fermi
         Current(long,imode,valley_type)=q/hbar^2*sqrt(myy*k_B*T/
         (2*pi^3))*(-Fermi_Drain(long,1) +
         Fermi_Source(long,1))*(Tr_coeff(long,imode,valley_type))
         *dE;
      end
   end
end
Total_Current(ii,1)=q*2*(sum(sum(Current(:,:,1)))+sum(sum(Curren
t(:,:,2)))+sum(sum(Current(:,:,3))));
save_eDdensity(:,:,ii)=eDensity_sum;
save_phi(:,:,ii)=transpose(reshape(phi,[Nxx,Nzz]));
ii=ii+1;
end
```

찾아보기

지은이 소개

• 홍성민 • 홍성민은 2001년과 2007년에 서울대학교에서 학사 학위와 박사 학위를 받았습니다. 독일 뮌헨 연방군 대학교에서 박사후 연구원으로 일한 이후에, 2011년부터 2013년까지 미국 캘리포니아주 산호세에 있는 삼성 연구소에서 일했습니다. 2013년에 광주과학기술원에 부임하여 현재 부교수로 재직 중입니다. 연구 주제는 반도체 소자 시뮬레이션이며, IEEE Transactions on Electron Devices의 Associate Editor로 활동하고 있습니다.

• 박홍현 • 박홍현은 중동 중/고등학교를 졸업하고 서울대학교에서 학사와 박사를 마쳤습니다. 이후 미국 퍼듀 대학에서 박사후 연구원 및 연구 조교수로 근무하다가 현재는 캘리포니아 주 산호세에 있는 삼성 연구소에서 나노 소자의 시뮬레이션 및 분산 컴퓨팅을 연구 중입니다.

계산전자공학 입문

초 판 인 쇄 2021년 6월 24일
초 판 발 행 2021년 7월 1일

저 자 홍성민, 박홍현
발 행 인 김기선
발 행 처 GIST PRESS

등 록 번 호 제2013-000021호
주 소 광주광역시 북구 첨단과기로 123(오룡동)
대 표 전 화 062-715-2960
팩 스 번 호 062-715-2069
홈 페 이 지 https://press.gist.ac.kr/
인쇄 및 보급처 도서출판 씨아이알(Tel. 02-2275-8603)

I S B N 979-11-90961-07-3 (93560)
정 가 20,000원